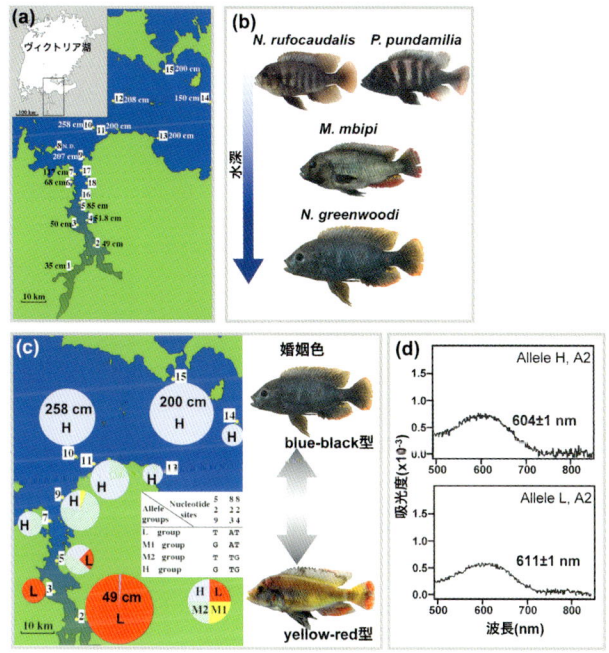

口絵1　透明度により異なる光環境への適応と種分化→ p.53 参照

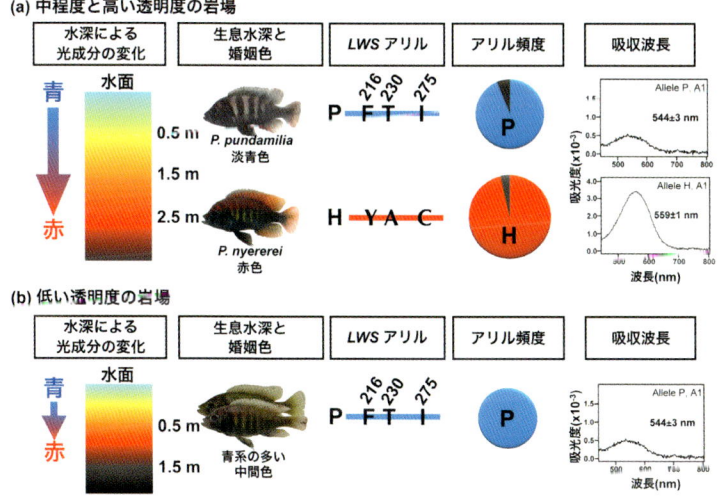

口絵2　水深により異なる光環境への適応と種分化→ p.56 参照

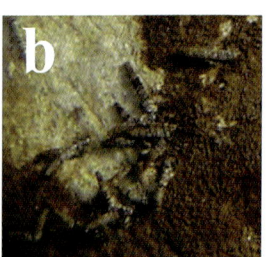

口絵3　河床礫上のマルツツトビケラによる集団摂食→ p. 100 参照

口絵4　印旛沼の湖岸で行われている沈水植物再生実験→ p. 216 参照

シリーズ 現代の生態学
9

淡水生態学のフロンティア

日本生態学会 編

担当編集委員
吉田丈人
鏡味麻衣子
加藤元海

共立出版

【執筆者一覧】（担当章）

吉田丈人	東京大学大学院総合文化研究科	（第4章）
鏡味麻衣子	東邦大学理学部	（第14章）
加藤元海	高知大学教育研究部	（第16章）
石田聖二	東北大学国際高等研究教育機構	（第1章）
牧野 渡	東北大学大学院生命科学研究科	（第1章）
小関右介	長野県水産試験場佐久支場	（第2章）
坂本正樹	富山県立大学工学部	（第3章）
寺井洋平	東京工業大学生命理工学研究科	（第5章）
岡田典弘	東京工業大学生命理工学研究科	（第5章）
奥田 昇	京都大学生態学研究センター	（第6章）
米倉竜次	岐阜県河川環境研究所	（第7章）
河村功一	三重大学生物資源学部	（第7章）
鬼倉徳雄	九州大学大学院農学研究院	（第8章）
中島 淳	福岡県保健環境研究所	（第8章）
土居秀幸	広島大学サステナブル・ディベロップメント実践研究センター	（第9章）
片野 泉	兵庫県立大学環境人間学部	（第9章）
岩田智也	山梨大学大学院医学工学総合研究部	（第10章）
陀安一郎	京都大学生態学研究センター	（第11章）
苅部甚一	（独）国立環境研究所	（第11章）
石川尚人	京都大学生態学研究センター	（第11章）
松井一彰	近畿大学理工学部	（第12章）
中野伸一	京都大学生態学研究センター	（第13章）
中里亮治	茨城大学広域水圏環境科学教育研究センター	（第15章）
西川 潮	新潟大学朱鷺・自然再生学研究センター	（第17章）
槻木玲美	愛媛大学上級研究員センター	（第18章）
西廣 淳	東京大学農学生命科学研究科	（第19章）

田中拓弥　　京都大学生態学研究センター（第 20 章）
谷内茂雄　　京都大学生態学研究センター（第 20 章）

『シリーズ　現代の生態学』編集委員会
編集幹事：矢原徹一・巌佐　庸・池田浩明
編集委員：相場慎一郎・大園享司・鏡味麻衣子・加藤元海・沓掛展之・工藤　洋・古賀庸憲・佐竹暁子・津田　敦・原登志彦・正木　隆・森田健太郎・森長真一・吉田丈人（50 音順）

『シリーズ 現代の生態学』刊行にあたって

「かつて自然とともに住むことを心がけた日本人は，自然を征服しようとした欧米人よりも，自分達の幸福を求めて，知らぬ間によりひどく自然の破壊をすすめている．われわれはいまこそ自然を知らねばならぬ．われわれと自然とのかかわり合いを知らねばならぬ．」

これは，1972〜1976年にかけて共立出版から刊行された『生態学講座』における刊行の言葉の冒頭部である．この刊行から30年以上も経ち，状況も変わったので，講座の改訂というより新しいシリーズができないかという話が共立出版から日本生態学会に持ちかけられた．この提案を常任委員会で検討した結果，生態学全体の内容を網羅する講座を出版すべきだという意見と，新しいトピック的なものだけで構成されるシリーズものが良いという対立意見が提出された．議論の結果，どちらにも一長一短があるので，中道として，新進気鋭の若手生態学者が考える生態学の体系をシリーズ化するという方向に決まった．これに伴い，若手を中心とする編集委員が選任され，編集委員会での検討を経て，全11巻から構成されるシリーズにまとまった．

思い起こせば『生態学講座』が刊行された時代は，まだ生態学の教科書も少なく，生態学という学問の枠組みを体系立てて示すことが重要であった．しかも，『生態学講座』冒頭の言葉には，日本における人間と自然とのかかわり合いの急速な変化に対する懸念と，人間の行為によって自然が失われる前に科学的な知見を明らかにしておかなければならないという危機感があふれている．それから30年以上経った現在，生態学は生物学の一分野として確立され，教科書も多数が出版された．生物多様性に関する生態学的研究の進展は特筆すべきものがある．また，生態学と進化生物学や分子生物学との統合，あるいは社会科学との統合も新しい動向となっており，生態学者が対象とする分野も拡大を続けている．しかし，その一方で生態学の細分化が進み，学問としての全体像がみえにくくなってきている．もしかすると，この傾向は学問における自然な「遷移」なのかもしれないが，この転換期において確固とした学問体系を示すことはきわめて困難な作

業といえる．その結果，本シリーズは巻によって目的が異なり，ある分野を網羅的に体系づける巻と近年めざましく進んだトピックから構成される巻が共存する．シリーズ名も『シリーズ　現代の生態学』とし，現在における生態学の中心的な動向をスナップショット的に切り取り，今後の方向性を探る道標としての役割を果たしたいと考えた．

　本シリーズがターゲットとする読者層は大学学部生であり，これから生態学の専門家になろうとする初学者だけでなく，広く生態学を学ぼうとする一般の学生にとっても必読となる内容にするよう心がけた．また，1冊12〜15章の構成とし，そのまま大学での講義に利用できることを狙いとしている．近年の日本生態学会員の増加にみられるように，今日の生態学に求められる学術的・社会的ニーズはきわめて高く，かつ，多様化している．これらのニーズに応えるためには，次世代を担う若者の育成が必須である．本シリーズが，そのような育成の場に活用され，さらなる生態学の発展と普及の一助になれば幸いである．

　　　　　　　　日本生態学会　『シリーズ　現代の生態学』　編集委員会　一同

まえがき

　本書は，シリーズ 現代の生態学のうち，淡水生態系に焦点をあてた巻として編集された．『淡水生態学のフロンティア』と題したように，淡水生態学の基礎的知識を解説する教科書ではなく，現在の淡水生態学における様々な最先端研究を紹介することを目的としており，シリーズの他巻とは編集方針が異なっている．淡水生態学の基礎的知識を解説する優れた教科書がほかにあるため（文末の教科書リストを参照），学問分野の基礎を学ぶ教科書の役割はそれらにゆずった．本書は，それらの基礎的な教科書で扱われる現在の知の地平線を超えて，その先にある最先端の研究内容を様々な視点から論じている．これらの研究は，おそらく将来に書かれる教科書では，基礎的知識として扱われるであろう．淡水生態学のフロンティアを本書で学び，将来の研究を担う若手読者の刺激となれば幸いである．また，執筆者には，自分の得意とするテーマの最前線を紹介し将来の方向性を議論するだけでなく，湖や川などの生き物・生態系への親しみや温かさのある視点を大切にしてもらうようにも依頼した．淡水生態学を学ぶ楽しさも伝わればうれしく思う．

　私たちは，なぜ淡水生態学を学ぶのだろうか．大きく分けて，2つの目的意識があるように思う．1つは，淡水生態系やその生物多様性を研究のモデルとして理解することで，一般的な生態学理論を構築することである．もう1つは，淡水生態系やその生物多様性を深く理解することで，淡水生態系そのものの保全や再生を通して人間社会に貢献することである．この2つの目的は，淡水生態学の「基礎」と「応用」あるいは「科学のための科学」と「社会のための科学」と見ることもできるだろう．

　淡水生態系は，ほかのどのような生態系よりも人為的改変の進行した生態系であると認識されている．古くから問題となっている富栄養化，湖岸や流路の改変など生息地の劣化，多くの侵略的外来種の侵入，水の過利用などによる水循環の改変，水産資源などの乱獲など，人為的改変の事例は枚挙に暇がない．人為的改変の結果，健全な生態系や豊かな生物多様性が失われ，生態系サービスの劣化による人間社会への影響が懸念されている．淡水生態系の健全性や生物多様性を確

保しつつ人間社会が持続的であるような，自然共生社会の構築が現代の問題として私たち科学者にも突きつけられている．淡水生態学の知は，そのような自然共生社会の構築に必要不可欠な科学知であり，淡水生態学を超えて他の自然科学や人文社会科学の分野と協働して問題解決に取り組むことが求められている．

　一方，淡水生態学から発して他の生態系にも適用できるような一般生態学の理論は，過去にも現在にも数多く見られる．研究対象としての淡水生態系やその生物の有利さは，よく言われるように，比較的閉じた環境にある湖沼や逆に陸上生態系とのつながりが大きい河川など「淡水環境の特徴」によるものと，生物間相互作用が観測しやすいといった「淡水生物の特徴」によるものとがあるだろう．それらと並んで，淡水生態系が研究対象として有利な理由は，人間の身近なところにある生態系であるということかもしれない．もちろん人間が近寄りがたく原生の姿が残る淡水生態系もあるが，多くの淡水生態系は，人間社会に近く，そのためよく利用されて人為的改変を強く受けてきた．身近なところにあるが，陸上に住む私たちからは少し距離のある淡水生態系は，どこか私たちの好奇心を強くかき立てるのではないだろうか．

　上にあげた淡水生態学の2つの目的は，独立して成り立つものではない．どちらにも共通しているのは，科学としての厳密さであり，科学的な理解の過程が基盤をなしている．本書で紹介される20の研究テーマは，様々なスペクトルを持った多様なものであり，淡水生態学の2つの目的のどちらかあるいは両方に軸足を持っている．先に述べたように，本書は，淡水生態学のフロンティアを紹介したものであり，基礎から発展に順を追って体系的に編集されたわけではない．そのため，読者には，どの章から読んでいただいても構わない．しかし，章の順番は，大まかな研究スペクトルの分類に従っており，近いテーマの章が並ぶように配慮した．章の若い順から，個体群・群集・生態系という大まかな流れがあり，扱われるテーマは，生物地理学・個体群動態・進化・適応・遺伝子・生活史・食物網・物質循環・レジームシフト・古陸水学・水生植物・生態—社会システムなどと幅広い．淡水生態学のフロンティアを様々な視点から楽しんでいただくことが，本書の目的である．

　さいごに，本書を編集するにあたってお世話になった方々を紹介して謝意を表したい．『シリーズ　現代の生態学』を通しての先導役である矢原徹一氏・巖佐庸氏，本巻の編集当初から様々な面で支援くださった池田浩明氏，シリーズ編集

を共同で進めている編集委員の皆さん，また，出版社として根気強く協力くださった共立出版の山本藍子氏・松本和花子氏・信沢孝一氏に感謝する．また本書は，下記の皆さんの査読による協力なしには編集できなかった．査読者（順不同）は，石川俊之・内海俊介・岡崎友輔・笠田 実・加藤義和・櫻澤孝佑・鈴木健大・高原輝彦・照井 慧・仲澤剛史・永野真理子・程木義邦・本庄三恵・山ノ内崇志・山道真人・横川太一・和田 快の各氏である．以上の皆様のご協力に，深く感謝申し上げる．

東京大学大学院総合文化研究科　　吉田丈人

東邦大学理学部生命圏環境科学科　　鏡味麻衣子

高知大学教育研究部総合科学系黒潮圏科学部門　　加藤元海

〈日本語で読める淡水生態学の教科書リスト〉

Brönmark, C. & Hansson, L.-A.（著）占部城太郎（監訳）（2007）『湖と池の生物学：生物の適応から群集理論・保全まで』共立出版

花里孝幸（2006）『ミジンコ先生の水環境ゼミ：生態学から環境問題を視る』地人書館

Horne, A. J. & Goldman, C. R.（著）手塚泰彦（訳）（1999）『陸水学』京都大学学術出版会

日本陸水学会（編）村上哲生・花里孝幸・吉岡崇仁・森 和紀・小倉紀雄（監修）（2011）『川と湖を見る・知る・探る：陸水学入門』地人書館

沖野外輝夫（2002）『湖沼の生態学』共立出版

平井幸弘（1995）『湖の環境学』古今書院

谷田一三・村上哲生（編）（2010）『ダム湖・ダム河川の生態系と管理』名古屋大学出版会

Thornton, K. W., Kimmel, B. L. & Payne, F. E.（著）村上哲生・林裕美子・奥田節夫・西條八束（監訳）（2004）『ダム湖の陸水学』生物研究社

ため池の自然談話会（編）（1994）『身近な水辺：ため池の自然学入門』合同出版

沖野外輝夫（2002）『河川の生態学』共立出版

日本陸水学会（編）（2006）『陸水の事典』講談社サイエンティフィク

西條八束・三田村緒佐武（1995）『新編　湖沼調査法』講談社サイエンティフィク

もくじ

第1章 淡水動物プランクトン種の地理的構造を形成した歴史的プロセス　1
- 1.1　はじめに……………………………………………………………………1
- 1.2　氷河期サイクルが形作る北半球のミジンコ種の地理的構造…………3
- 1.3　日本の淡水ケンミジンコ類の地理的構造………………………………7
- 1.4　おわりに……………………………………………………………………8

第2章 淡水における空間個体群動態　9
- 2.1　はじめに……………………………………………………………………9
- 2.2　空間同調性研究の発展……………………………………………………9
- 2.3　遍在する空間同調性とその生成プロセス………………………………12
- 2.4　淡水における空間同調性…………………………………………………14
- 2.5　淡水にみる同調性研究の新展開…………………………………………17
- 2.6　おわりに……………………………………………………………………21

第3章 環境の変化に対する柔軟な応答：表現型可塑性　23
- 3.1　表現型可塑性とは…………………………………………………………23
- 3.2　非生物的環境への応答……………………………………………………24
- 3.3　生物的環境への応答………………………………………………………25
- 3.4　トレードオフの関係（コスト，ベネフィット）………………………32
- 3.5　人為的な汚染による影響（外分泌系の撹乱）…………………………33
- 3.6　展望…………………………………………………………………………34

第4章 プランクトンがみせる迅速な進化　35
- 4.1　短い時間で起こる進化……………………………………………………35
- 4.2　迅速な進化と個体数変化の関係：進化と生態のフィードバック関係…38
- 4.3　まとめ………………………………………………………………………43

第5章 シクリッドの視覚の適応と種分化　46
- 5.1　なぜシクリッドを研究するか？…………………………………………46

5.2	種分化……47
5.3	視覚による配偶者選択……49
5.4	シクリッドの視覚……50
5.5	視覚の適応が引き起こす種分化……51
5.6	LWS視物質の吸収波長シフトと色彩識別……57
5.7	人間の活動による種多様性への影響……59
5.8	まとめ……60

第6章 魚類の表現型多型と生態系の相互作用：生態—進化フィードバック　61

6.1	生物多様性の3つの階層……61
6.2	表現型多型とは？……62
6.3	水界の表現型多型……62
6.4	ニッチ構築……66
6.5	捕食者の種内多様性……67
6.6	生態—進化フィードバック……71
6.7	展望……72

第7章 外来生物の遺伝的構造と小進化　73

7.1	はじめに……73
7.2	導入圧と遺伝的多様性……74
7.3	外来生物における集団間の形質分化……79
7.4	中立進化と自然選択の役割……80
7.5	表現型可塑性の進化……83
7.6	おわりに……83

第8章 コイ科魚類の生活史：現代における記載的研究の意義　85

8.1	日本に生息するコイ科魚類のおかれる現状……85
8.2	分布状況が語る生活史と環境要求……87
8.3	河川の普通種カマツカの生活史と環境選択……89
8.4	農業用水路の絶滅危惧種カワバタモロコの生活史と環境選択……91
8.5	特定の魚種に着目する盲点……94
8.6	生活史研究の意義……96

第9章 河川の被食―捕食関係と食物網構造　　98
- 9.1 はじめに……98
- 9.2 河川の藻類―藻類食者関係……99
- 9.3 河川の食物網構造……103
- 9.4 今後の課題と展望……107

第10章 河川の炭素循環　　108
- 10.1 生態系の炭素循環……108
- 10.2 生態系代謝……109
- 10.3 様々な生態系の代謝速度……110
- 10.4 河川の生態系代謝……111
- 10.5 河川における生態系代謝の日周パターン……116
- 10.6 河川における生態系代謝の空間パターン……118
- 10.7 おわりに……121

第11章 同位体の利用法　　122
- 11.1 はじめに……122
- 11.2 同位体比の定義……122
- 11.3 湖沼生態系における食物網研究……125
- 11.4 河川生態系における食物網研究……128
- 11.5 同位体手法の展開……131

第12章 遺伝情報の動態：微生物の遺伝子水平伝播　　132
- 12.1 遺伝子の水平伝播とは？……132
- 12.2 3つの経路からみる水環境中の遺伝子水平伝播……133
- 12.3 淡水中の遺伝情報と人間活動……140

第13章 より多様化する微生物食物網の研究　　142
- 13.1 はじめに……142
- 13.2 より複雑な微生物食物網構造を扱う……142
- 13.3 遺伝子レベルでの微生物の検出……145
- 13.4 原生生物による細菌摂食研究の進展……148
- 13.5 原生生物に対する捕食……150

13.6　最後に ……………………………………………………………… 151

第14章　植物プランクトンの消失過程と生態系機能　153
14.1　植物プランクトンの生態 ………………………………………… 153
14.2　植物プランクトンの消失過程 …………………………………… 154
14.3　植物プランクトンの溶解死亡が物質循環におよぼす影響 …… 158
14.4　物質循環の予測 …………………………………………………… 163

第15章　湖沼における底生動物の生態と役割　164
15.1　はじめに …………………………………………………………… 164
15.2　湖沼の物質循環・食物網における底生動物の役割 …………… 165
15.3　湖沼における底生動物の個体数と現存量を制限する要因 …… 172
15.4　最後に ……………………………………………………………… 173

第16章　湖沼のレジームシフト　175
16.1　はじめに …………………………………………………………… 175
16.2　レジームシフトの起こる要因 …………………………………… 178
16.3　レジームシフトが起こる可能性 ………………………………… 179
16.4　実際の湖沼への予測の適用 ……………………………………… 180
16.5　おわりに …………………………………………………………… 181

第17章　外来生態系エンジニアによる淡水生態系のレジームシフト　184
17.1　はじめに …………………………………………………………… 184
17.2　外来生態系エンジニアと淡水生態系のレジームシフト ……… 185
17.3　今後の課題 ………………………………………………………… 193

第18章　古陸水学的手法による近過去の湖沼生態系変動の解析　195
18.1　はじめに …………………………………………………………… 195
18.2　古陸水学とは ……………………………………………………… 196
18.3　休眠卵やシストを使った進化生物学的視点からの研究 ……… 198
18.4　環境変化とミジンコの生活史 …………………………………… 200
18.5　琵琶湖の過去100年にわたるモニタリング …………………… 201
18.6　湖沼生態系の保全目標設定への適用 …………………………… 205

18.7	おわりに	207

第19章　湖沼における沈水植物の再生　208
19.1	沈水植物を再生する意義	208
19.2	沈水植物の再生手法	214

第20章　人間社会と淡水生態系：その望ましい関係の構築に向けて　220
20.1	はじめに	220
20.2	淡水生態系とかかわる人々の歴史：その解明の生態学的意義	221
20.3	淡水生態系と人間の共存関係を築く：流域ガバナンス論	226
20.4	おわりに	233

引用文献　235

索引　263

第1章 淡水動物プランクトン種の地理的構造を形成した歴史的プロセス

石田聖二・牧野 渡

1.1 はじめに

　これまでの約250万年間,数万年ごとに氷期と間氷期が交互に展開してきた.現在は温暖な間氷期であるが,約7万年前から約1万5000年前までは氷期であった.その最終氷期で氷床が最も大きく発達した約2万年前の最終氷期極相期(Last Glacial Maximum)には,現在とまったく異なる景観が世界各地に広がっていた.海水面が現在よりも100 m以上低く,日本では,本州・四国・九州が地続きで,針葉樹林の森が広がっていた(Tsukada, 1985).シベリアとアラスカも地続きで,ベーリング海峡付近ではベーリンジアと呼ばれるツンドラの平原が広がっていた.北極の氷床は北米とヨーロッパの両大陸の北部にまで達した(図1.1：Brown & Lomolino, 1988；Hewitt, 2004).氷期から間氷期に移り変わる際に,世界各地で生じた急速な海水面上昇や気候変動などの環境変動は,個々の生物種の分布域に多大な影響を与えたことであろう.

　氷河期サイクルが生物種の分布域に与えた影響について,系統地理学(phylogeography)の研究は数多くの知見をもたらしてきた.系統地理学とは,種内遺伝系統(genealogical lineages)の地理的分布を解析することで,その生物種の分布域が形成された歴史的プロセスを明らかにする研究分野である.1980年代末,特定の遺伝子を増幅する手法であるPolymerase Chain Reactions法とDNA配列を解析する装置である自動DNAシーケンサーが開発されたことにより,様々な生物種に対して遺伝解析が容易になった.こうして得られた遺伝情報を基に,集団遺伝学,分子遺伝学,行動学,系統生物学,個体群統計学,古生物学,地質学などの研究分野での手法や知見を組み合わせることで系統地理学の研究がなされてきた.個々の解析手法や事例はAvice(2000)や高橋(2010)を参照されたい.これらの研究成果から,様々な生物種で最終氷期以降の分布域の変遷が明らかとなった.例えば,北米のアラスカ付近に分布するハタネズミやテンなどのほ乳類

図1.1 最終氷期極相期の北半球の地図
氷床を白，永久凍土を濃い灰色，それら以外の陸地を灰色で示し，現在の海岸線を黒の線で示している（Hewitt, 2004より）．

は北米南部から分布域を拡大し，ヨーロッパ北部に分布するハリネズミやクマなどはヨーロッパ南部のイベリア半島やバルカン半島などから分布域を拡大したことがわかった（Hewitt, 2004）．このように氷期から間氷期に移り変わる際に分布域を急速に拡大させた生物種は数多く知られている．これらの生物種の氷期の分布域を氷期退避地（glacial refugia）と呼ぶ．生物種が急速に分布域を拡大させた場合，新しく広がった分布域では遺伝的多様性が減少する（Hewitt, 1999）．なぜなら，新しい生息地に移入する際に元の生息地での遺伝的多様性の一部のみが新しい生息地に受け継がれるからである．この現象を創始者効果（founder effect）と呼ぶ．このため氷期退避地を中心に遺伝的多様性の勾配が見られる．一方で，氷期から間氷期に移り変わる際に分布域を縮小させた生物種もいる．高山植物などがその例である（藤井ほか，2009）．これらの生物は，氷期には低標高域に広く分布していたと推測されるが，現在のような間氷期には分布域が高標高域に限られる．これらの生物種の現在の分布域を間氷期退避地（interglacial refugia）と呼ぶ．氷期退避地も間氷期退避地も生物種の保全にとって重要な地域であることは言うまでもない．

　氷河期サイクルによる生物種の分布域への影響は地域間で異なっているかもしれない．前述のように最終氷期，北米やヨーロッパの北部では氷床や永久凍土に

広く覆われたのに対して，日本では比較的に湿潤温暖な環境が維持されていた（図1.1）．このことから日本は氷河期サイクルを通じて豊かな生物多様性を維持してきたと推測できる．全球規模で広く分布する生物種の系統地理を調べることで，この地域間の違いを明瞭に示せるだろう．淡水湖沼の生物ではミジンコ属を含むいくつかの動物プランクトン種が大陸間をまたいで分布している．本章では，このような広い分布域を持つミジンコ種を含む淡水動物プランクトン種での系統地理学の研究事例を基に，それらの生物種の分布域が形成された歴史的プロセスと地域間（特に日本と北米間）の特色の違いに着眼する．

　本題に入る前に，系統地理学の基礎的な用語を把握しておく必要がある．人間でも出身国ごとに髪，皮膚，目の色や骨格などが異なるように，個々の生物種でも生息地ごとに形態や遺伝的組成に違いが見られる．個体群（population）とは，この生息地ごとの違いに着眼した概念で，同じ生息地にいる同じ生物種の集団でかつ，その集団内の個体間で何世代も交配が続いている集団を指す．異なる個体群間で見られる遺伝子組成の差異を遺伝的構造（genetic structure）と呼び，地域間で見られる差異を地理的構造（geographic structure）と呼ぶ．遺伝子流動（gene flow）とは，個体群間での遺伝子の流入を意味する．遺伝子流動が大きければ，個体群間での遺伝子組成の違いが希薄になるので，遺伝的構造が弱まる．一方で遺伝子流動が制限されていれば，遺伝的構造が強まる．さらに地理的障壁などにより，ある集団間で遺伝子流動が長期間ほとんど無くなれば，集団間での遺伝系統に明瞭な違いがみられるようになる．この地理的障壁が解消されれば，それぞれの集団の分布域がふたたび混じり合う．これを二次接触（secondary contact）と呼ぶ．これらの集団間で交雑が生じれば，ある集団の個体に別の集団に由来する遺伝系統の遺伝子が浸透して受け継がれるかもしれない．地理的構造や種内遺伝系統の構成や分布パターンは，分布域形成の歴史的プロセスを紐解く上で重要な手がかりとなる．

1.2 氷河期サイクルが形作る北半球のミジンコ種の地理的構造

　広範囲に分布する種の系統地理学の知見から，過去の地球規模の環境変動が与えた影響について地域間の違いを明らかにできる．ミジンコ種 *Daphnia galeata*

は北半球の亜寒帯〜温帯域全域の湖沼で分布しており，琵琶湖や霞ヶ浦のような比較的大きな湖沼で頻繁に出現する．ヨーロッパ，シベリア，日本，北米の4地域148の湖沼で採集した *D. galeata* のミトコンドリアDNA（mtDNA）のND2遺伝子と核DNAのHSP遺伝子を解析した研究では（Ishida & Taylor, 2007a），北半球の *D. galeata* は4つのmtDNA系統（A, B, C, D）で構成されていた（図1.2）．北米の系統Bの個体群では，西部，中部，東部の順で遺伝的多様性が減少していた．このことから北米の系統Bは，西部，中部，東部の順に分布拡大したと考えられる．遺伝解析の結果，北米の系統Bが分布域を拡大し始めたのは約1万年前であると示唆された．*D. galeata* はツンドラ地帯の湖沼には出現せず，北米とユーラシアの集団の分布域はベーリング海峡付近のツンドラ地帯で分断されている．約1万1000年前までベーリング海峡は地続きで，ベーリンジアと呼ばれる平原が広がっていた（図1.1：Elias *et al.*, 1996）．約1万2000年前のベーリンジアでは，気温が現在よりも数℃高く，ポプラの森が存在していた（Kaufman

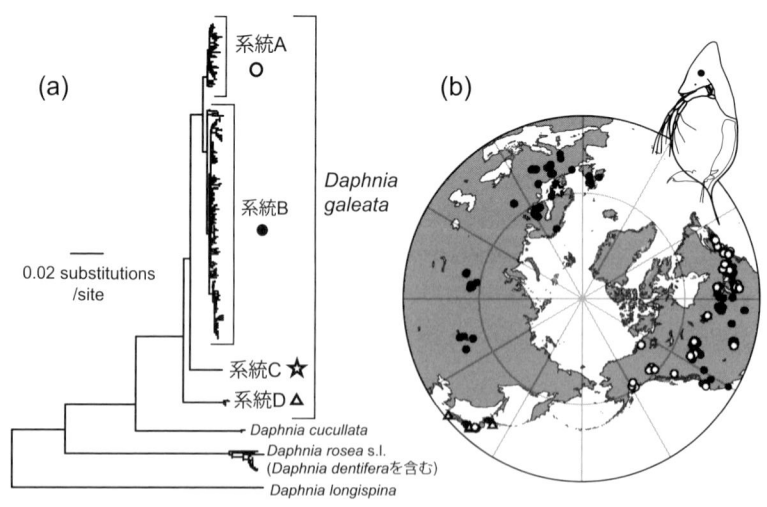

図1.2 *Daphnia galeata* のmtDNA（ND2）系統樹(a)と，4つのmtDNA系統（A, B, C, D）の個体群を示す地図(b)

系統A（白丸）は北米と日本に分布している．系統B（黒丸）は北米とユーラシア大陸に分布している．系統C（星型）はスウェーデン南部に分布している．系統D（三角）は日本に分布している（Ishida & Taylor, 2007a より）．系統樹での枝の長さは塩基置換の割合と比例しており，進化の程度や時間経過を意味している．系統CとDの枝の長さは系統AとBに比べて長いため，系統CとDが古い系統で系統AとBが若い系統であると見なせる．

et al., 2004).その頃,ユーラシア集団の分布域はベーリンジアまで広がっていたと考えられる.ベーリンジアの水没に伴いユーラシアの母集団から隔離されたベーリンジア東部の集団は,二次接触により北米集団に系統 B の mtDNA 遺伝子を浸透させたと考えられる.一方で核 DNA では,北米とユーラシア集団間での遺伝子浸透の痕跡が見られなかった.北米とユーラシアの集団間での二次接触の機会は限られており,両集団間では遺伝的な分化が進展していると考えられる.

日本には系統 A, B, D の個体が分布する.系統 A の個体は中禅寺湖およびその近隣の湖沼で見つかった.中禅寺湖ではサケ・マス類の養殖が行われており,ニジマスなどを北アメリカから移入した際に系統 A の個体も一緒に移入した可能性が考えられる.系統 D は *D. galeata* の最も古い mtDNA 系統で,日本列島にのみ広く分布している.同様に,極東域にのみ分布する古い系統のミジンコ類が複数種いる(ミジンコ属,Ishida *et al.*, 2006;Kotov *et al.*, 2006:図 1.3 ゾウミジンコ属,Kotov *et al.*, 2009).日本列島では,氷河期サイクルを通じて温暖湿潤で

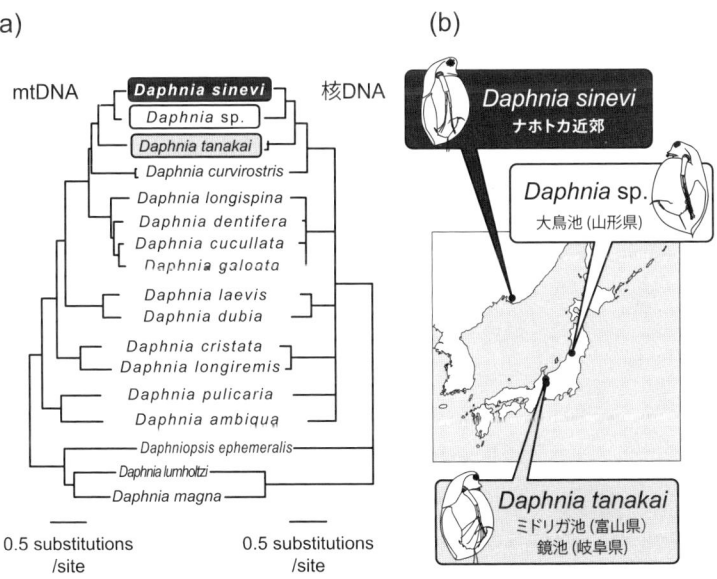

図 1.3 ミジンコ属の mtDNA(ND2)系統樹および核 DNA(HSP)系統樹 (a) と,*Daphnia tanakai*, *Daphnia sinevi*, *Daphnia* sp. の個体群を示す地図 (b)

D. tanakai, *D. sinevi*, *Daphnia* sp. からなるグループの枝の長さは比較的に長いため,これらを古い種系統であると見なせる(Kotov *et al.*, 2006 より).

あったため，淡水湖沼の多様な生物系統が生き残ったと示唆される．

日本と北米に分布するミジンコ種 *Daphnia dentifera* の研究は，両地域での氷河期サイクルによる影響の違いを鮮明に示した（Ishida & Taylor, 2007b）．ベーリンジア付近（アラスカ州とユーコン準州）の9つの湖沼，北米本土（アラスカ州とユーコン準州を除く）の30の湖沼，日本列島の19の湖沼で採集した *D. dentifera* の mtDNA（ND2 遺伝子）と核 DNA（HSP 遺伝子）の解析の結果（図1.4），北米の個体群は最終氷期以降にベーリンジアから分布域を拡大したことが示された．一方で日本の各地域の個体はそれぞれ独自の系統を構成し，それぞれの系統間の遺伝的差異は大きく，氷河期サイクルを通じて強い地理的構造が維持されたと示唆された．

D. galeata と *D. dentifera* のどの地域の個体群でも強い遺伝的構造がみられ，遺伝子流動が制限されていると示唆された（Ishida & Taylor, 2007a, 2007b）．しかしながら，ミジンコ種には水鳥を介して広範囲に分散する能力がある（Figuerola *et al.*, 2005）．分散能力と遺伝子流動の強さは比例しないのかもしれない．このパラドックスを説明するために1つの仮説が提唱されている．この仮説（独占仮説：Monopolization Hypothesis）は，ミジンコ類は循環的単為生殖（cyclical parthenogenesis）で増殖しており，この生殖様式のため強い分散能力が

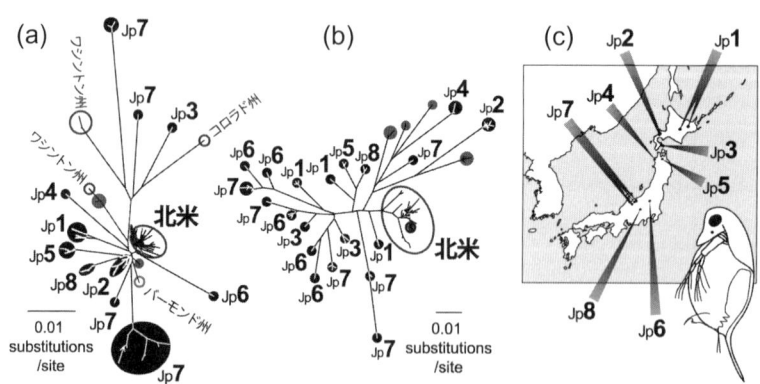

図1.4 *Daphnia dentifera* の mtDNA（ND2）系統樹(a)と核 DNA（HSP）系統樹(b)，および日本の個体群とその8つの地域グループ（Jp1-8）を示す地図(C)
ベーリンジア付近（アラスカ州とユーコン準州）の個体群の系統は濃い灰色，北米本土（アラスカ州とユーコン準州を除く）の系統は灰色の縁取り，日本の系統は黒で囲っている（Ishida & Taylor, 2007b より）．

あっても遺伝子流動が制限されると論じている（De Meester *et al.*, 2002）．ミジンコは，メスがメスのクローンを生産する単為生殖で増殖する．餌や日照などの環境条件の変化に伴い，メスはオスのクローンを生産し，一部のメスは卵鞘（ephippia）と呼ばれる着色した殻を発達させる．卵鞘を発達させたメスは，オスと交尾し，脱皮する際に卵鞘に包まれた休眠卵を産み落とす．その休眠卵の大半は湖底に堆積してエッグバンクを形成する．一部は水鳥や風を介して新しい生殖地へ分散する．温度や日照などの環境条件の変化に伴い休眠卵からメスが孵化して，ふたたび単為生殖で増殖する．ある個体群から別の個体群に移入した個体は，有性生殖が誘引されるまで，単為生殖でクローンの個体数を維持する必要がある．しかし在来の個体は，その生息地に適応した進化（局所適応：local adaptation）を続けているので，移入個体よりも競争的に優位となり，移入個体のクローンを駆逐する．もし移入個体のクローンが有性生殖の時期まで生き延びて休眠卵を生産したとしても，エッグバンクの規模で在来個体は移入個体を圧倒する．このサイクルが繰り返されるにつれて，移入個体の系統はほぼ途絶え，分散能力があっても遺伝子流動が制限されると考えられる．

1.3 日本の淡水ケンミジンコ類の地理的構造

　日本の湖沼に分布するケンミジンコ類 *Acanthodiaptomus pacificus* でも明瞭な地理的構造が見られた（Makino & Tanabe, 2009）．日本列島の143の個体群から得られた *A. pacificus* の mtDNA（COI 遺伝子）と核 DNA（リボソーム RNA の ITS 領域）の解析結果から，3つの mtDNA の系統（A, B, C）が隣接して分布していることが示された（図 1.5）．長野県と周辺の系統 B と C の個体群間で核 DNA が遺伝子浸透していることが示されたが，系統 A と系統 BC 間では示されなかった．北方系統である系統 A と本州系統である系統 BC の分岐は 750 万年以上前と推定され，両系統間では生殖隔離の兆候も確認された．Makino & Tanabe（2009）は，約 1500 万年前，本州が複数の島に分かれていた時代に，両系統の祖先集団が日本列島内で分断され，両系統が分岐した可能性を指摘している．一方で藤井らは，複数の高山植物種で得られた同様の分布域のパターンに対して，本州系統が北方系統よりも先に大陸から日本列島へ侵入して（時間差侵入

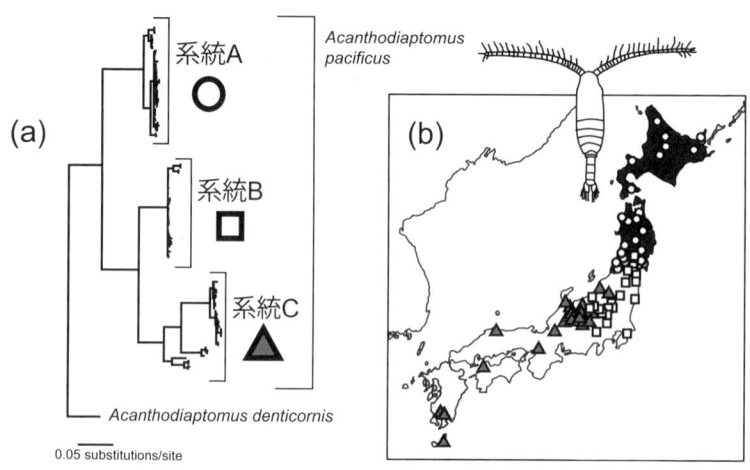

図 1.5 *Acanthodiaptomus pacificus* の mtDNA (COI) 系統樹(a)と3つの mtDNA 系統 (A, B, C) の個体群と分布域を示す地図(b)
系統 A (白丸) の分布域を黒, 系統 B (白の四角) と系統 C (灰色の三角) の分布域を灰で示している (Makino & Tanabe, 2009 より).

仮説), 氷河期サイクルを通じて本州に定住し続けたことで, 北方系統と本州系統が隣り合った分布域を形成したとするシナリオを展開している (藤井ほか, 2009).

1.4 おわりに

　日米にまたがって分布するミジンコ種の系統地理学の知見から, 日本の集団の方が氷河期サイクルを通じて古い系統と強い地理的構造を残しやすい傾向にあることが示された. また, ケンミジンコ類の研究からも同様の傾向が見られた. 今後様々な生物種で得られた知見を重ね合わせることで, 日本の淡水湖沼の生物多様性が形作られた歴史的プロセスとその地理的特色をより明確に示せるであろう.

第2章 淡水における空間個体群動態

小関右介

2.1 はじめに

　生物の個体数は，しばしば時間的，空間的に大きく変動する．種によって数百あるいは数千倍の規模で生じる個体数変動は，自然界に見られる最もダイナミックな生態現象の1つである．そうした変動そのもののダイナミズムに加え，周期変動などの興味深い変動パターンは生態学者の心をとらえ，個体数変動要因の解明を目指す個体群動態研究が発展してきた．その個体群動態研究において，近年注目されているのが空間同調性である．異なる個体群の個体数が同調して変動する空間同調性は，様々な生物で報告されており，そうした普遍的な動態パターンに大きな関心が集まっている．

　本章では，この空間同調性について，淡水における研究の展開とそこで得られた知見を紹介する．まず，これまでの分野全体の進展を概観しながら，その基本的概念や重要課題について解説する．次に淡水における空間同調性について，魚類における研究を通して詳しく見ていき，そのパターンとプロセスを明らかにする．さらに，淡水を舞台にした同調性研究の新たな動きについても紹介する．本章を通して，淡水魚における知見から空間同調性についてどのようなことがわかるのか，また空間同調性から淡水魚の個体群動態，保全および進化についてどのようなことがわかるのかを示していきたい．

2.2 空間同調性研究の発展

　空間同調性 (spatial synchrony) とは，地理的に離れた個体群間で個体数やそれに類する個体群の数的性質が同調して変動することであり，個体群同調性 (population synchrony) とも呼ばれる（同調性の測り方については Box 2.1 を参

照).遠く離れた個体群の変動がなぜ同調するのか.この問いに対する初期の重要な研究の1つは,Moran (1953) によってなされた.彼は,カナダ全域にわたって高い水準で同調するオオヤマネコの周期変動 (図2.1) について,気象要因との関係を初めて統計的に検討し,広範囲に相関する気象条件が空間同調性のメカニズムとしてはたらきうることを数式を用いて明快に示した.この Moran (1953) が示したメカニズムは当初あまり注目されなかったが,Royama (1992) により再評価され,Moran 効果と名付けられてからは,その重要性が広く認められるようになった.以来,Moran 効果は同調性研究の中心課題の1つになっている.

空間同調性の研究はこの 20 年間で大きく進展した (Bjørnstad et al., 1999;Koenig, 1999;Liebhold et al., 2004 によるレビュー参照).これは,1つには,大規模長期観測データの蓄積および入手性の向上,コンピュータ性能の進歩,空間統計手法の発展によるところが大きい.それらによって,大規模時系列データの解析における技術的な壁は一気に低くなり,個体群動態の空間的側面に関して多くの新たな知見がもたらされたのである.

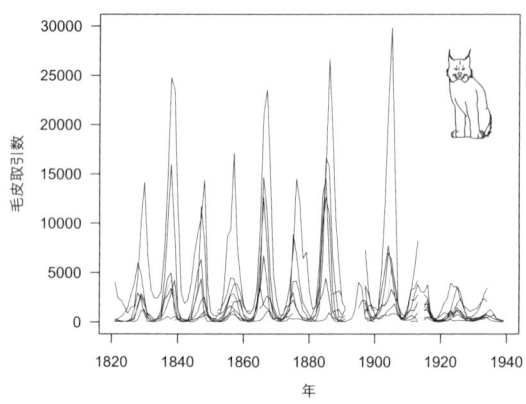

図2.1 ハドソン湾会社によるカナダ全土 10 地域におけるオオヤマネコ毛皮取引数の周期変動 (Elton & Nicholson, 1942, Table 4 より作成)

Box 2.1

同調性の定量的評価

同調性は，多くの生態現象と同様，ある種の統計量によってその度合いが定量的に評価される．個体群間の同調性の測度として最も一般的に用いられる統計量は，以下に示す相関係数（Pearson の積率相関係数）である．

いま個体群 i における時間 t の個体数 $X_{i,t}$ の時系列の長さが T であるとすると，平均個体数は

$$\overline{X_i} = \frac{1}{T}\sum_{t=1}^{T} X_{i,t}$$

であり，分散は

$$\delta_i^2 = \frac{1}{T}\sum_{t=1}^{T}(X_{i,t}-\overline{X_i})^2$$

である．2 つの個体群 i と j の間の個体数の共分散は

$$\mathrm{cov}(i,j) = \frac{1}{T}\sum_{t=1}^{T}(X_{i,t}-\overline{X_i})(X_{j,t}-\overline{X_j})$$

であり，このときの個体群時系列間の相関係数，すなわち相互相関係数（cross-correlation coefficient）は

$$r_{ij} = \frac{\mathrm{cov}(i,j)}{\delta_i \delta_j}$$

で与えられる．

さらに，N 個の個体群からなる地域全体の同調性（region-wide synchrony）は，平均相互相関係数

$$\overline{r} = \frac{2}{N(N-1)}\sum_{i=1}^{N}\sum_{j=i+1}^{N} r_{ij}$$

によって表すことができる（Bjørnstad et al., 1999）．

ただし注意しなければいけないのは，こうして求めた同調性の値は個体数の長期トレンドの影響を受けている可能性があることである．例えば，実際にありそうなことだが，すべての個体群で個体数が全体に減少傾向を示していたとしたら，それら生の個体数時系列から計算された同調性の値は，共通するトレンドのせいで大きくなりやすいだろう．そうした長期トレンドの影響を取り除き，短期的な変動（年次変動）が生みだすパターンに注目するために，生の時系列に対してしばしばトレンド除去（detrending）と呼ばれる前処理が行われる．具体的なトレンド除去手法としては，対数変換したデータの階差を用いる方法や，各種線形，非線形，ノンパラメトリックモデルからの残差を用いる方法など，様々なものがある．

2.3 遍在する空間同調性とその生成プロセス

　近年の研究の蓄積によってもたらされた知見の1つは，空間同調性が周期性変動や大発生などの特別な個体群動態を示す生物だけでなく，多くの生物の間で普通に見られる現象であるということである（Ranta *et al.*, 1995；Koenig, 1998；Liebhold *et al.*, 2004）．例えば，Liebhold *et al.*（2004）による同調性の報告例に関する調査結果は，空間同調性が昆虫，魚類，両生類，鳥類，ほ乳類を含む高次分類群に広く見られることをはっきりと示している（表2.1）．このような普遍的な同調性は一体どのような生態学的プロセスによって生じるのだろうか．

　個体群間の同調性を生み出すと考えられるおもなプロセスには，高い移動能力を持つ捕食者（または寄生者）との相互作用，個体の分散（dispersal），Moran効果（気候や餌資源などの環境の同調的変動）がある．このうち，移動性捕食者との相互作用については，ハタネズミ類個体群の同調性が移動性鳥類による密度依存的な捕食によってもたらされるとする説（Ydenberg, 1987）がよく知られており，それを支持する知見もいくつか得られているが，全体としての研究例数はそれほど多くない．それよりも近年活発な議論がなされているのは，分散とMoran効果についてであり，そのどちらが分類群を通じた同調性の主要因であるかに大きな関心が集まっている．

　そうした生成プロセスについての手掛かりは，同調性の空間パターンから得られるかもしれない．例えば，よく見られるパターンは個体群間の同調性の度合いが距離の増加に伴って低下するというものであるが（図2.2），このとき同調の度合いの低下が緩やかで，同調性が及ぶ地理的スケールが大きければ，大規模な気候環境要因（すなわち，Moran効果）の影響が推測されるし，反対に同調度合いの低下が急で，同調性が見られる空間スケールが小さければ，気候環境要因よりも分散の影響が大きいと考えられるだろう．

　とはいえ，理論研究（Ranta *et al.*, 1995, 1998）が示すように，観察された同調性のパターンのみでプロセスを特定するのは難しい．分散とMoran効果の空間スケールの違いはあくまで相対的なものだし，2つのプロセスが同時にはたらいていることも十分ありうる．したがって，2つの同調プロセスの相対的な重要性を理解するためには，あらかじめ一方のプロセスを排除または制御するような研究

表2.1 空間同調性の報告例（Liebhold *et al*., 2004, TABLE 1より改変）

分　類　群	同調性の空間スケール	報告（文献）数
原生動物（繊毛虫）	10-500 cm（ミクロコズム）	1
植物病原性真菌（さび菌）	0.5-3 km	1
ヒト病原性ウィルス	1-1000 km	3
腐食性昆虫	5-20 m	1
植食性昆虫	1-1000 km	17
捕食・寄生性昆虫	10 m-400 km	4
魚　類	10-500 km	4
両生類	0.2-100 km	2
鳥　類	5-2000 km	14
ほ乳類	10-1000 km	16
軟体動物（フジツボ）	2-30 km	1

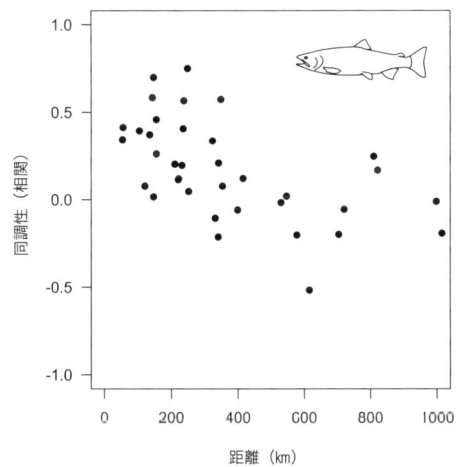

図2.2　距離に伴う個体群同調性の低下の例
　米国オレゴン海岸の9つのギンザケふ化場における早熟雄（ジャック）の年次間変動の同調性と距離の関係（$r=-0.55$）（Koseki & Fleming, 2006より改変）.

デザインが必要である．ここで，論理的には，Moran 効果を取り除く（分散の影響の評価），あるいは分散を制限する（Moran 効果の評価）という2つのアプローチがありうる．しかし，実際には，微生物の実験個体群（Holyoak & Lawler, 1996）などの限られた系を除いて Moran 効果の排除はほとんど困難であり，分散の制限が現実的なアプローチとなる．次節では，そうしたアプローチにおいて淡水とそこに棲む魚類が絶好の機会を提供していることを示すとともに，それによ

ってもたらされた具体的知見について詳しく見ていく．

2.4 淡水における空間同調性

2.4.1 淡水の特徴と同調性のプロセス

　淡水という系の大きな特徴はその構造にある．淡水域は，言うまでもなく，陸域によって隔てられており，淡水魚にとって湖沼間または河川（支流）間の移動はそれらを連結する河川（本流）を通じてのみ可能である．さらに，水位や流量などの水文学的条件が移動——特に上流方向の——を妨げることもあるため，地理的に近い距離にある水域間であっても，その移動は必ずしも容易ではない．つまり，淡水は陸域や海洋と比べて隔離された系であり，淡水魚は陸上や海洋に棲む多くの生物よりも個体群間の移動分散が制限されやすい．このため，淡水魚類個体群は，分散制限環境下での空間同調性のパターンを調べ，Moran 効果の影響力を評価するための格好の研究系となるのである．

2.4.2 淡水魚の空間同調性のパターンとプロセス

　淡水魚の空間同調性のデータを初めて提示したのは Myer et al. (1997) である．彼らは，様々な海水魚，遡河性サケ科魚類，および淡水魚の資源量データを収集し，加入量変動の空間パターンを調べた（図 2.3）．そうしたところ，海水魚では 500 km もの広範囲にわたって同調性が見られたのに対して，淡水魚のカワマス（*Salvelinus fontinalis*）と遡河性サケ科魚類の淡水生活段階（稚魚および降海直前の銀毛個体）の同調性は 50 km 以下の比較的狭い——とはいえ十分広い——範囲に見られた．また，Grenouillet et al. (2001) は，フランスのローヌ川におけるコイ科魚類ローチ（*Rutilus rutilus*）の個体群動態を調べ，0 歳魚および 1 歳魚の年次変動が約 150 km の範囲にある 4 つの地点間で同調すること（それぞれ，相関係数 $r=0.66〜0.90$，$0.29〜0.60$）を報告した．これらの結果とそれに続くいくつもの研究は，他の生物同様，淡水魚でも空間同調性が広く見られ，そのスケールは個体の移動能力から予想される距離よりもはるかに大きいことを示している．

　このような，個体の移動能力を越えた空間同調パターンは，Moran 効果の影響

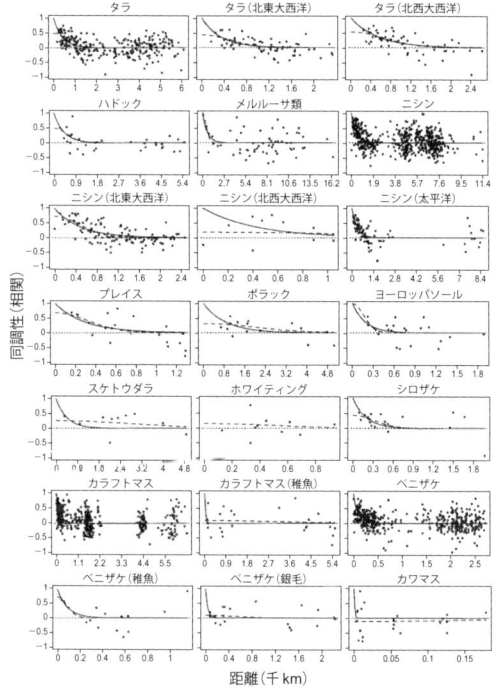

図 2.3 様々な魚種の加入量変動の個体群同調性と距離の関係
実線および破線は異なるモデルに基づく当てはめ曲線を表す。タラからホワイティングまでは海水魚、シロザケからベニザケまでは遡河性サケ科魚類、カワマスは淡水魚（Myers et al., 1997 より）。

を強く示唆するが，分散の関与を完全に棄却するものではない．これに対して，いくつかの研究は，分散が起こりえない別水系の個体群動態に着目し，それらの間に空間同調性があることを示すことで，同調性が Moran 効果のみによって生じることを実証している（Marjomäki et al., 2004；Tedesco et al., 2004；Phelps et al., 2008）．例えば，Tedesco et al. (2004) は，コートジボワールを流れる 2 つ水系の 160 km 離れた地点間で，河川性熱帯魚 4 種（カラシン類 2 種とナマズ類 2 種）の密度変動がいずれも同調性（$r=0.46 \sim 0.64$）を持つことを示し，この同調性が Moran 効果によるものであることを明らかにした．これに加えて，種間においても種内と同等の同調性（$r=0.48 \sim 0.65$）が見られることも示してみせ，4 種の動態が同一の Moran 効果に対して同じように反応した結果であるとして，

Moran 効果の影響を強調した.

2.4.3 淡水魚における Moran 効果の原因

すでに述べたように，Moran 効果の存在は気候または環境変動による個体群動態への影響を意味するが，一般にどのような気候環境要因が Moran 効果に関与しているのかを調べるのは容易ではない．なぜなら，そうした気候環境要因の候補は，気温，降水量，あるいは餌の現存量など，しばしばいくつも存在するからである．しかし，淡水の場合，そこに棲む生物にとって決定的に重要な環境要因は何といっても水の量や流れといった水文学的要因であり，淡水魚においても水位や流量が個体の生残や移動に影響を与えることがよく知られている．加えて，水位や流量の変動は降雨によって広い範囲で同調する．したがって，水文学的変動は淡水魚の空間同調性の原因となる有力な要因と考えられる.

実際，この予想は複数の実証研究によって支持されている．例えば，先のTedesco et al.（2004）の研究では，ある年の河川性熱帯魚 4 種の合計現存量（単位努力量当たり漁獲量，CPUE）とその前年の相対流量の間には良好な相関（$r=0.54$）が認められている（図 2.4）.

また，より大規模なデータセットに基づく検証例としては，Cattanéo et al.（2003）のブラウントラウト（*Salmo trutta*）における研究がある．ブラウントラ

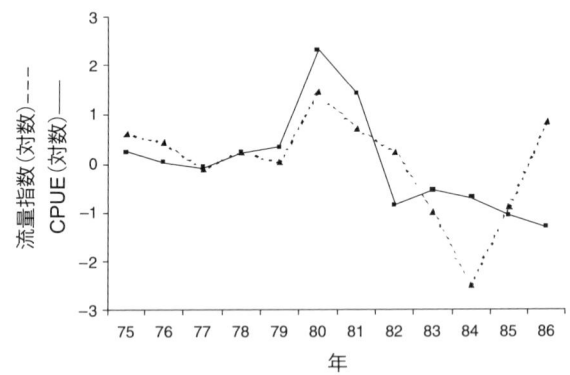

図 2.4 コートジボワールを流れる異なる水系間の淡水魚 4 種の合計現存量（CPUE）と同地域の流量指数（Mahé, 1993）の関係
ある年（t）の現存量に対して，前年（$t-1$）の流量指数がプロットしてある（Tedesco et al., 2004 より）.

ウトを含むサケ科魚類では，雌が川底に掘った産卵床に卵を産み，ふ化した稚魚は川底から浮上して遊泳生活を開始するため，この時期の河川の増水は遊泳力のない稚魚の生残を低下させると考えられる．Cattanéo らがフランスを流れる 5 水系 37 地点間の 0 歳魚密度の同調性とそれに先立つ浮上時期の河川流量の同調性との関係を調べたところ，両者の間には有意な関係が見られ，流量の変動パターンが類似する地点間では 0 歳魚の密度変動も高い同調性を示すことが示された．

同様に，Ruetz *et al.*（2005）は，米国フロリダ州のエバーグレーズ湿原に棲むカダヤシ類 5 種について，17 地点間の個体群密度の同調性と季節的な渇水の同調性との関係を検証し，やはり有意な関係を見出している．

このように，異なる地域の様々な魚種で空間同調性と流量変動や水位変動との関係が確かめられていることから，水文学的変動が淡水魚類個体群の動態を同調させる主要因の 1 つであることはまず間違いないだろう．淡水魚における同調性研究は，Moran 効果の重要性を示すだけでなく，その原因となる環境要因についても新たな知見をもたらしたのである．

2.5 淡水にみる同調性研究の新展開

前節では，空間同調性のプロセスに関する研究の進展を見てきた．本節では，そうしたこれまでの同調性研究の枠組みを越えた新たな研究の展開について紹介する．

2.5.1 空間同調性の時間変化

従来の同調性研究は，個体群の時間変動に隠れた空間パターンに大きく焦点を当てる一方で，空間パターンの時間変化にはあまり関心を払ってこなかった（Ranta *et al.*, 1998）．しかし，個体群が本来時空間的に変動するものであることを考えれば，空間同調性の度合いやパターンは必ずしも時間を通じて一定ではないだろう．そして観察された同調性の時間変化からは，個体群動態についての重要な示唆が得られるかもしれない．そうした例として，遡河性サケ科魚類マスノスケ（*Oncorhynchus tshawytscha*）の研究（Isaak *et al.*, 2003）を紹介したい．

米国アイダホ州ミドルフォークサーモン川水系のマスノスケ産卵回帰個体数は，ダム建設などの影響により過去40年（1957〜2000年）の間におよそ5分の1に減少した（図2.5）．Isaakらは，同水系の13地点における産卵床数の年次データを用いて，時系列を眺める「窓」（ここでは8年間）を1年ずつ移動させながら系列間の相関を順次計算していく移動窓分析（moving window analysis）を行い，同調性の経年変化を調べた．その結果，水系全体の同調性（平均相互相関係数）の値は，個体数の減少に伴って，最初の0.23から一番最近の0.88へと着実に上昇してきたことが明らかとなった（図2.5）．個体数の減少がどのように同調性の上昇につながるのかはまだ十分にわかっていないが，観察されたような高い同調性を持つ個体群は，個体群全体を構成する局所個体群の同時絶滅が起こりやすく，個体群全体の存続確率が低いことが知られている（Harrison & Quinn, 1989；Heino et al., 1997；Palmqvist & Lundberg, 1998）．したがって，マスノスケでの知見は，個体数の減少が同調性の上昇を引き起こし，それがさらに個体群の絶滅を加速させる可能性を示唆している．

　今日多くの生物で個体群サイズが減少していることを考えると，同様な状況は他の生物でも生じているかもしれない．マスノスケにおける研究は，同調性の時間変化が個体群の存続性について有用な情報を与えることを例証している．

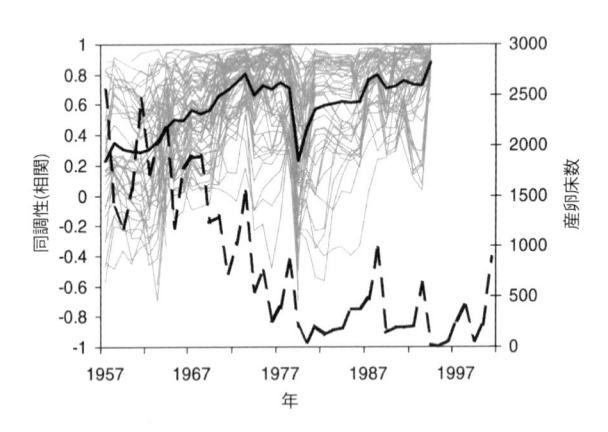

図2.5 米国アイダホ州ミドルフォークサーモン川水系におけるマスノスケ産卵床数の空間同調性の時間変化
細い実線および太い実線は，移動窓分析によって得られた各調査地点間の相関とその平均をそれぞれ表す．破線は全調査地点の合計産卵床数の時系列（Isaak et al., 2003 より）．

2.5.2 行動生態学的な視点からの研究

ここまで見てきたように,空間同調性は個体群動態の空間側面に関する問題であり,これまで個体群生態学の枠組みを越えて議論されることはほとんどなかった.しかし淡水における最近の研究は,空間同調性を繁殖戦略や生活史変異といった進化生態学の問題と結びつけ,同調性研究の新たな展開の可能性を提示している.以下にそれらの研究を紹介しよう.

同一環境に棲む異なる生物は,しばしば違ったやり方(戦略)で環境に適応し,その結果多様な群集を形成している.そのような群集の構成種は,環境変動に対する応答の違いから,異なった空間同調性を示すかもしれない.コートジボワールの2水系において同調的な流量変動(Moran 効果)が魚類個体群間の同調性をもたらすこと(前節参照)を示した Tedesco とその共同研究者は,同じ水系の魚類群集における空間同調性と繁殖戦略との関連を調べた(Tedesco & Hugueny, 2006).熱帯河川の魚類に見られる代表的な繁殖戦略には,「均衡戦略(equilibrium strategy)」と「周期戦略(periodic strategy)」があり,前者が季節に関係なく繁殖し,少産で子当たりの投資が大きい(大きな卵サイズや子の保護など)といった特徴を持つのに対して,後者は雨期の開放水域で一斉繁殖し,小卵多産で子の保護は行わない.Tedesco らは,この対照的な繁殖戦略に着目し,周期戦略種の繁殖が季節的な流量変動と密接な関連を持つのに対して,均衡戦略種の繁殖が種ごとおよび地点ごとの産卵保育環境条件に依存するだろうと考えられることから,水系間の同調性の度合いは均衡戦略種よりも周期戦略種で高いだろうと予測した.検証の結果,観察されたパターンは予測と一致し,均衡戦略種($r=0.46$)に比べて周期戦略種でより高い同調性が観察された($r=0.83$).すなわち,繁殖戦略の違いが Moran 効果に対する応答の違いを生み,群集構成種の空間同調性に影響を与えることが示唆されたのである.

上の例は,繁殖戦略の点から個体群の空間パターンを考えるという意味で,進化生態学から個体群生態学へのアプローチといえるが,これとは反対方向のアプローチとして,個体群の空間パターンから生活史戦略の動態を探る試みも行われている.

太平洋サケ属の一種ギンザケ(*Oncorhynchus kisutsh*)では,雄に「鼻曲がり(hooknose)」と「ジャック(jack)」という2つの代替表現型が見られる.鼻曲がりは,河川と海洋でそれぞれ1年半ずつを過ごしたのち成熟する3歳魚で,産卵

場ではその大きな体と発達した二次成長で雌をめぐって争う．一方，海洋生活をわずか半年で終えて川に戻る2歳魚のジャックは，小さな体を活かして雌の産卵に忍び込む．2つの表現型は生活史初期の成長条件によって決まる条件戦略と考えられており，高成長個体がジャックに，低成長個体が鼻曲がりになりやすい．これまで，両表現型の相対頻度の動態については，繁殖成功における少数者有利性（すなわち，負の頻度依存淘汰）といった個体群に内在する進化圧の影響に高い関心が集まる一方で（小関・Fleming, 2004），環境変動の影響はあまり注目されてこなかった．しかし，表現型の決定が稚魚期の成長に依存することや，両表現型の相対繁殖成功が産卵場の環境条件に影響を受けるかもしれないこと（Gross, 1991）を考えると，2つの表現型の頻度動態は河川環境変動を反映した空間パターンを示すかもしれない．

こうした予想に基づいて，米国オレゴン州の自然産卵河川46地点における長期観測データを用いた時空間動態の解析が行われた（Koseki & Fleming, 2007）．その結果，オレゴン州沿岸全域にわたる大規模な同調性が，各表現型の現存量だ

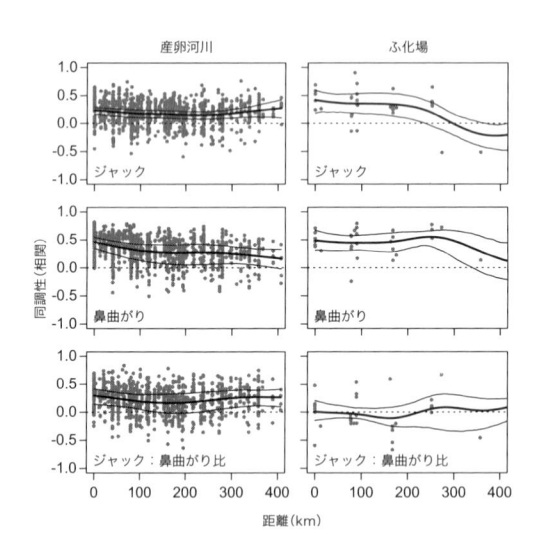

図2.6 米国オレゴン州の自然産卵河川とふ化場におけるギンザケ代替表現型（ジャックおよび鼻曲がりの相対現存量とジャック：鼻曲がり比）の同調性と距離の関係
太い線および細い線は，Bjørnstad & Falck（2001）によるノンパラメトリック共分散関数とそのブートストラップ95パーセンタイル区間をそれぞれ表す（Koseki & Fleming, 2006；2007を基に作成）．

けでなく，ジャック：鼻曲がり比にも見られた（図2.6）．このことは，地域規模で同調する環境変動が2つの表現型の動態に影響を与えるだけでなく，その影響の度合いあるいは方向性が各表現型で異なる結果，両者の比率にも時空間変動が生じることを示している．さらに，この研究と対をなすもう1つの研究（Koseki & Fleming, 2006）では，同じ地域の9つのふ化場における人工ふ化放流魚のデータを用いて，淡水生活期の影響を統計的に排除した後の代替表現型の空間パターンを調べた．すると，自然個体群の場合とは違い，ジャック：鼻曲がり比の変動に同調性は見られなかった（図2.6）．この2つの研究にみられた結果の相違は，代替表現型の頻度動態を生み出す大規模な環境変動が海洋ではなく河川で生じていることを示している．すなわち，一連の空間動態の分析から，河川環境変動が代替表現型の相対頻度に変動をもたらすことがわかったのである．このような環境変動に伴う頻度変動が，個体群内部の進化圧とあいまって代替表現型の進化動態にどういった影響を与えるのかは，今後明らかにされるべき興味深い問題だろう．

2.6 おわりに

本章では，近年個体群動態研究の分野で注目される空間同調性について，淡水魚における最近の研究の展開を紹介してきた．それらの研究によって，分散が制限された淡水においても広範囲にわたる空間同調性が広く見られること，そしてその主要因が水文学的変動によるMoran効果であることが明らかとなった．これらの知見は，淡水魚類個体群の空間動態を鮮やかに描き出すと同時に，淡水が空間同調性を研究するうえで特別な機会を提供していることをはっきりと示している．淡水とそこに棲む魚類を題材とした同調性研究は，今後も空間個体群動態の理解に重要な役割を果たしていくだろう．

また，淡水魚の研究から，個体群サイズの減少とともに進行する空間同調性の増大や，同調性と繁殖・生活史戦略との関連性など，変動環境下の個体群の保全や進化に重要な洞察を与える知見が得られつつあることも見てきた．こうした知見は，気候変動や人為的影響によって生物を取り巻く環境が急激に変化する中で，ますます重要になるだろう．今後も同調性研究が他の分野と結びつくことに

よってさらなる新知見がもたらされること，そしてそこに淡水における研究が大きくかかわっていくことを期待したい．

第3章 環境の変化に対する柔軟な応答：表現型可塑性

坂本正樹

3.1 表現型可塑性とは

　表現型可塑性（phenotypic plasticity）とは，「ある個体が環境変化に対して，後天的にその表現型（形態的・生理的・行動的な性質）を変える能力」のことである．多くの生物はその生涯で，餌（栄養資源）の不足や天敵との遭遇，温度の変化などの環境ストレスにさらされる．表現型可塑性は，常に変化する環境の中で生き残り，子孫を残すための戦略である．例えば，低温条件で休眠する生物では，休眠のスイッチが入る温度はその生物の遺伝子によって決められる．遺伝子型によって決定される表現型と環境条件の関係は反応基準（reaction norm）と呼ばれる（図3.1）．同種内の個体でも，遺伝子型が異なれば反応基準も異なる．反応基準はその生物個体の適応度に直接関係するため，自然選択を受けて進化しうる．

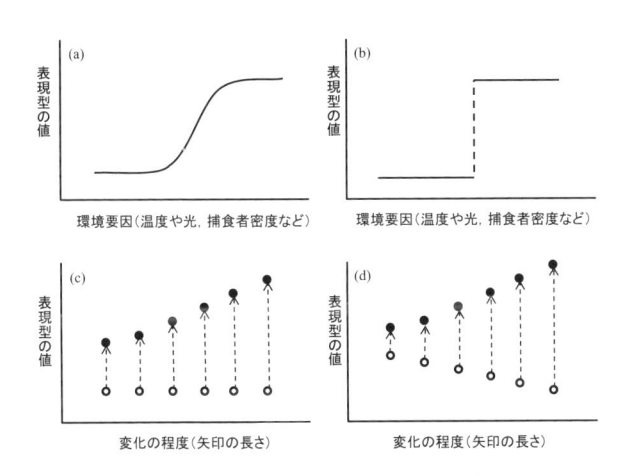

図3.1　反応基準のタイプ(a, b)と表現型可塑性の様々なパターン(c, d)
　(a)表現型の値が環境の変化に対して連続的に変化する場合．(b)表現型の値が不連続に変化する場合（表現型多型）．(c)遺伝子型によって変化の程度が異なるが，変化前の表現型の値が同じ場合．(d)遺伝子型により，変化の程度と変化前，後の表現型値が異なる場合（Auld *et al.*, 2010 より）．

つまり，表現型可塑性の進化は，反応基準の進化ということになる．表現型可塑性の中でも，休眠やバッタの相変異（孤独相と移動相）のように，変化の程度が不連続な場合は表現型多型（phenotypic polymorphism）という．

3.2 非生物的環境への応答

　生物の生息可能場所は，非生物的環境（理化学的環境）が生存，増殖の適応範囲内であるかどうかで決まる．水生生物にとって，生活の場は常にあるとは限らない．ここでは，非生物的環境の変化に対する水生生物の表現型可塑性の1例として，休眠について紹介する．

3.2.1 水位の変動に対する応答（クリプトビオシス）

　水生生物の中には，クリプトビオシス（cryptobiosis：無代謝状態での活動休止現象，クマムシの例が有名）という，乾燥への対策をとるものがいる．ネムリユスリカ（*Polypedilum vanderplanki*）は，生息場所の水溜まりが干上がり始めると体内にトレハロースを蓄える．トレハロースが体内の水と置き換わることで，生体内物質が保護され，乾燥や高温によるタンパク質の変性が抑えられる．雨が降り，水溜まりができると乾燥幼虫はすぐに吸水し，1時間以内には発育を再開する．この能力を持つのは，生活史の中でも幼虫の時期だけだが，水が干上がるたびに「乾燥―蘇生」を何度も繰り返すことができる．ただし，急激な乾燥には対応できず，48時間以上かけてゆっくり乾燥させないとトレハロースの蓄積が間に合わず，蘇生することができなくなる（奥田ほか，2004）．

3.2.2 水温の変化に対する応答（休眠細胞と休眠卵）

　温度の変化も生物の休眠を促す刺激となる．水生生物の多くは変温動物であるため，水温の変化に応じて生理的反応や行動の活性が大きく変わる．成長や増殖可能な温度範囲は生物種によって異なり，至適温度の違いが種の分布や出現時期を制御する重要な要素の1つとなる．水温が低下すると，藻類や原生動物は休眠細胞（シスト）を，ワムシ類，カイアシ類，枝角類（ミジンコ類）は休眠卵（耐久卵ともいう）をつくって湖底の泥の中で越冬する．通常，ミジンコやワムシは，

メスのみの単為生殖（クローン繁殖）によって個体群を形成しているが，休眠卵（受精卵）を生産する時期にはオスを産み，有性生殖を行う．そのため，休眠卵の生産には，遺伝的多様性を高め，悪環境化での全滅を防ぐ役割もある．休眠卵生産を誘導する要因には，水温の他に，日長の変化，餌不足，過密，捕食者の存在が知られている（Gyllström & Hansson, 2004）．

休眠細胞（卵）の発芽（孵化）には，一定期間の休眠，光，温度変化，越冬が必要な場合がある（Vandekerkhove *et al.*, 2005；Agrawal, 2009）．休眠ステージのプランクトンは乾燥や無酸素状態に耐えることができるため，これが水鳥などの体に付着し，他の水界に運ばれる．さらに，動物プランクトンの休眠卵には消化耐性があり，魚の消化管を生きたまま通り抜ける．水鳥や魚は，プランクトンの運び屋なのだ．

3.3 生物的環境への応答

多くの生物は，捕食者や競争者が放出する化学物質や，彼らによる物理的な刺激からその存在を認識し，形態や行動，生活史特性を変化させる．中でも，捕食者に対する可塑的な防御戦略は，誘導防御（inducible defense）と呼ばれる．水界では，餌生物が食われるかどうかは，自身の体サイズと捕食者の利用可能な餌サイズの幅に依存していることが多い．ここでは，誘導防御の究極要因と至近要因，情報化学物質を介した生物間の情報伝達について説明する．また，プランクトンと両生類の誘導防御を例に挙げ，研究の歴史的背景とこれまでの知見を紹介する．

3.3.1 究極要因と至近（近接）要因

餌生物が捕食者の存在下でのみ，表現型を変化させることの適応的意義（究極要因：ultimate factor）は，無駄なエネルギーと物質の消費を抑えつつ防御を講じ，自身の生存と繁殖を高めることにある．一方，防御を誘引する刺激（至近要因：proximate factor）には，物理的刺激（捕食者との接触，視覚的な刺激，温度，光の周期や強弱など）や化学的刺激（捕食者の匂い，仲間が発する危険信号，傷ついた個体から出る体液など）がある．1つの防御戦略が複数の刺激によって誘

導される例も多い．様々な物理・化学的刺激を感受し，天敵に対する防御を発現するのだ．

3.3.2 ケミカルコミュニケーション（情報化学物質を介する情報伝達）

被食者となる生物は，視覚的，化学的，物理的な情報をもとに，捕食者の存在を認識して防御戦略をとる．その中でも，水生生物は捕食者から放出される「匂い物質（カイロモン：受容者側が利益を得る情報化学物質）」をよく利用している．カイロモンは水に溶けているため，拡散の方向は水の流れに影響される．湖のように流れがほとんどない環境では，カイロモン濃度はそれを放出する捕食者の密度に依存して高まる．つまり，カイロモン濃度が高い場所では，捕食者と遭遇するリスクが高いため，被食者は捕食者との遭遇前に防御戦略をとる．「ケミカルコミュニケーション」は，魚類，両生類，甲殻類，原生動物，藻類などの様々な分類群の生物種間で行われているが，ほとんどのカイロモンの化学構造はいまだにわかっていない．

3.3.3 プランクトンの誘導防御
A．動物プランクトンの形態変化

ミジンコでは古くから，形態輪廻（cyclomorphosis）という現象が知られている．多くの湖で，春は頭部が丸い（丸型）が，夏には極端に大きく尖り（尖頭形成），秋は丸型に戻る．この現象は1980年代になるまで，ミジンコの非生物的環境への応答とされていた．水の粘性は水温の上昇とともに低下するため，水中粒子の沈降速度は上昇する．ミジンコの尖った頭は，そのような環境下で浮力を得るための形態，もしくは遊泳の際にバランスをとりやすくするための形態であると考えられていた．実際，高水温条件下での飼育や，水の撹拌でダフニア属のミジンコが形態を変えることがわかっている．しかし，Jacobs (1967) は，頭部の尖ったカブトミジンコ（*Daphnia galeata mendotae*）が，丸型の個体よりも沈みやすいことを示した．さらに，ゾウミジンコ（*Bosmina longirostris*）は，低温条件にさらすことで形態の変化が誘導される（Kappes & Sinsch, 2002）．これらのことから，「ミジンコの形態変化＝粘性の低下への応答」という説は否定される．

Dodson (1974) は，尖った形態（protuberant morphology）のミジンコが捕食性プランクトンに捕食されにくいことを発見した．さらに，Kruger & Dodson

(1981) は，捕食者であるフサカ (*Chaoborus*) 幼虫のカイロモンにさらすことでミジンコ (*D. pulex*) の後頭部突起 (neckteeth) の形成が誘導されることを確かめた．Grant & Bayly (1981) はセスジミジンコ (*D. carinata*) の後頭部隆起 (crest) がマツモムシ (*Anisops calcaratus*) のカイロモンで誘導され，防御形態として機能することを実験で証明した．その後，他のミジンコでもカイロモン誘因性の形態変化が確認され，特定の捕食者に捕食されにくくなることが明らかになった．Laforsch & Tollrian (2004) は，カムリハリナガミジンコ (*D. cucullata*) の頭部突起の長さが，それを誘導する捕食者の種類 (フサカ幼虫，捕食性ミジンコ，カイアシ類) で異なることを確かめた．この結果は，カイロモンの化学構造が捕食者間で異なり，ミジンコはその違いを認識することを示唆する．

カイロモンの感受期と形態変化の発現期間は，ミジンコの種によって異なるが，体サイズと関連性があるようだ (花里，2005)．大型種では後期胚の時期にカイロモンにさらされると，幼体で防御形態がみられるが，成長とともに消失していく．一方，小型種には，胚から成体までカイロモンに反応し，形態を変化させるものもいる．

カイロモン誘因性の形態変化とその有効性は，ミジンコで発見される以前にワムシで確かめられていた．Gilbert (1966) は，ツボワムシ (*Brachionus calyciflorus*) が，捕食者であるフクロワムシ (*Asplanchna sieboldi*) の飼育水にさらされると，後背部に長い棘 (posterolateral spines) を形成することを発見した．しかし，ワムシは脱皮を行わないため，孵化後に棘をつくることはできない．母親個体が形態の異なった子を産むのだ (母性効果)．ミジンコの形態変化との大きな違いは，形質が先天的に決定されていることである．ただし，ミジンコでも親個体がカイロモンにさらされた場合，子の世代でより顕著な防御形態の形成が起こる (Agrawal *et al.*, 1999)．

原生動物でも形態的な誘導防御がよく研究されている．例えば，繊毛虫 *Euplotes octocarinatus* は体の幅を大きくすることで，捕食性の繊毛虫 *Lembadion bullinum* に飲み込まれにくくなる．しかし，捕食者も口のサイズを大きくし，餌の防御に対抗する (Kopp & Tollrian, 2003)．これは軍拡競争と呼ばれる．捕食者の形態変化を inducible offense というが，それを誘導する要因は明らかになっていない．おそらく，大きくて捕食しにくい餌との遭遇が頻繁に行われることが誘導の引き金になるのだろう．捕食者の形態変化は，フクロワムシやノロ (*Lep-*

todora kindtii：捕食性ミジンコ）でも知られている．しかし，被食者と捕食者の軍拡競争では，前者の方が有利であることが多い．その要因の1つには，捕食者が1種類の餌生物に依存することが少なく，利用できる餌がなくならないことが挙げられる．

現在までに，少なくとも17種の枝角類，9種のワムシ類，11種の繊毛虫でカイロモン誘因性の形態変化が知られているが，そのすべてがサイズ依存的な捕食に対する防御であるとは言えないようだ（図3.2）．ワムシは体を大きくしてフクロワムシの捕食を回避するのに対し，ミジンコの体長は形態変化の前後でほとんど変わらない．しかし，捕食実験の結果からは防御の有効性が見てとれる（図3.2(b)）．Laforsch *et al.*（2004）はミジンコ切片の観察と超音波顕微鏡を用いた外骨

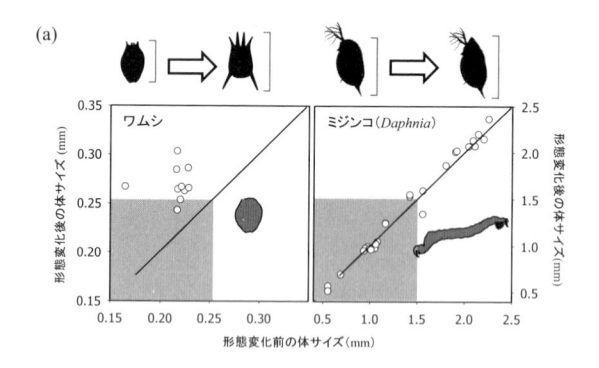

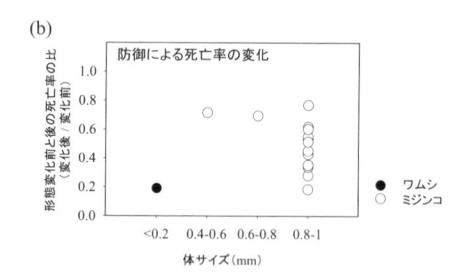

図3.2 （a)形態変化に伴うワムシ（左）とミジンコ（右）の体サイズの変化．灰色部分は捕食者が摂食可能なサイズのおおよその範囲（左，フクロワムシ；右，フサカ幼虫）．(b)捕食実験での死亡率の変化．図の縦軸は形態変化前の死亡率に対する形態変化後の死亡率の割合を表す（文献値から作図．Weber & Declerck, 1997; Repka & Walls, 1998; Jeschke & Tollrian, 2000; Laforsch & Tollrian, 2004; Oda *et al.*, 2007; Pavon-Mesa *et al.*, 2007; Wolinska *et al.*, 2007; Gilbert, 2009; Mirza & Pyle, 2009）．

格（殻）の強度解析を行った．その結果から，フサカカイロモンにさらしたミジンコ（*D. pulex, D. cucullata*）の殻は，さらさないものと比べて厚く，湾曲耐性や伸長耐性が高いことがわかった．顕微鏡観察でわかる外観の変化は，全変化の「氷山の一角」でしかない．おそらく，ミジンコの形態変化は捕食者に捕まりにくくなると同時に，捕まったときの逃避確率を高めるための戦略なのだろう．さらに近年，物理的刺激（捕食者が起こす水の振動や接触），傷ついた仲間の体液（alarm substance），水温などもミジンコの形態変化を誘導する要因としてはたらくことが明らかになってきた（Sakamoto & Hanazato, 2009）．室内実験で捕食者カイロモンのみによって誘導される形態が，野外個体で観察されるものと比べて変化の程度が小さいのは，これらの至近要因を考慮に入れていないためであろう．さらに，多くは1世代のみを対象とした実験であるため，母性効果が考慮されていない．今後，それぞれの至近要因がどの程度寄与しているのか解明され，形態変化のメカニズムや誘導防御の進化に関する研究が発展することが期待される．

B．動物プランクトンの行動と生活史特性の変化

　深い湖では，大型のプランクトンであるミジンコやフサカ幼虫，カイアシ類は日中に深層に潜み，夜になると表層近くまで上がってくる．この「日周期鉛直移動（diel vertical migration）」は，プランクトン食魚に対する捕食回避行動であると考えられている（Tollrian & Dodson, 1999）．深層へは光が届かないため，視覚に頼る魚は索餌が困難になる．また，成層時は水温躍層を境に溶存酸素濃度が急激に低下するため，魚は深く潜れない．そのため，深層は魚からの避難場所になる．夜は魚に捕捉される危険性が低いため，大型の動物プランクトンは餌が豊富な表層に移動してくる．反対に，小型動物プランクトンのワムシ類は，夜は深層に滞在し，明るくなると表層に移動する．ワムシは体が小さいため，魚には選択されにくいが，フサカ幼虫やカイアシ類などの捕食性プランクトンには食われやすい．また，藻類をめぐる競争に弱いため，ミジンコがいない日中に効率よく餌を得るという戦略をとっているのかもしれない．日周期鉛直移動を誘導する要因としては，光と魚のカイロモンが知られている（De Meester *et al.*, 1999）．日中に深層に潜るのは，魚によって視覚的に捉えられやすい大型のプランクトンに特徴的な戦略といえる．体の小さなゾウミジンコ（*Bosmina longirostris*）は日周期鉛

直移動をせず，比較的浅い層に分布する．ゾウミジンコは捕食性動物プランクトンに攻撃されたとき，擬死行動（dead man response と呼ばれる）をみせる．動きを止めることは，水の振動で餌を認識する捕食性動物プランクトンに対して効果的な防御戦略である．

　行動以外にも，ダフニア属のミジンコは，捕食者の存在下で再生産（増殖）と体成長に投資する物質やエネルギーの配分を変化させることが知られる（Tollrian & Dodson, 1999）．一般に，成熟時の体サイズは，魚カイロモンにさらされると小さくなり，フサカカイロモンにさらされると大きくなる．つまり，魚がいると再生産に，フサカがいると体成長に物質とエネルギーを投資するようになる．魚の存在下では個体の成熟サイズが小さくなるが，小さな仔虫を多く産むことで内的自然増加率（r）が高くなる．魚は大きな餌を選択的に捕食するため，この戦略は適応的であるといわれている．一方，フサカ幼虫は大きな餌を捕えられないため，ミジンコが体成長への投資を優先することは適応的である．

C．藻類の誘導防御

　藻類は動物プランクトンのカイロモンを感知して群体や，堅く長い棘を形成する．これは，Hessen & Van Donk (1993) のオオミジンコ (*Daphnia magna*) とイカダモ (*Desmodesmus subspicatus*) を用いた実験により，明らかにされた．このオオミジンコのカイロモンは硫酸アルキルエステルである（Yasumoto *et al*., 2005）．群体形成を行う藻類には，緑藻のイカダモの仲間 *Scenedesmus, Desmodesmus* とコエラストルム属 *Coelastrum* が知られている．これらの藻類は群体を形成して大きな塊となることで，動物プランクトンに食われにくくなる．シャジク藻のスタウラストルム（*Staurastrum*）は，粘液を放出し細胞の塊をつくることで食われにくくなる．ただし，スタウラストルムの場合，カイロモンではなく，ミジンコによる水の撹拌が誘導要因となる（Wiltshire *et al*., 2003）．淡水の藻類だけではなく，海のハプト藻 *Phaeocysis* も動物プランクトンのカイロモンに反応して群体を形成する（Wolfe *et al*., 1997）．

　動物プランクトンのカイロモンは，藻類の形態的防御の発現の他に，休眠細胞からの発芽も抑制するようだ（Hansson, 1996）．カイロモン濃度が高い時に発芽すると，摂食される危険性が高まる．また，シアノバクテリアのミクロキスティス（*Microcystis aeruginosa*）が生産する毒素の量は，動物プランクトンや藻類食

魚の存在下で高まる（Jang et al., 2004）.

Verschoor et al.（2004）は，藻類の群体形成が動物プランクトンによる食い尽しを防ぎ，両者の共存が可能になることを実証した．これは「藻類の誘導防御が系の安定性を高める」という，Vos et al.（2004）の理論的予測を支持するものであり，表現型可塑性の生態系内での役割を示す重要な研究成果である．最近の研究で，生産者（藻類）のみではなく一次消費者（動物プランクトン）の誘導防御も，系全体の安定化に作用することがわかってきた（Boeing & Ramcharan, 2010）.

3.3.4 両生類の誘導防御

両生類では，カエル幼生（オタマジャクシ）とサンショウウオ幼生の形態変化がよく研究されている．オタマジャクシは頭部を肥大化させ，尾ひれを高く発達させることで，捕食者のサンショウウオ幼生に丸のみにされにくくなる．一方，サンショウウオ幼生は，オタマジャクシのいる環境で育つと顎を発達させ，より大きな餌を捕えられるようになる．サンショウウオの顎が大型化した形態は「共食い型」とも呼ばれ，同種の高密度化によっても誘導される．Kishida & Nishimura（2004）は，エゾアカガエル（*Rana pirica*）とエゾサンショウウオ（*Hynobius retardatus*）を実験に用い，カイロモン以外に，捕食者との物理的な接触がオタマジャクシの形態変化を誘導することを明らかにした．一方，サンショウウオの大顎化は，オタマジャクシや同種個体の尾が揺れて発生する水の振動で誘導される（Michimae et al., 2005）.

トンボの幼生（ヤゴ）は，オタマジャクシとサンショウウオ幼生の共通の天敵である．ヤゴのカイロモンにさらされると，オタマジャクシは尾ひれのみが高い形態に変化し，逃避能力が高まる．頭が肥大化しないのは，ヤゴが丸のみ型の捕食者でないためだろう．一方，サンショウウオ幼生は鰓を発達させ，水中の酸素を効率よく利用できる形態に変化する．これにより，肺呼吸のために水面に浮上する頻度が低下し，攻撃されるリスクが低くなる．サンショウウオの鰓の発達は，貧酸素条件のみでも誘導される．サンショウウオは捕食回避によって生じる別の問題にも対応しているのだ．

ヤゴの存在下ではオタマジャクシの頭部の肥大化とサンショウウオの大顎化が誘導されにくくなる（Kishida et al., 2009）．サンショウウオは，餌を食うこと よ

りも自分の身を守ることを優先するのだ．オタマジャクシは，サンショウウオに攻撃される頻度が低下し，頭部の肥大化が起こりにくくなる．同様の関係は「ミジンコ－フサカ幼虫－プランクトン食魚」の間でもみられる．ミジンコの場合も，魚への応答が優先される．一方，プランクトン食魚にも，魚食魚のカイロモンに反応して体高が高くなるもの（フナなど）や，行動を変化させるものがいる（Ferrari *et al.*, 2010）．高次の消費者による下位の生物種間関係への影響に関する知見は少ないが，研究の発展が期待される興味深い分野である．

3.4 トレードオフの関係（コスト，ベネフィット）

　表現型の変化には利益（ベネフィット）と不利益（コスト）が伴う．例えば，捕食者に対する形態変化のベネフィットは，食われるリスクが低くなることである．一方，形態変化や防御形態の維持には物質やエネルギーのコストが生じる．捕食者のいない環境では無駄なコストとなり，適応度が低下する．
　Adler & Harvell（1990）は，以下に示す4つの項目を，誘導防御が進化するための条件として挙げている．
（1）捕食圧は時空間的に変動する．
（2）捕食者の存在を知らせる効果的な信号がある．
（3）防御は効果的である．
（4）防御機構にはコストがかかる．
　ミジンコの場合，室内で捕食者カイロモンにさらすだけでは，野外個体ほど顕著な防御形態が誘導されない（Sakamoto & Hanazato, 2009）．実際の環境中では，複数の刺激と母性効果が同時に作用し，顕著な変化が誘導されている．これは，不確かな情報に対して余計な投資をすることを避ける仕組みといえる．一般に，動物プランクトンの防御形態は，餌が不足する環境では誘導されにくい．餌が不足しているときには，形態変化のコストが，捕食者に食われにくくなるベネフィットを上回るのだ．
　表現型の変化には直接的なコスト（物質やエネルギーの投資）の他に，間接的なコストを伴うことがある．例えば，藻類は群体になると沈みやすくなる（Lürling & Van Donk, 2007）．また，防御形態のミジンコは様々な環境ストレス

(餌不足，貧酸素，農薬)への耐性が低い (Hanazato & Dodson, 1995). カイアシ類は紫外線にさらされると，カロテノイドを体内に蓄え身を守るが，体が真っ赤になり，魚に捕捉されやすくなる．そのため，魚の密度の高い環境下では，紫外線照射量が高くても色素の蓄積が抑制される (Hansson, 2004).

3.5 人為的な汚染による影響（外分泌系の撹乱）

　近年，微量の有害化学物質が水生生物の表現型可塑性に影響を及ぼすことがわかってきた．内分泌撹乱（endocrine disruption）に対し，ケミカルコミュニケーションのような外分泌系の撹乱は，インフォディスラプション（info-disruption）と呼ばれる (Lürling & Scheffer, 2007). Lürling (2006) は，洗剤に含まれる界面活性剤が，藻類（イカダモ）の群体形成を促進することを明らかにした．これは，ミジンコカイロモンと界面活性剤の化学構造が似ているためである．

　魚類の捕食回避行動（カイロモンなどによって誘導される）は，殺虫剤（アトラジン，ダイアジノンなど）や重金属（カドミウム，水銀）にさらされると抑制される．同様の報告は貝類や両生類についてもなされており，回避行動が抑制されることで，捕食者に捕捉されやすくなる．

　重金属（銅）は，ミジンコの形態変化を抑制する．反対に，カーバメイト系殺虫剤や有機リン系殺虫剤は，ダフニア属のミジンコの形態変化を促進する．これは，殺虫剤が神経系に作用し，形態変化にかかわるホルモンの放出を促進するためだと考えられている．ダフニア属とは逆に，ゾウミジンコ属の形態変化は，同じ殺虫剤にさらされても抑制される．このように，外分泌撹乱の様式は，分類群内でも属や種によって異なることがある (Sakamoto *et al.*, 2006).

　外分泌撹乱は，生物への毒性評価試験（生存率と増殖速度への影響を調べ，生態影響を評価する際の基準にする）では検出できないほど低濃度の曝露でも起こりうる．今後，これらをどのように評価するのかが重要な課題であり，生態学者の貢献が期待されている．

3.6 展望

　この十数年の間に，分析機器の精度やコンピュータの計算速度が目覚ましく向上し，表現型可塑性を「進化」や「生態系機能」と関連させた研究が急速に発展した．遺伝子群やタンパク（分子機構，進化プロセス），生体内の物質・エネルギー収支（コスト－ベネフィット），種内競争（自然選択による進化），個体群動態（系の安定化）などがその代表である．

　一方，群集（生態系）レベルでの実証例はほとんどない．その理由として，①多くの種の生態学的特性が不明で知見が断片的であること，②複数の要因が複雑に関係しあい，再現性の維持が困難であることなどが挙げられる．そのため，先行研究の多くは厳密にコントロールされた環境下（おもに実験室）で単純な系（多くても3種）を扱うものである．ただし，これまでに述べてきたように，個々の種の様々な環境への可塑的戦略が群集動態や物質循環を制御する要因として大きく寄与することは明らかである．生態系管理や化学物質の生態リスク評価の面でも，データの蓄積と定量的な評価手法の開発が緊急課題となっている．

第4章 プランクトンがみせる迅速な進化

吉田丈人

4.1 短い時間で起こる進化

　生物の進化というと最初に思い浮かべるのは，現在私たちがみることができる多様な生物をつくりだしてきた原動力だということだろう．たしかに，進化は非常に長い時間をかけて，種分化を繰り返しながら生物多様性をつくりだしてきた．また，それは進化生物学が扱う最も重要なテーマの1つである．しかし，進化は，「集団の遺伝的組成が時間とともに変化すること」と定義され，原理的には，1世代という短い時間でも起こりうるのである．近年の多くの研究が，短い時間で起こる進化を様々な生物で報告しており，また，薬剤耐性細菌や栽培植物の進化など，私たちの生活の身近なところにもその例は見られる．このような短い時間で起こる進化は，同種集団中で見られる生物の性質の変化であり，「小進化」とも呼ばれる．その小進化が連続して起こることで，種分化や生物多様性の創出といった「大進化」につながると考えられている[1]．

　プランクトンには比較的寿命の短い生物分類群が多く，短い時間で起こる進化が観察しやすいために，比較的多くの進化の事例が報告されてきた．その例を表4.1にまとめ，ここで一部を紹介する．

　米国ロードアイランド州の池に棲むヒゲナガケンミジンコの一種 *Diaptomus sanguineus* は，餌となる植物プランクトンが豊富な初春にはすぐに孵化する急発卵を産むが，春の終わりにはすぐに孵化せず休眠する休眠卵を産む．この急発卵から休眠卵へのスイッチは日長の変化によりオンとなるのであるが，わずか半月ほどの間に個体群のすべてのメスでスイッチが起こる．このスイッチのタイミングを毎年調べてみると，実は年によって変動していることがわかった（Hairston

---

[1] 種内で見られる進化を「小進化」と呼ぶ一方，種レベル以上の分類群で見られる進化は「大進化」と呼ばれる．研究者が観察できるような短い時間で起こる進化は，ほとんどが小進化である．一方，「迅速な進化」は，後述するように，短い時間で起こるだけでなく生態学的に重要な影響があることを含めて定義されることもある

表 4.1　プランクトンに見られる短い時間で起こる進化の例

生物	生息地	進化形質	選択圧	文献	備考
ヒゲナガケンミジンコ (*Diaptomus sanguineus*)	米国ロードアイランド州の池	休眠卵生産のタイミング	プランクトン食魚による捕食	1 2	生態への影響が Hairston *et al.* (2005) で評価された
ミジンコ (*Daphnia galeata*)	ヨーロッパのコンスタンス湖	ラン藻毒への耐性	富栄養化によるラン藻の増加	3	
ミジンコ (*Daphnia magna*)	ヨーロッパの複数の池	病原細菌への耐性	病原細菌 (*Pasteuria*) の感染	4 5 6	ミジンコと病原細菌の共進化も観察されている
ミジンコ (*Daphnia magna*)	ベルギーの池	日周鉛直移動に関係する走光性	プランクトン食魚による捕食	7	
ミジンコ (*Daphnia retrocurva*)	米国ミシガン州の湖	防衛形態（尖頭・尾刺）	無脊椎捕食者による捕食	8	
ミジンコ (*Daphnia dentifera*)	米国ミシガン州の湖	病原体への耐性	病原酵母 (*Metschnikowia*) の感染	9	感染流行の終了に進化が影響

1 Hairston & Walton (1986)；2 Hairston & Dillon (1990)；3 Hairston *et al.* (1999, 2001)；4 Decaestecker *et al.* (2007)；5 Duncan & Little (2007)；6 Little & Ebert (2001)；7 Cousyn *et al.* (2001)；8 Kerfoot & Weider (2004)；9 Duffy *et al.* (2008, 2009)

& Walton, 1986；Hairston & Dillon, 1990）．冬が暖かく春がくるのが早い年の翌年にはスイッチのタイミングが早くなり，冬が寒く春がくるのが遅い年の翌年にはスイッチが入るのが遅いというのである．この急発卵から休眠卵へのスイッチは，進化の対象となる遺伝形質であることがわかっているほか，春の終わりから摂餌活動を活発にするプランクトン食魚（ブルーギル）からの捕食を逃れるために役立つ適応策となっている．春が早くきた年には魚の摂餌が早く活発になるので，急発卵から休眠卵へのスイッチを早くする方が適応的になる．一方，春が遅くきた年は，スイッチを入れることは水中の個体数（具体的には雌親の数）をそれ以上増やせなくなることを意味するので，できるだけ遅く休眠卵へのスイッチを入れる方がより適応的になる．そのため，春がくる時期が年によって変動すると，それに応じて，このヒゲナガケンミジンコのスイッチ時期も適応進化するという小進化が見られるのである．この短い時間で起こる進化は，実際にヒゲナガケンミジンコの適応度に大きく影響することも別の研究で明らかとなっている（Hairston *et al.*, 2005）．

休眠卵は，ヒゲナガケンミジンコだけでなくミジンコもつくる．水中でつくられた休眠卵の一部は湖底に沈み，層状に積もる堆積物と混じって数十年もの長期間にわたって生きたまま存在する．この堆積物中の休眠卵は，過去の環境に生きたミジンコなどを現代によみがえらせるタイプカプセルに喩えられる．この休眠卵をつかってミジンコの適応進化が研究されてきており (Hairston et al., 1999, 2001; Cousyn et al., 2001; Kerfoot & Weider, 2004; Decaestecker et al., 2007)，短い時間で起こる進化を検証するのに非常に有効な方法論となっている．また，同じミジンコの休眠卵を使った研究では，ミジンコだけでなく，ミジンコが相互作用する生物の進化も報告され，「赤の女王仮説[2] (Van Valen, 1973)」と呼ばれる軍拡共進化も見つかっている (Decaestecker et al., 2007)．ミジンコと病原体の相互作用における宿主の抵抗性の進化は Duffy et al. (2008, 2009) などでも報告されているが，Decaestecker らの研究は，宿主の抵抗性進化とともに病原体の感染性の進化も報告しており，野外生物での共進化を研究した数少ない例として注目される．これらの研究例は，本書第 18 章で紹介されており，ここでは詳しい解説を省略する．

　ここまで紹介したように，プランクトンは短い時間で起こる進化を研究する格好の対象として用いられ，様々な例が見られている．このような短い時間で起こる進化は，長い時間をかけて起こる進化より，進化速度として比較したとき，実際にものすごく速いのだろうか？進化速度[3] を様々な報告例で比較した研究によると，短い時間で起こる進化が飛び抜けた進化速度を持つわけではないことがわかった (Gingerich, 1983; Hendry & Kinnison, 1999)．つまり，短い時間で起こる進化は，長い時間をかけて起こる進化より進化速度はある程度速いものの，その差は大きくなかったのである．実は，短い時間で起こる進化は長続きしないことが多く，比較的速い進化速度で性質が変化しても，そのままの進化速度で長期間にわたって変化しつづけることは少ないと考えられる．そのようなパターンは，約 15 世代にわたってガラパゴス諸島に棲むダーウィンフィンチの性質変化を観

---

[2] 軍拡共進化を表す隠喩としてよく使われる．ルイス・キャロル作『鏡の国のアリス』の中で，赤の女王が「その場にとどまるためには，全力で走り続けなければならない」と言ったことが，生物が絶えず進化し続けなければ存続できない状況に似ていることにちなむ．
[3] 進化速度は，単位時間あるいは単位世代数あたりの形質の変化量を表す．いくつか異なる計算方法があるが，基本的には，2 つの異なる時代時間において生物の形質を測定し，そこから得られる形質の違いを時代間の時間やその時間に相当する世代数で割ることで求められる．

察した研究結果に，明らかに見てとれる (Grant & Grant, 2002)．ダーウィンフィンチの研究では，ある短い期間では強い選択圧を受けて鳥の形態が大きく変化（進化）したのであるが，ほとんど変化せず停滞する期間や，逆方向に大きく変化するような期間も見られた．しかし，15世代の長い期間を通して見ると，それほど大きな変化（進化）は見られなかった．このように，短い時間で起こる進化は大きな変化速度（進化速度）を持つことがあるが，それは長い期間にわたっては持続しにくい．その結果として，進化的変化は長い時間で見てみると比較的ゆるやかなものになるのである．

4.2 迅速な進化と個体数変化の関係：進化と生態のフィードバック関係

　生物個体数の変化には，個体それぞれの出生と死亡が深く関係する．同種の生物であっても，それぞれの個体が，同じように子孫を残し同じように死んでいくわけではない．他の個体より多くの子を残す個体もいれば，なかなか死なない個体もいるのである．このような個体間の生死のばらつきは，それが遺伝的に決められる場合，生物の進化を引き起こす原動力となる．一方，進化により，同種集団の性質は適応度のより高い状態へと変化する．生存率が高くより多くの子を残すような性質への変化は，その種の個体数変化へ影響を与えるはずである．このように，進化と個体数変化は密接に関連しているのである．

　迅速な進化は，まさにこの進化と生態の関係において重要になるのである．「迅速な進化 (rapid evolution)」は，前述のような単に短い時間で起こる進化のことを言うのではなく，その進化が生物の生態に大きな影響を与えることを含むとも考えられる (Hairston *et al.*, 2005)．迅速な進化は進化現象をただ意味するのではなく，個体数変化などの生態現象とも関連を持ち，その結果，進化と生態の時間スケールが収斂することがありうる．迅速な進化が生物の性質を変化させ，その種と環境や別の種との関係が変わり，その影響が個体数変化や群集構造にまで波及すると考えられるのである．これは，従来の進化生物学における進化とは別の，進化についてのまったく新しい意味を見いだすことでもある（図4.1a）．

　プランクトンは，このような進化と生態のフィードバック関係を明らかにする

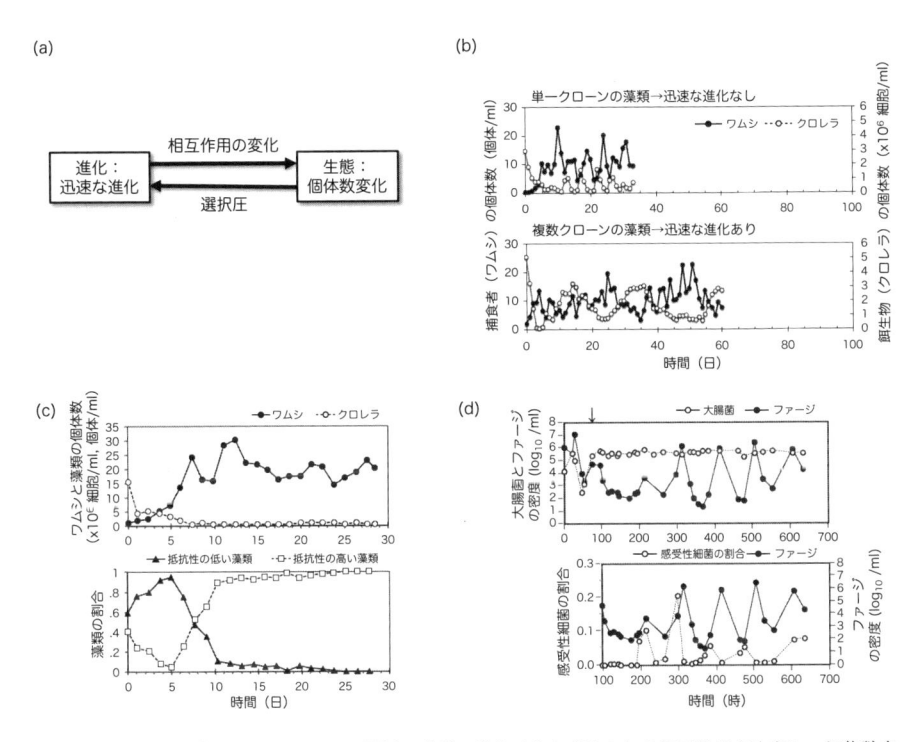

図 4.1 (a)進化と生態のフィードバック関係．形質の進化はそれがかかわる相互作用を改変し，個体数変化などの生態現象に影響する．逆に，生態現象の変化は選択圧となって進化を駆動する．(b)進化が個体数変化に及ぼす影響．藻類個体群が単一クローンからなり遺伝的多様性がないときには迅速な進化は起こらず，藻類とワムシの個体数変化は短い周期の振動となり，振動位相のずれが周期の25%であった．一方，藻類個体群に遺伝的多様性があるときは迅速な進化が起こり，藻類とワムシの個体数変化は長い周期の振動となり，振動位相のずれが周期の50%であった．データはYoshida et al. (2003) より．(c)藻類個体群の捕食遺伝子型頻度の変化（進化）．ワムシ捕食者の増加に対して藻類が減少したとき，その遺伝的組成は抵抗性の低い藻類から捕食抵抗性の高い藻類に変化していた．データはMeyer et al. (2006) より．(d)隠れた振動．感受性細菌とファージの個体数変化は典型的な捕食者－被食者系の振動であるが，抵抗性のある細菌が侵入すると（↓で侵入），細菌の個体数はほとんど変動せずファージのみ大きく振動した．ファージの振動は，細菌全体の個体数変化には現れない，細菌全体中の感受性細菌の割合によって引き起こされていた．

格好の研究対象としても用いられてきた．世代時間が短い藻類・バクテリア・動物プランクトンなどでは，一人の研究者により観測可能なくらいの短い時間スケールで迅速な進化が起きうることが大きな利点だろう．また，培養方法が確立されたプランクトンを使えば，よくコントロールされた実験環境下で，進化や生態の現象を直接に観察したり，メカニズムを特定するための操作実験が可能になったりすることも大きな利点である．以下では，そのようなプランクトンを使って

調べられた研究をいくつか紹介する．

動物プランクトンであるワムシとその餌である緑藻からなる捕食者—被食者系のミクロコズムを使って，進化と生態のフィードバック関係に関する研究が進んでいる（Yoshida *et al.*, 2003；Meyer *et al.*, 2006；Yoshida *et al.*, 2007）．餌である緑藻のクロレラ（*Chlorella vulgaris*）には，同種内に様々な遺伝子型（クローン）が存在する（クロレラは無性生殖生物なのでクローン＝遺伝子型と考えられる）．また，遺伝子型によってその生態的性質が大きく異なり，ワムシの捕食に対する抵抗性や，栄養塩をめぐる競争能力に遺伝的な差異が見つかっている（Yoshida *et al.*, 2004；Meyer *et al.*, 2006）．この捕食抵抗性と競争能力にトレードオフ関係がある遺伝子型の組み合わせが存在すると，ワムシによる捕食圧が高いときには，競争能力は低いが捕食抵抗性のある藻類遺伝子型が選択される．逆に，ワムシによる捕食圧が低いときには，捕食抵抗性は低いが競争能力の高い藻類遺伝子型が選択されることになる．このようなトレードオフ関係を持つ複数の遺伝子型からなる藻類個体群では，ワムシとの捕食—被食の相互作用の強さが一定とはならず，遺伝子型組成の変化に伴って相互作用の強さがダイナミックに変化すると考えられる．一方，単一の遺伝子型からなる藻類個体群では，ワムシの捕食圧の変化に対して藻類遺伝子型の組成が変化することがなく，ワムシと藻類との相互作用は時間的に一定で変化しないと考えられる．つまり，複数の遺伝子型からなり藻類個体群に遺伝的多様性がある場合と，単一の遺伝子型からなり藻類個体群に遺伝的多様性がない場合では，ワムシと藻類の相互作用のあり方がまったく異なると考えられるのである．

私たちは，藻類個体群の遺伝的多様性がワムシと藻類の相互作用や個体数変化に与える影響（進化が生態に与える影響）を操作実験により検証することに成功した．藻類個体群に遺伝的多様性があり迅速な進化が起こる場合には，個体数変化のパターンは長周期となり，ワムシ捕食者と藻類被食者の振動位相のずれは逆位相（振動位相のずれが周期の50％であり，片方の最大ともう片方の最小が一致）となることがわかった（図4.1b）．一方，藻類に遺伝的多様性がなく迅速な進化が起こらない場合には，個体数振動は短周期で，振動位相のずれは典型的なロトカ-ボルテラ型（周期の25％）になることがわかった．この結果は，藻類個体群の進化がこの系の個体数変化のパターンに大きく影響したことを示している．また，藻類個体群の遺伝子型組成の変化（すなわち進化）がワムシと藻類の個体

数変化により引き起こされることも，実験により明らかとなった（図4.1c）．ワムシが多く捕食圧が高いときには，藻類個体群の中で捕食抵抗性の高い遺伝子型が選択されて頻度を増やすが，ワムシが少なく捕食圧が低くて藻類の競争が激しいときには，捕食抵抗性の低い遺伝子型が選択されていたのである．これらの一連の研究結果は，餌藻類の迅速な進化と，ワムシ—藻類系の個体数変化の生態的現象が，密接に関連していることを示している．

　進化と生態のフィードバックは上記のような実験環境だけでなく，自然の湖でも観察されている．米国ミシガン州の湖に棲むミジンコ（*Daphnia dentifera*）は，病原体である酵母（*Metschnikowia bicuspidata*）や細菌（*Spirobacillus cienkowskii*）に感染し，生存率や産卵数が低下するといった影響を受ける．DuffyやHallと彼らの共同研究者は，一連の研究によって，この宿主と病原体の相互作用や個体数変化を研究してきた（Duffy *et al.*, 2008, 2009；Hall *et al.*, 2005など）．Duffy & Hall（2008）は，ミジンコと2つの病原体（酵母と細菌）の季節変化をいくつかの湖で調べた．酵母も細菌も，それらが感染したミジンコ宿主に大きな負の影響を与えることが室内の実験からわかったが，実際の湖でのそれら病原体の感染状況や宿主個体数の変化を調べたところ，室内実験から予想されることとは反する結果が得られた．細菌の方はミジンコ宿主に感染しその個体数を減少させることが観察されたが，酵母の方は感染しているにもかかわらず宿主の個体数を減らすことがなかったのである．酵母はミジンコの生存率や産卵数を低下させる影響を持つにもかかわらず，なぜミジンコ個体数を減少させなかったのだろうか？DuffyとHallは，この現象を2つの理由で説明できるのではないかと考えた．1つには，酵母の感染は確かにミジンコ個体群に影響を与えたが，それは酵母への感受性の高いミジンコ遺伝子型のみへの影響であり，感受性の低いミジンコ遺伝子型は影響をほとんど受けなかったというものである．酵母の感染増加はミジンコ個体群の遺伝的組成に影響し，感受性の高い形質から感受性が低く抵抗性の高い形質への進化をもたらすが，感受性の高い遺伝子型の個体数減少を抵抗性の高い遺伝子型の個体数増加が打ち消すと考えられた．もう1つの理由は，酵母に感染したミジンコの体が不透明になるために，視覚捕食者である魚から選択的な高い捕食圧を受けるというものである．感染したミジンコが優先的に捕食されると，宿主個体群の中の感染源を減らすことになり，病気の伝搬が抑制されると考えられた．いずれにしても，ミジンコの宿主個体群には，病原体に対する感受性

（抵抗性）が様々である遺伝子型が存在し，この遺伝的多様性が病原体への抵抗性進化をもたらす源となっているようである．彼らによれば，病原体への抵抗性進化こそが，感染流行に終わりをもたらす大きな要因だという．この宿主－病原体の系では，病気の流行が宿主の進化をもたらし，宿主の進化が病気の流行を決めるという，まさに進化と生態のフィードバック関係が見られるのである．

　進化と生態のフィードバック関係を理解する上で，適応形質がどのような遺伝的背景に支配されているかを知ることは，1つの大きな課題である．適応形質の遺伝学は，具体的にどのような遺伝子が適応形質を決めているかを教えるだけでなく，選択圧にさらされたときの適応進化の方向や強さを予測するだろう．しかし，進化と生態のフィードバック関係において，適応形質の遺伝学がよく理解された研究事例はほとんどない．完全に理解されたとは言えないが，最もよく理解されている1つの例は，大腸菌宿主とその寄生者であるファージからなる系である．大腸菌とファージの系[4]は，宿主と寄生者の系における宿主の抵抗性進化が古くからよく調べられてきており，1つのモデル実験系となっている（Bohannan & Lenski, 2000 など）．ファージに対する抵抗性がなく感受性のある大腸菌をファージとともに培養すると，そのうち自然に突然変異によって大腸菌がファージへの抵抗性を獲得する進化がよく観察される．この抵抗性の進化は，大腸菌やファージの個体数変化に大きく影響を及ぼす．例えば，感受性のある大腸菌とファージは，典型的なロトカ-ボルテラ型の捕食者と被食者の個体数振動を見せるが，抵抗性のある大腸菌をひとたび侵入させると，まったく異なる個体数変化のパターンを見せる（Yoshida *et al.*, 2007：図 4.1d）．それは，ファージの個体数が大きく変動するにもかかわらず，大腸菌全体の個体数がほとんど変動せず，通常の捕食者－被食者モデルからは予想されないパターンである．これは，大腸菌個体群の中で，感受性のある大腸菌と抵抗性のある大腸菌が密度を補償するかのように互い違いに変動するため，大腸菌全体の個体数がほとんど変化しないからである．大腸菌のこのような抵抗性進化はどのような遺伝子により制御されているのだろうか？ Jessup と Bohannan は，T2 ファージへの抵抗性が異なる複数の大腸菌株を調べ，大腸菌の細胞壁（外膜）表面の分子構造が抵抗性を決める形質であることを明らかにした（Jessup & Bohannan, 2008）．ファージが大腸菌に感染す

---

[4] 大腸菌とファージは，淡水環境だけでなく様々な環境中に見られるが，この実験系では，ケモスタット中に培養されるプランクトンとなっている．

るときに最初に付着するのが外膜であり，そこにはリポ多糖（LPS）が存在する．リポ多糖には分子構造の異なるものがあり，突然変異によって分子構造が変わることで大腸菌は抵抗性を獲得し，これまで感染していたファージが感染できなくなるのである．興味深いことに，このLPSの変化はファージへの抵抗性に関係するだけでなく，大腸菌が細胞外から栄養を吸収する機能にも影響し，抵抗性のコストとして増殖能力の低下をもたらすという．LPSを決定する遺伝子が同定されれば，この系における適応形質の遺伝学の理解はさらに進むことが予想される．

4.3 まとめ

　ここでは，生物の適応として，適応進化のみを扱った．しかし，もう1つの重要な適応メカニズムに，表現型の可塑性がある．これは，遺伝子型頻度の変化を伴う進化とは異なり，同じ遺伝子型（つまり同じゲノムを持つ個体）がその置かれた環境に応じて異なる表現型を生みだすというものである．これについては，本書第3章で議論されており，参照していただきたい．

　適応には，進化と表現型可塑性という異なるメカニズムが存在する．考えられる自然な質問として，この2つのメカニズムで適応としての違いがあるのか？あるとすればどのような違いがあるだろうか？一般的には，遺伝的多様性により駆動される進化の方が，同じゲノム内での遺伝子発現調節によって駆動される場合の表現型可塑性よりも，より幅の広い表現型を生みだすのではないかと考えられる．表現型のばらつきが大きければ，より多くの異なる環境条件や生態学的状況に適応しやすいかもしれない．一方，進化は世代を超える表現型変化をもたらすのに対して，表現型可塑性は世代内でも起こる表現型変化である．つまり，表現型変化をもたらす時間スケールは，進化の方が表現型可塑性よりも一般的に長いと考えられる．適応の時間スケールの長短は，環境の変化に対する適応の速さに影響するかもしれない．このように，進化と表現型可塑性は同じ適応ではあるが，様々に異なる効果をもたらす可能性があり，これは今後明らかにされるべき重要な課題である（詳しい議論は，古田・近藤（2009）を参照）．

　さらに，近年になって，表現型可塑性（あるいは反応基準[5]）の進化も活発に議

論されつつある．ある環境変化に応じて誘導される表現型の変化が，より大きな可塑性を持つように進化することもあれば，可塑性を失うように進化することもある．これは，誘導要因に対する感受性を制御する遺伝子に変異が起きて，表現型の発現を制御する遺伝的メカニズムが変化することによって起きうる．このような可塑性の進化は，遺伝的同化（genetic accommodation）と呼ばれ，種分化や多様化につながる遺伝的変異の創出メカニズムとして最近注目されている．生態条件の変化に応じた遺伝的同化（表現型可塑性の進化）が，山岳湖沼に棲むミジンコ（*D. melanica*）で報告されている（Scoville & Pfrender, 2010）．このミジンコは，もともとプランクトン食魚がおらず紫外線（UV）量の高い湖に棲んでおり，UV の影響を減らすためにメラニンを生産して濃い体色を持っていた．しかし，一部の湖にプランクトン食魚が導入されると，そこに棲むミジンコはメラニンをほとんど生産しないように変化したという．これは，メラニンのために濃い体色を持つミジンコは魚に捕食されやすいため，メラニンを生産しないことは，捕食への防衛としてはたらくためであろう．メラニン生産の遺伝子制御を調べたところ，メラニンをほとんど生産しないミジンコでは，メラニン生産を調節する遺伝子の発現が変化していた．つまり，祖先型のミジンコでは，UV にさらされると大量のメラニンが可塑的に生産されていたが，魚と共存することになった派生型のミジンコでは，UV に暴露されてもメラニンをほとんど生産しないような可塑性の進化（遺伝的同化）が起こったのだという．このような表現型可塑性の進化は，これまで考えられてきた以上に至るところで見られるのかもしれない．表現型可塑性と遺伝的変異による進化は，2 つの独立した適応メカニズムではなく，実際は密接に関連しながら適応という進化の産物をつくりだしているのであろう．

　本章で議論した進化と生態のフィードバック関係は，表現型可塑性を含めたより広い議論として，適応と生態のフィードバック関係とも考えられる（本書第 6 章も参照）．プランクトンを対象とする淡水生態学は，最近注目が集まっているこの問題に対して，広く生態学あるいは進化学一般の知見に貢献するような成果を挙げてきた．しかし，適応と生態のフィードバック関係の理解には，まだ多くの課題が残っている．遺伝子─ゲノム─形質─表現型─適応度─個体群─群集と

5）　環境の変化に応じて発現する表現型の変化パターン．

つながる生物学的階層の全体にわたって，このフィードバック関係は密接に関係している．例えば，相互作用や適応度を決める重要な形質がどのような遺伝子のどのような発現によって制御されているか，また逆に，相互作用の変化がどのような遺伝子のはたらきを生みだすかについては，現在の生物学はまだきちんと答えられていない．プランクトンを対象とする生物学は，その材料ならではの適性に応じて，適応と生態のフィードバック関係における今後の発展を牽引していくものと期待される．

第5章 シクリッドの視覚の適応と種分化

寺井洋平・岡田典弘

　この地球上では膨大な数の生物がお互いに相互作用することによって生物の多様性をつくり出している．このような生物多様性は種分化を経て生み出されてきたと考えられている．なぜならば1つの種の集団が2つに分かれお互いに交配しなくなれば，それぞれの集団が独立に異なった生態，形態を獲得することが可能となるからである．この1つの集団から2つの遺伝的交流のない（交配しない）集団への分化の過程が種分化である．生物は進化の歴史のなかで数えきれない程の回数の種分化を繰り返し，遺伝的交流のない独立した集団を数多く作り出してきた．そしてそれぞれの集団が独自の生態，形態を獲得することにより現在の生物多様性を創り出してきたと考えられる．近年，種分化のうち，適応の過程が引き起こす種分化の機構が徐々に明らかになってきた．本章ではシクリッドの研究により明らかになってきた種分化の機構について紹介する．

5.1 なぜシクリッドを研究するか？

　シクリッドはスズキ目，カワスズメ科魚類の総称である．シクリッドは熱帯の淡水域に生息しており，アフリカ，中南米，インド，マダガスカルに分布する．その中でもアフリカの湖で爆発的な種分化を起こしてきたシクリッドがよく知られている．東アフリカの大地溝帯にはヴィクトリア湖，タンガニイカ湖，マラウイ湖の三大湖があり，それぞれの湖に湖固有の数百種ものシクリッドが生息している（Fryer & Iles, 1972；Seehausen, 1996；Turner et al., 2001）．これらの種は生態的，形態的に非常に多様化しており，またそれぞれの湖で独自に進化してきたと考えられているため進化生態学者の研究対象として注目を集めてきた．ヴィクトリア湖は三大湖の中でも成立年代が若く25～75万年前と推定されており，さらに更新世の終わりに完全に干上がり，現存の湖は1万5000年ほど前から水に満たされ生じたと推定されている（Johnson et al., 1996）．そのため，この湖に

生息する500種ものシクリッドは非常に短期間に種分化を繰り返して生じてきたと考えられており，起こったばかり，もしくは現在進行形の種分化を研究することができる．このヴィクトリア湖のシクリッドを用いた種分化の研究を紹介する前に，次に簡単に種分化について説明する．

5.2 種分化

はじめにこれまで種分化がどのように起こると考えられているか，そのモデルについて説明する．種分化とは1つの種が遺伝的交流のない（交配しない）2つの種に分化する過程である．つまり2集団間の遺伝的交流がなくなる過程が種分化である．ここで種とは生物学的な種（Mayr, 1942）であり，これは野生での状態を意味しているため実験室内で2種を交配させ雑種が形成されたからといってそれらの種が同一の種であることを意味しているわけではない．種分化は，それが起こるときの集団間の遺伝的交流の程度から3つのモデルに大別される（Coyne & Orr, 2004）．1つめは，完全に物理的に隔てられた遺伝的交流のない2つの集団から起こる種分化であり，異所的種分化と呼ばれている．2つめのモデルは任意交配（自由に相手を選び完全に交流している）を行っている1つの集団から起こる種分化である．このモデルでは始めの集団の中で個体は自由に交配を行っているが，それが徐々に遺伝的交流のない2つの集団に分化する．このモデルは1つの同じ場所で種分化が起こると仮定しているため，同所的種分化と呼ばれている．同所的種分化が実際に起こってきたかについてはまだ議論されており，確実な証拠はまだない．最後のモデルは2つの集団がある程度制限された遺伝的交流のある状態から起こる種分化である．それぞれの集団間で個体の交流はあるが完全に自由に交流しているわけではなく，ある程度制限されている．その制限された交流がだんだん少なくなり最後には完全になくなって種分化が起こる．このモデルは側所的種分化と呼ばれており，環境への適応が重要だと考えられている．このモデルでははじめに変化のある環境に広く分布していた1つの種が，次第にそれぞれの生息環境へ適応して集団が分化していく．適応した集団間で個体の交流はあるがそれほど多くはなく，その交流が徐々になくなり種分化が起こる．このように種分化が起きたならば，近縁種は隣接した環境に分布してい

ると考えられる．

　遺伝的交流がなくなる過程が種分化であることは上で述べたが，次に生物はどのようにして他種との交配をなくしているか，つまり生殖的隔離について説明をする．生殖的隔離は接合（受精）の前の隔離機構と後の隔離機構に大別できる．接合前隔離は繁殖の時間，場所，行動や配偶者選択などが2集団で異なることにより，配偶子の接合が起こらなくなり遺伝的交流がなくなることである．接合後隔離は分化した2集団間で配偶子が接合し雑種を形成した場合，その雑種個体が不稔，致死，発生異常などにより適応度が低下し次世代を残せないことである．

　それでは実際にヴィクトリア湖のシクリッドが経験してきた種分化はどのモデルが一番近いのか，またどのように種は生殖的に隔離されているか，ヴィクトリア湖の種の現在の状況から考察してみる．ヴィクトリア湖のシクリッドは1つの湖の中で種分化を起こしてきたため，同所的種分化を起こしてきたのではないかという説がこれまでしばしば挙げられてきた．しかし，実際には岩場に生息する種は定住性が強く他の岩場から遺伝的に分化した集団（完全に自由に交流をしていない集団）を形成しており，物理的障害のない沖合性の種でさえも同様に遺伝的に分化した集団を形成している（Seehausen *et al.*, 2008；Maeda *et al.*, 2009）．つまり集団間で自由に交配していない分化した多くの集団が存在しており，たとえ現在それらの集団から種分化が起こったとしても，自由に交配している集団から始まる同所的種分化には当てはまらないであろう．では他のモデルはどうだろうか．ヴィクトリア湖の種で観察される遺伝的に分化した集団は，集団間の個体の交流がある程度制限されていることを示している．またヴィクトリア湖は水中の環境が変化に富んでおり，シクリッドの種はこの変化のある環境に分布して，遺伝的に分化した集団を形成している．このような集団の間の遺伝的交流がなくなり，種分化に至ればそれは側所的種分化のモデルに当てはまる．また近縁な種は，湾の入り口と湾の奥，湾内と湾の外，少しの水深の違いといった隣接した環境に分布していることが多く（Seehausen, 1996），これも側所的種分化で予想されることである．そのため，ヴィクトリア湖では側所的種分化が多く起こってきたのではないかと考えられる．

　次にどのようにそれぞれの種が生殖的に隔離されているか説明する．ヴィクトリア湖のシクリッドのそれぞれの種は交配相手の選択により同種の個体と交配するが，交配相手を選べない特殊な条件（特殊な光の条件下や選択の余地がない条

件など）で交配させると稔性のある雑種が形成される．つまり，接合前隔離により生殖的に隔離されている．

ここで述べたようにヴィクトリア湖のシクリッドの種分化は側所的種分化が起きてきた可能性が推測され，配偶者選択により接合前隔離が成立していると考えられる．それでは実際にどのようにして種分化は起こってきたのだろうか．

5.3 視覚による配偶者選択

はじめにシクリッドの配偶者選択について説明する．シクリッドの保育様式には石や貝に卵を産みつけ卵と稚魚の世話をする基質産卵型と，親が卵と稚魚を口の中で保護する口内保育型がある．ヴィクトリア湖の種はすべて口内保育型であり，母親だけが卵と稚魚の世話をする．つまりメスの子どもの世話への投資がオスより大きい．その分オスはより多くのメスと交配できるように繁殖のための形質に多くの投資をし，オス間でメスをめぐる競争をしている．そのためオスの繁殖形質が，繁殖成功率が高くなるように進化し，オスとメスの形態が異なる性的二型が生じている．このようなオスの繁殖形質の1つに婚姻色（繁殖期に見られる体色）がある．ヴィクトリア湖のシクリッドではオスは派手な婚姻色を，メスは隠蔽的な体色を呈しており体色の性的二型がみられる．オスは繁殖の際に婚姻色を呈してメスにディスプレイし，メスはオスを選択して交配する．このような配偶者選択の際，メスが同種のオスの婚姻色を選択し，他の色の種の婚姻色を選択しないことから，配偶者選択により生殖的隔離が維持されている．そのためオスの婚姻色の分化とメスの選択する色の分化がシクリッドの種分化を引き起こしていると考えられている．実際に婚姻色を呈す種が多く含まれるシクリッドの系統は種数が多く，配偶者選択はシクリッドの種分化において主要な原動力であると考えられている（Seehausen, 2000）．

シクリッドの配偶者選択についてもう少し詳しく紹介する．メスがオスの婚姻色を選んでいることは前述したが，それではメスはどのような感覚を用いてオスの婚姻色を認識して選んでいるのだろうか？実験室内の配偶者選択実験において，メスは白色光の下では同種のオスを選択するが，色覚が使えない単色光の下（モノクロに見える）では同種のオスを選択できないこと（Seehausen & van

Alphen, 1998)．また別の実験でメスはより際立ったオスの色を選ぶこと（Maan et al., 2004）が報告されている．これらのことからメスは視覚を使ってオスを選択しており，その中でも色覚を用いているのである．

それでは，どのような色のオスを選ぶのだろうか？Maanらは淡青色と赤色の婚姻色の2種を用いて，どの色の光に感受性が高い（高感度）かを調べた．その結果淡青色の種は青色光に，赤色の種は赤色光に感受性が高いことが示された（Maan et al., 2006）．つまり，感度よく色覚に受容されるような"目立つ色"を婚姻色として選択しているのである．魚の眼で見る像をイメージするのは難しいかもしれないが，より明るく際立って見える婚姻色を選んでいるのだと思われる（何色が好みというわけではない）．また種ごとに選ぶ色が異なるのは，種ごとに色覚による色の感受性が異なるためだと考えられる．それでは，どのようにしてシクリッドにとって目立つ色は決まるのだろうか？それを知るために次にシクリッドの視覚について説明する．

5.4 シクリッドの視覚

光は網膜の視細胞に存在する視物質によって吸収され，光感受性はこの視物質によって異なる．つまり，ある種にとって感受性の高い色はその種が持つ視物質によって決まっている．視物質はタンパク質成分のオプシンと発色団（光を吸収する分子）のレチナールから成り，淡水魚ではA1レチナール（11-*cis* retinal）とA2レチナール（11-*cis* 3,4 dehydroretinal）を発色団として用いている（Shichida, 1999；Yokoyama, 2000）．視物質の光感受性は発色団の種類（A1，A2レチナール）と発色団を取り囲むオプシンによって調節されている．シクリッドでは8種類のオプシンが報告されており，その中でヴィクトリア湖のシクリッドでは4種類の色覚を担うオプシン（青緑感受性：SWS2A, 緑感受性：RH2AβとRH2Aα, 黄〜赤感受性：LWS）と薄明視を担うオプシン（RH1）を発現している（Carleton & Kocher, 2001；Parry et al., 2005；Sugawara et al., 2005；Terai et al., 2006）．これらのことから，シクリッドにとって目立つ色とは発色団とオプシンの種類によって調節された感受性の異なる視物質によって決まると考えられる．

先にも述べたが，ヴィクトリア湖のシクリッドは非常に短期間に種分化を起こ

してきたため種が形成されてからの時間が短く，種間の遺伝的分化（ゲノムDNA の違い）がきわめて小さい．そのため，多くの遺伝子や中立的な（生存に有利でも不利でもない）ゲノム領域では多様性が低く種特異的な変異が見られない（Nagl *et al.*, 1998；Terai *et al.*, 2004）．しかし，黄〜赤色に感受性を持つ *LWS* 遺伝子は多様性が大きく変異は種特異的であった（Terai *et al.*, 2002）．そのため，*LWS* 遺伝子は種特異的な適応や種分化にかかわってきたのではないかと考え研究を進めた．次にこの *LWS* 遺伝子がかかわる種分化の研究を紹介する．

5.5 視覚の適応が引き起こす種分化

　ヴィクトリア湖のシクリッドで側所的種分化が起こってきた可能性については先に述べたが，ここでもう少し詳しく説明する．側所的種分化では，はじめに変化のある環境に広く分布していた1つの種が，次第にそれぞれの生息環境へ"生態形質"を適応させ，集団が分化していく．そのような生態形質には採餌行動にかかわる形質や外敵からの逃避行動にかかわる形質などがある．そして異なる環境に適応した生態形質が配偶者選択にも同時にかかわる感覚器であるとき，感覚器適応種分化（speciation by sensory drive）[1] と呼ばれるモデルで種分化が起こると提唱されている（Endler, 1992；Boughman, 2002；Terai & Okada 2011）．このモデルではオスとメスの間で繁殖のために情報（シグナル）が交わされ，そのシグナルは配偶相手を強く引きつけることが仮定されている．つまりシグナルを発する側は，それを受容する側の感覚器を強く刺激する感度のよいシグナルを発することが仮定されている．実際に性的二型がありオスがメスにディスプレイして交配相手を誘う多くの生物の種ではメスは際立って目立つオスにより強く引きつけられることが知られている．際立って目立つオスを見て認識する場合，感覚は視覚であり，認識を匂い（化学物質）で行う場合，感覚は嗅覚である．ヴィクトリア湖のシクリッドではメスは視覚に感度よく受容される色のオスを選ぶことは先述したが，それはこのモデルの仮定によく当てはまる．このようなシグナル受容の感覚器が異なる環境に生息する集団でそれぞれの環境に適応したとする．

---

[1] 直訳は感覚駆動種分化であるが適応が必須な過程のためこの日本語訳を用いている

その場合，繁殖のためのシグナルはそれぞれの適応した感覚器に感度よく受容されると繁殖成功率が高い．そのため次世代では感度良く受容されるシグナルを発する個体が多くなり，世代を重ねると適応した感覚器を持つ集団ごとにそれぞれ異なるシグナルを発するように進化する．感覚器とシグナルが集団間で分化すると，別の集団の個体のシグナルは感度良く受容されなくなる．そしてそれぞれの集団で感覚器に感度のよいシグナルを発する相手と交配することで別の集団の個体とは交配をすることがなくなり2つの集団が生殖的に隔離され種分化に至る．これが感覚器適応種分化のモデルである．感覚器適応種分化のモデルでは適応が起こるとその副産物（by-product）として生殖的隔離が生じる．

それでは本当にこのようなモデルで種分化は起こるのだろうか？Kawataらは，この感覚器適応種分化のモデルに実際の視覚の光感受性にかかわる視物質と光感受性を変える変異，生息光環境，メスを引きつけるオスの体色を当てはめて種分化のシミュレーションを行った．それにより，環境に光の波長成分の勾配（変化）がある場合に種分化が起こりうることが示された（Kawata et al., 2007）．それでは実際に光の波長成分に勾配があるような環境は存在するのだろうか．光の波長成分の勾配といわれても読者はあまりイメージできないかもしれないが，陸上においても日なた，日陰，森の中，人口照明の下などで波長成分は異なっている．また自然界では水中での光の波長成分の勾配がよく知られている．水中では水に溶解している物質の成分などの条件で，水が光フィルターの役割をして水面から透過してくる光の波長成分が変化する．ヴィクトリア湖の水中の光の波長成分はよく研究されており，透明度，深さによって存在する波長成分が大きく変化することが報告されている（van der Meer & Bowmaker, 1995；Seehausen et al., 2008）．つまり多くのシクリッドの種は光の波長成分の勾配の中に生息しており，感覚器適応種分化を起こしてきた可能性がある．次にシクリッドにおける感覚器適応種分化の例を2つ説明する．

5.5.1 "透明度の違いにより異なる光環境"への適応と種分化

1つめの例として"透明度の違いにより異なる光環境"への適応と種分化について紹介する（Terai et al., 2006）．Teraiらは岩場に生息する4種のシクリッドを異なる透明度の岩場（35〜258 cm：図5.1a）から採集して研究を行った．ここで注意したいのは用いている透明度である．透明度が低いとあまり見えないとい

う先入観を持たないように，ここで透明度について説明する．この研究では，ヒトの眼で見たとき，水面からどこまで見えるかという距離を透明度としており，それを水質の指標として用いている．実際に生息しているシクリッドは視覚がその環境に適応しており，もっと離れたところまで見えていると思われる．研究に用いた4種は生息水深が異なっており，*Neochromis rufocaudalis* と *Pundamilia pundamilia* は浅場に生息し（〜2 m），*Mbipia mbipi* は少し深め，*N. greenwoodi* はさらに深めに生息している（図5.1b）．*M. mbipi* と *N. greenwoodi* の生息水深

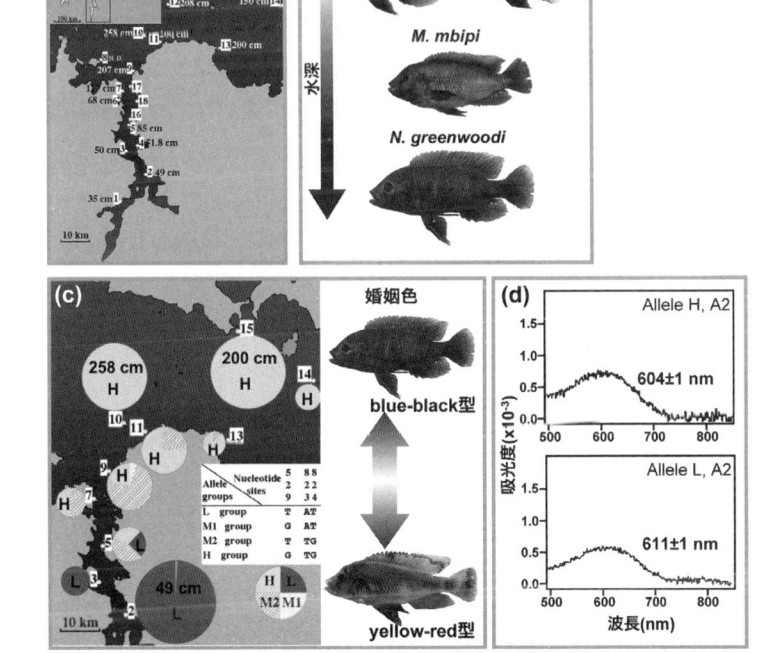

図5.1 透明度により異なる光環境への適応と種分化（Terai *et al*., 2006 より改変）→口絵1参照
(a)ヴィクトリア湖南部の地図．背景の白抜きの数字は採集地点を，数字は各地点の透明度（cm）を表す．(b)シクリッドの種の生息水深の模式図．(c)*N. greenwoodi* の各集団での *LWS* アリルの頻度．πグラフの円大きさは調べた個体数を，アルファベットは各アリルを，数字は透明度を表す．各アリルの配列の違いを白いパネルに示す．*N. greenwoodi* の2つの婚姻色の型（blue-black型と yellow-red 型）を右に示す．(d)LWS 視物質の吸収波長．A2 レチナールを用いて測定した H アリル（上）と L アリル（下）を示す．

は透明度によって異なり，透明度が低いほど浅い水深に分布しているが，それぞれおおよそ 1～5，2～7 m 程度である．異なる透明度の岩場からシクリッドを採集し生息水深の異なる種を用いている理由は，透明度による光環境の変化への影響が水深により異なるためである．浅い水中では透明度の違いによって光環境はあまり影響を受けない．しかし水深が深くなるほど，同じ水深であっても透明度の違いにより水中の光環境は変化し，透明度が低いほど長波長の黄～赤の波長成分が多くなる．このように生息する光環境の異なる種を用いて，視覚と婚姻色の研究を行った．

はじめに最も深い水深に生息する $N.\ greenwoodi$ について説明する．この種の LWS 遺伝子を調べたところ，H と L と名前が付けられた 2 つのアリル（同じ遺伝子で 2 つの異なる配列）が多く見られた．これらのアリルは 2 つのアミノ酸置換により異なっていた．それぞれの集団でのアリルの頻度を調べると，H と L のアリルはそれぞれ透明度が高い岩場（200 cm～）と低い岩場（50 cm 程度）の集団で固定（1 つのアリルだけを持つ）していた（図 5.1c）．それではこの透明度の異なる集団間で見られるアリルの分化はなぜ起こったのだろうか？遺伝的浮動（偶然による頻度の変化）により偶然分化したか，それとも適応的に分化したかを調べるために LWS 遺伝子の上流と下流の配列の解析を行った．その結果 LWS 遺伝子領域は透明度の高い集団と低い集団の間で分化が見られるが上流と下流の領域は分化していないことが明らかになった．もし，LWS 遺伝子の集団間の分化が遺伝的浮動によるならば，LWS 遺伝子領域も上流と下流の領域も同程度に分化するはずである．しかし，これら透明度が異なる集団間では LWS 遺伝子領域のみが分化していた．これは LWS 遺伝子領域がそれぞれの集団で適応的であり，そのためこの領域だけが分化したことを示唆している．

それでは，分化した LWS 遺伝子領域の機能はどのように違うのだろうか？それを調べるために H と L のアリルの配列から LWS のタンパク質（オプシン）を作り，それらをレチナールと結合させ LWS 視物質の再構築を行った．視物質の機能は光の受容なので，どの波長を受容するか視物質の吸収波長を測定した．その結果，L は H に比べ吸収波長が長波長側に 7 nm シフトしていた（図 5.1d）．$N.\ greenwoodi$ が生息する水深では，透明度が下がると長波長の波長成分が多くなる．そのため，L アリルは透明度の低い水中の光環境でよりよく光を受容できるように適応したアリルであり，LWS 遺伝子領域は適応的に分化したことが明

らかになった．また H アリルも透明度の高い光環境に適応的であることが最近の研究で明らかになってきている（寺井，未発表）．

　次にこれらの集団でのオスの婚姻色について調べた．その結果，透明度が高い集団では blue-black 型と呼ばれる婚姻色がほとんどであったが，透明度が低い集団では yellow-red 型と呼ばれる黄色と赤が体色の大部分を占める婚姻色の個体が高頻度で見られた（図 5.1c：口絵 1 参照）．透明度が低いと，短波長側の青色の光は水深に伴い急速に減衰し，水中は黄色〜赤の光の成分が多い光環境になる．このような環境では青い光が存在しないため青色（blue-black 型）は光を反射することができず見えなくなってしまう．それに比べて黄色と赤（yellow-red 型）は黄色〜赤の光の成分が多い光環境で効率よく光を反射することができる．また LWS 視物質も長波長側にシフトしているため，yellow-red 型は LWS 視物質に感度良く受容される光を反射し，その環境で blue-black 型より際立って目立つ．感覚器適応種分化のモデルでは繁殖のための雌雄間のシグナルを受容する感覚器が環境に適応して分化し，分化した感覚器に感度良く受容されるようにシグナルが分化して種分化が起こるが，ここで説明した視覚の光環境への適応と婚姻色の分化はこのモデルによく合致している．ただしこの種の場合，中間の透明度の岩場が連続的に存在しており，高い透明度と低い透明度の集団の遺伝的交流は完全にはなくなっていない．そのため現在はまだ 1 つの種内での感覚器適応種分化の初期段階にあり，現在の環境が安定に続くか中間の岩場の集団が減少すれば完全な種分化に至るのではないかと考えられる．

　他の種でも同様に透明度による視覚と婚姻色の分化が見られるだろうか．比較的深めの水深に生息する M. mbipi では透明度による視覚と婚姻色の分化が見られた．これは N. greenwoodi と同様に視覚の適応と婚姻色の進化によって分化が起こったためと考えられる．これらの結果とは対照的に浅場に生息する N. rufocaudalis と P. pundamilia ではどちらの分化も見られなかった．浅場に生息する種で分化が見られない理由として，透明度による深場と浅場の光の波長成分の変化の度合いの違いがあげられる．光が水面から透過するときに水が光フィルターの役割をするため透明度により水中の光成分が変化することは先に述べた．浅場に生息するとこの光フィルターが薄く，透明度が違っても光の成分があまり変化しなくなる．そのため，浅場の種は視覚と婚姻色の分化が見られないのだろう．このことからも光の成分の変化が適応と種分化に重要であることがわかる．

5.5.2 "生息水深の違いにより異なる光環境"への適応と種分化

2つめの例として"生息水深の違いによる光環境の違い"に適応して起こった種分化を紹介する (Seehausen *et al.*, 2008). この研究では同じ岩場に生息するが生息水深がわずかに異なる2種のシクリッドを研究に用いた (図5.2a). そしてこれらの2種もまた透明度の異なる岩場から採集している. 透明度が中程度から高い岩場 (78〜225 cm) の集団について, 上述した研究例と同じ手法を用い *LWS* 遺伝子について調べると, 2つのアリル, P と H が見られた (図5.2a). 浅場に生息する *P. pundamilia* は P のアリル, それより深めに生息する *P. nyererei* は H のアリルに固定しており, 2種の *LWS* 遺伝子は分化していた (図5.2a). LWS 視物質を再構築して吸収波長を測定したところ P アリルは H アリルに比べ 15 nm 短波長シフトしていた (図5.2a). これらの種が生息する岩場では, 浅場は短波長側の青色の光の成分が多く, 深くなるにつれ長波長側の赤色の光が多くなる. これらのことから P アリルは浅場の光環境に H アリルは深めの水中の光

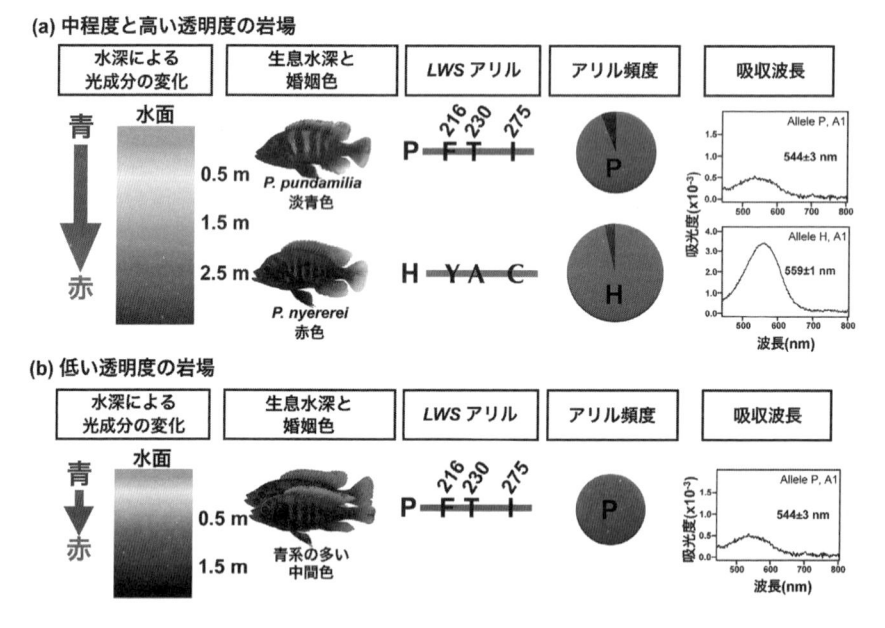

図 5.2 水深により異なる光環境への適応と種分化 (Seehausen *et al.*, 2008 より改変) →口絵2参照
水深による光のおもな成分の変化と *P. pundamilia* と *P. nyererei* における生息水深, 婚姻色, *LWS* アリル, アリル頻度, LWS 視物質の吸収波長を(a)中程度と高い透明度の岩場と(b)低い透明度の岩場について示す.

環境に適応的であることが明らかになった．次にこれら2種の婚姻色を調べると *P. pundamilia* は淡青色，*P. nyererei* は赤色に分化しており（図5.2a：口絵2参照），行動学実験でそれぞれの種が選択するオスの色を調べると，やはり *P. pundamilia* は淡青色，*P. nyererei* は赤色であった．これらの結果から，この2種の視覚は光環境への適応のために分化しており，婚姻色は分化した視覚に感度良く受容される色に分化していることがわかる．これら視覚と婚姻色の分化は感覚器適応種分化のモデルによく合致しており，この種分化の機構で *P. pundamilia* と *P. nyererei* は種分化したと考えられる．

一方で透明度の低い岩場に生息する集団を調べると，生息水深は浅く *LWS* 遺伝子はPアリルのみが見られ，婚姻色は青系が多い中間色であり，種の分化は見られなかった（図5.2b）．低い透明度では，少し深くなると急激に光の波長成分が変化してしまう．そのためこの種は浅い水深にのみ生息し，光環境に視覚が適応して分化することが起きなかったと考えられる．このことから感覚器適応種分化が起きるためには上述の高い透明度の岩場で見られたようにある程度なだらかな環境の勾配に種が分布していることが必要だと考えられる．

ここまで2つの研究例を紹介してきた．これらの研究では視覚の遺伝子の分化が適応のために起こることを示しているが，婚姻色を形成する遺伝子が配偶者選択により分化することはまだ示されていない．これまでシクリッドの体表模様形成にかかわると予想される遺伝子がいくつか報告されている（Terai *et al.*, 2003；Salzburger *et al.*, 2007）．婚姻色形成の遺伝子を明らかにできれば婚姻色の分化の際の配偶者選択を示すことも可能となり，感覚器適応種分化の機構をさらに解明できると考えている．

5.6 LWS 視物質の吸収波長シフトと色彩識別

ここまでの説明で読者の方々に一番理解が難しいことは，吸収波長が7 nmもしくは15 nmシフトすると，どれくらい見え方が変わりどれくらい色彩識別に差がでるかということではないだろうか．これを知りたくても，実際はシクリッドが見ているカラーの世界と同じカラーの世界をヒトが見ることは不可能であるし，それをイメージすることも困難だろう．照明光を正確に調節して10 nm程度

の差がある光環境（例えば 605 nm と 615 nm より長波長の光）を人工的に作り，行動学実験を行えばある程度吸収波長シフトの影響を見ることはできると考えられる．また，婚姻色を呈しているオスのシクリッドの全体写真を分光光度計のように 1 nm の波長ごとに写すことができれば，婚姻色がどの波長をどれくらい反射しているかを知ることができ，種ごとの色覚にどの程度効率よく受容されているかも明らかにできると考えている．このような研究で将来的に吸収波長シフトの色彩識別への影響を明らかにすることを予定しているが，ここでは著者の経験からヒトの眼で数 nm のシフトがあるときにどの程度色彩識別に影響があるか簡単に説明する．ヒトの眼は三色系であり，網膜に青，緑，赤を吸収する視物質がそれぞれ存在しており色を識別している．ヒトでは男性の数％程度が緑と赤の視物質の吸収が近づいて緑と赤の識別が困難な赤緑色弱である．筆者（寺井）も弱い赤緑色弱で，見え方から推定すると赤視物質が数 nm 程度短波長側にシフトして緑視物質の吸収に近づいていると思われる．つまり，他の人に比べて赤視物質が数 nm シフトして見え方が異なるということである．それではどのように見え方と色彩識別に違いが出るかというと，長波長側の赤（濃い赤）が黒に見える，色弱検査の数字が見えなくなる，彩度の低い緑と赤，紫，ピンクなどの色の識別が困難になるなど，明らかに色彩識別が異なってくる．シクリッドの婚姻色を見るときも顕著で，他の人には婚姻色が赤に見える 2 種がいても私には 1 種がグレー，もう 1 種が赤に見え，同じ赤に見えても実は 2 つの赤が存在していることがわかる．また他の種では黄色の上に赤い色素がのっているが，私には黄色だけの婚姻色に見える．そして鰭の縁取りの赤い種はそれが黄色に見えるなど大きく見え方が異なる．これらの体験からヒトでもシクリッドでも，数 nm のシフトがあるとおそらく別世界の色彩のように見えるのではないかと予想される．LWS 視物質が 7 nm 長波長側にシフトしている *N. greenwoodi* は透明度の低い長波長の光成分が多い環境に生息している．そしてこの 7 nm のシフトによりおそらく近赤外線領域まで見えているため，シフトしていない個体に比べて透明度の低い環境がとても明るくクリアに見えているのではないだろうか（近赤外線は濁った環境でもよく透過するため）．また，黄と赤の多い婚姻色はとても明るく際立って見えているだろう．LWS 視物質が 15 nm 短波長側にシフトしている *P. pundamilia* と長波長にシフトしている *P. nyererei* ではそれぞれの生息環境が明るく見え，短波長側の光を幅広く反射していると考えられる淡青色は *P. pundamilia* に

明るく際立って見え，長波長側の光を効率よく反射する赤は *P. nyererei* に目立つ色に見え，しかしお互いに別種を見たときはくすんだ色に見えているのではないだろうか．シクリッドや他の生物ばかりでなく，同じヒトでも他の個体がどのような色彩を見ているかを知ることはできない．しかし，色覚がわずかに違うだけでも見えている世界は大きく異なっているだろう．視覚の多様性によって生まれる「見えている世界」の多様性は私たちが想像するよりも遥かに大きなものかもしれない．

5.7 人間の活動による種多様性への影響

　世界各地では伐採や焼き畑，環境汚染など人間の活動により生物の多様性が破壊されている．ヴィクトリア湖も例外ではなく1960年代に移入された大型魚食魚，ナイルパーチ（日本のアカメに近縁）による捕食により多くのシクリッドが絶滅したことが報告されている．特にヴィクトリア湖で種数が多かった魚食性のシクリッドの種は，ほとんどが絶滅してしまった．ナイルパーチ移入前はプランクトン食，藻類食，魚食と淡水魚が利用できるほとんどのニッチがシクリッドによって占められ生態系が構成されていたが，現在ではそれが破壊されてしまい，そのような生態系が形成された過程を，種分化を通して研究できなくなってしまったことがとても残念である．また，外来種の移入ばかりでなく生活排水による富栄養化も問題となっている．シクリッドは色覚による配偶者選択で生殖的に隔離されているため，富栄養化により透明度が低下すると配偶者選択がゆるくなり種間交雑のため種が維持されなくなるという説がある．実際にこのようにして交雑が起こるかどうかまだ議論の段階ではあるが，低い透明度の岩場に生息するシクリッドの種数は高い透明度に比べて少ないことから，透明度の低下が大規模に起これば絶滅してしまう種も出てくると予想される．生物多様性が創り出され維持される機構を明らかにすることにより，どのような人間活動が生物多様性を破壊してしまうかを予想することができようになるのではないかと考えている．ナイルパーチはもはや駆逐できないだろうが，これ以上富栄養化が進まないことを願いたい．

5.8 まとめ

　本章では種分化，特に感覚器の適応が引き起こす種分化をそのモデルと実際の研究例を示して紹介してきた．研究例では生態と分子の両面から研究を行っており，この種分化のモデルが単にモデルではなく実際に野生で起きていることを示していることが重要な点である．このような研究がもっと増えれば，その情報をモデルにフィードバックし，現実の種分化にさらに近づいたモデルに改変していくことができると考えられる．また，この種分化が共通の機構としてどの程度頻繁に自然界で起きてきたかも重要である．感覚器適応種分化は種分化が起きる条件——変化のある環境への分布や繁殖に用いるシグナルの仮定——が多くの生物種に当てはまっており，一般的に起きてきた可能性があると考えられる．実際にヴィクトリア湖の多くのシクリッドの種分化の共通の機構の1つに感覚器適応種分化があったことも最近の筆者らの研究で明らかになってきている．感覚器適応種分化の機構とその共通性を生態と分子の両面からさらに明らかにしていくことができれば，生物の多様性の獲得とその維持の機構がより明確に理解できるだろう．

第6章 魚類の表現型多型と生態系の相互作用：生態—進化フィードバック

奥田 昇

　種内の多様性を保全することにどのような生態学的意義があるだろうか？従来の保全生物学によれば，変動する環境に対して適応可能な表現型変異を保持することはその個体群の存続可能性を高めるのに有利と説明されてきた．しかし，種内多様性は個体群の存続のみならず，時として，当該種を取り巻く群集や生態系にも影響を及ぼすことがある．本章では，水界生態系の高次捕食者と位置づけられる魚類に焦点を当てながら，その表現型多型が群集構造や生態系機能を改変する事例を紹介する．さらに，生態系の改変によって創出された環境が新たな生物多様性を生み出す進化の原動力となる可能性について論じる．

6.1 生物多様性の3つの階層

　生物多様性条約によれば，保全すべき対象としての生物多様性は大きく3つの階層に分類できる．3つの階層とは，「生態系の多様性」「種間の多様性」「種内の多様性」である．種内の多様性を保持することは保全生物学的にも意義深い．なぜならば，将来に経験する予測不可能な環境変動，例えば，気候変動，生息地の改変，病原菌の蔓延などに対して適応能力のある表現型が存在すれば，集団としての絶滅を回避することができるからだ．

　一方，近年の群集遺伝学の発展に伴って，種内の多様性に対する新しい見方が芽生えつつある．例えば，陸上植物のポプラは，その遺伝型に応じて樹上に異なる消費者群集を形成する（Whitham *et al.*, 2006）．さらに，遺伝型の違いは葉内タンニン濃度の変異をもたらし，林床の微生物によるリター分解プロセスにまで影響が波及する．このように，種内多様性の帰結を群集生態学や生態系生態学に求める研究が脚光を浴びている．

　また，種内の多様性が群集構造や生態系機能の変化を介して当該種の適応度に影響する環境要素を改変するなら，新たな進化の駆動力を生み出すことに帰着す

る.このような,種と生態系の複雑な相互作用を「生態―進化フィードバック(Eco-evolutionary feedbacks)」と呼ぶ(Post & Palkovacs, 2009).

6.2 表現型多型とは？

　表現型多型とは,ある形質が集団内で不連続な分布を示す状態を指し,原核生物から高等脊椎動物に至るあらゆる分類群でみられる普遍的な現象である.多型を示す表現型は,行動・生理・形態・生活史形質など多岐にわたる(Gross, 1996).狭義には,交配可能な集団内の不連続な表現型変異に限定されるが,異なる環境において異なる淘汰圧にさらされた集団が二次的に融合することによって生じた種内変異も広義には表現型多型とみなされる.遺伝的基盤を持つ表現型多型が集団内に維持されるのは理論的に可能だが,そのような遺伝的多型が集団内で派生したのか異所からの遺伝子流動によって生じたのか実際に区別するのは難しい.さらに,最近では,遺伝的に単一な集団内において表現型が可塑的に発現することによって多型が生じる事例も頻繁に報告されている(Agrawal, 2001；Miner et al., 2005).表現型多型の成立するプロセスや多型を維持するメカニズムを理解することは表現型多型の進化を論じる上で重要だが,これ自体が発展途上の課題である.したがって,本章ではこれらを区別せず,ある集団内にある時点で不連続な形質分布がみられる場合をすべて表現型多型として扱う.

6.3 水界の表現型多型

　水界生態系では,捕食・被食と関連した形質に表現型多型がしばしば観察される(第3章参照).餌として食べられる立場にある生物では,おもに,食べられにくさと関連した形質(被食防衛形質)に多型が認められる.例えば,植物プランクトンが群体を形成して大型化することで動物プランクトンによる捕食を回避したり,動物プランクトンが頭頂部に棘状突起を伸張させることで魚類や無脊椎動物による捕食を回避したりする事例は数多く報告されている(Lass & Spaak, 2003).一方,高次消費者と位置づけられる魚類では,栄養多型(Trophic polymorphism）と呼ばれる摂餌に関連した形態の多型がよく知られている（Smith & Skulason, 1996）．摂餌形態の変異は，餌サイズの選択性や餌種に応じた捕食効率の変化を通じて，個体の食性に種内変異をもたらす（Robinson, 2000）．

6.3.1 魚類の栄養多型と適応放散

　数十万年から数千万年という長い歴史を持つ東アフリカの湖沼に生息するシクリッド科魚類は，ごく少数の祖先種が異なる生息地や餌資源に特殊化することによって多様な種に分化する「適応放散（Adaptive radiation）」を遂げたグループとして有名である（Seehausen, 2006）．湖沼に侵入した祖先種は，捕食者や競争者の存在しない環境下で個体群密度を増加させる過程で，まず資源をめぐる種内の競争を激化させたにちがいない．種内競争を緩和する1つの有効な手段は，ふんだんにある空きニッチを利用すべく個体間で資源を分割することであったかもしれない．異なる資源を効率的に利用するような行動的・生理的・形態的な適応は集団内の分断淘汰を促進し，付随的に生じた繁殖隔離が集団を生態的種分化（Ecological speciation）に導いたと考えられている．現在，我々が目の当たりにしている栄養多型という現象は，このような適応放散の初期プロセスを理解し，生態的種分化のメカニズムを解明する格好の材料といえよう．

　魚類の栄養多型は様々な分類群から報告されているが，いくつかの共通した特徴を持つ．1つは，集団内の形態と食性の分化パターンに定向性が認められることである（Taylor, 1999）．すなわち，体高が高く口吻の短い型はもっぱら底生動物食性を示し，体型がスリムで口吻の伸長した型は表層でプランクトンを食べる傾向を示す．前者の口器形態は水底を索餌するのに適し，高い体高は底生の甲殻類や貝類の固い殻を破砕するための筋肉を発達させるのに有利と考えられている．一方，プランクトンを索餌するには沖合を広範囲に遊泳する必要があるため，流線型が有利となり，伸長した口吻はプランクトンのような小さな餌を吸い込むのに都合がよい．さらに，後者では，鰓把と呼ばれる餌を濾しとる櫛状器官の櫛の目が細かいという特徴がみられ，小さな餌を効率的に捕集するのに適している．このような形態分化は，水界生態系における餌資源の供給経路が基本的に植物プランクトンを出発点とする表層食物連鎖と底生藻類を出発点とする底生食物連鎖から成り立っていることと密接に関係する．栄養多型を示す魚類では，種差はあるにせよ，プランクトン食性とベントス食性に関連した形態適応が認めら

れる.

　魚類の栄養多型のもう1つの特徴は, 北半球高緯度地域に生息する淡水魚で頻繁に観察されることである (Taylor, 1999). 高緯度地域で栄養多型が頻繁に生じる理由は地史と深く関係する. 高緯度地域は, 最終氷期が終了するおおよそ1万年前まで氷に閉ざされた世界であった. その後, 融氷により誕生した氷河湖に侵入・定着した魚種が競争者の少ない環境下で新たな餌資源を獲得すべく分化を遂げたというのが最も有力な説である. この説が正しければ, 高緯度地域の魚類にみられる栄養多型の進化は過去1万年の間に生じたことになる. 1万年という時間スケールは完全な繁殖隔離を伴う生物学的種として分化 (Speciation) するには短いが, 集団が適応分化 (Adaptive divergence) するには十分な長さであるかもしれない.

　高緯度地域の魚類の事例の多くは, 種内の栄養多型というよりむしろペア種 (つがい種 : Species pair), すなわち,「分類学的には同一種だが, ある程度まで繁殖隔離が確立した2つの集団」とする見方もある (Taylor, 1999). 形態形質のみに基づいた分類体系では, このようなペア種が生物学的種として妥当であるか否かを一切問わない. ましてや, 淡水魚のように水系の隔離と融合が地史的に繰り返されてきた生物システムにおいて, 生物学的種の境界線を引くことは容易でない. 観察された事象を種内の栄養多型と捉えるか種間変異と捉えるかは, 研究者が任意に設定した対象生物のまとまりを「種」とみなすか「ペア種」とみなすかで結論が異なる. しかし,「種」や「ペア種」は単なる操作的な定義であって, 生物の進化を考える際の本質的な問題ではない. 確かなのは, 野外で観察される多型的集団が, 任意交配集団から繁殖隔離が完全に成立している集団の連続体のどこかに位置づけられるということだ (Hendry, 2009).

　では, 栄養多型はどのくらいの時間スケールで集団中に出現するのだろう？世界的な環境問題となっている外来種の移入は, 時として, 進化的に興味深い研究の機会を与えてくれる (第7章参照). 北米原産のサンフィッシュ科ブルーギルは1960年に日本に移入され, その後, 国内で爆発的に分布を拡大していった外来魚である. 驚いたことに, 我が国に生息するすべてのブルーギルがミシシッピ川で捕獲されたわずか18尾の移入個体群に由来しており, その遺伝的多様性はきわめて低い (Kawamura *et al.*, 2006). 本種原産地には, スマートな体型のプランクトン食型 (沖合型とも呼ぶ) と体高の高いベントス食型 (沿岸型とも呼ぶ) の

二型が存在する．1970年代に琵琶湖で行われたブルーギルの食性調査によると，捕獲個体のすべてがエビ類を専食していたことから移入集団はベントス食型であったと推察される．移入から半世紀が経ち，現在の琵琶湖ではベントス食型のみならずプランクトン食型も少なからぬ頻度で観察される（Uchii *et al.*, 2007）．これは，形態分化が我々の予想以上に早い速度で進行していることを示唆し，進化という現象が何万年も前に起こった大昔の出来事ではなく，生態学的な時間スケールで生じることを裏付ける貴重な証拠となる．

6.3.2 魚類の生活史多型

　淡水魚に特徴的な表現型多型のもう1つの事例は，生活史多型（Life history polymorphism）である．栄養多型で有名なトゲウオ科やサケ科では，海から淡水に遡上して産卵する遡河回遊（Anadromous migration）集団と淡水域で生涯を過ごす非回遊集団が種内に存在する（Taylor, 1999）．これらの魚種では，一般に，回遊集団より非回遊集団で体サイズが小型化し，鰓耙数が増加するなどの進化的傾向がみられる（Foote *et al.*, 1999；McKinnon & Rundle, 2002）．

　北米原産のニシン科エールワイフでは，生活史，摂餌形態，食性の関係がより詳細に調査されている（Palkovacs & Post, 2008）．エールワイフは，春先になると海から遡上し，湖沼で産卵を行う．湖沼で孵化した仔稚魚は動物プランクトンを食べて成長し，秋になると海に降下する．しかし，海との連絡河川に物理的障壁が存在すると，生涯を湖沼で暮らす陸封個体群が創始される．これは，ビーバーの造る天然ダムによって一時的に個体群が隔離される場合もあれば，近年の人間によるダム建設によって完全に遺伝子交流が途絶される場合もある．いずれにせよ，陸封型は口幅長が相対的に小さくなり，鰓耙の隙間が狭くなるという特徴を示す（図6.1）．エールワイフによる湖沼への季節回遊は，湖沼に生息する動物プランクトンに強い捕食圧をかけ，そのサイズ組成を小型化させる効果を持つ．一方，陸封型は，湖沼への定住によって小型化した動物プランクトンを無分別に食べるのに適した形態を持つ．

　エールワイフの事例が示すように，魚類の持つ高い移動能力を阻む物理障壁は，集団の形質分布に時空間的な不均一性をもたらすことになる．これを巨視的な時空間スケールで眺めると，そこには表現型の多型的分布が観察されるかもしれない．生活史多型は，異なる淘汰圧にさらされた集団の離合集散によって，結

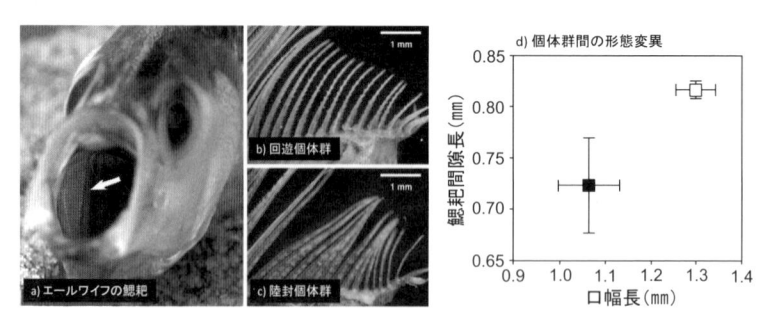

図 6.1　北米に生息するエールワイフの回遊個体群（□）と陸封個体群（■）の栄養多型
エールワイフの口幅長と鰓耙間隙長（a～c）は回遊個体群より陸封個体群で有意に小さい（d）．a～cの写真はD. M. Post博士の厚意により提供．dはPost & Palkovacs（2009）より改変．

果的に摂餌形質の多型状態を生み出す場合もある．

6.4 ニッチ構築

　生態系に内包される生物群集の構成員は，その空間やエネルギーの一部を利用することにより，他個体や生態系に対して多かれ少なかれ何らかの影響を及ぼす．このような相互作用において，群集や生態系への影響力が強い種のことをキーストーン種，生態系エンジニア，あるいは，優占種などと呼ぶ（第17章参照）．生物にとっての「環境」を「その生物を取り巻く物理・化学・生物的な特性」と定義するなら，このような種の表現型は環境に対して強い影響力を持つ．これらの種によって改変された環境は，続いて，他の構成員の進化の駆動因として作用するかもしれない．このように，ある生物種で発現された表現型が他種または自種の形質進化を引き起こすことをニッチ構築（Niche construction）と呼ぶ（Odling-Smee et al., 2007[1])．

　魚類によるニッチ構築の事例は枚挙に暇がないが，その主要なメカニズムは摂食と栄養塩排出に集約できる．プランクトン食魚が存在すると，大型の動物プランクトンが好んで食べられるため，動物プランクトン群集の体サイズは小型化す

---

[1] Post & Palkovacs（2009）は生物の形質発現が環境に作用するプロセスと環境が生物進化に作用するプロセスを区別するために，ニッチ構築の定義を前者のプロセスに限定することを推奨している．

る（Brooks & Dodson, 1965）．この効果は，続いて，植物プランクトンの群集構造や機能を改変する．大型の動物プランクトンは摂食速度が速いため，植物プランクトンの増殖を強く抑制する．したがって，プランクトン食魚が存在すると，大型動物プランクトンの捕食を介した間接効果によって，植物プランクトンの現存量や生産量が増加する．このように，捕食者の効果が直接的な栄養関係にない生物に波及することを栄養カスケード（Trophic cascade）と呼ぶ（Carpenter *et al*., 1985）．

ニッチ構築のもう1つの主要メカニズムである栄養塩排出は，魚類が貧栄養な生息地に移動するような状況で大きな効力を発揮する．回遊魚が産卵のために一団となって海から森林河川に遡上する場合や湖沼の底生魚が摂餌のために栄養塩の枯渇しやすい表層に鉛直回遊する場合などがその一例である．これらの事例で，魚類による物質運搬は生態系の栄養塩循環機能にも無視できない影響を与える（Vanni, 2002）．

以上のように，水界生態系の高次捕食者と位置づけられる魚類は，群集構造や生態系機能を劇的に改変するポテンシャルを持つ．したがって，もし，魚類の摂餌形質に変異が生じるなら，そこには新しいニッチが構築されるかもしれない．次節では，魚類種内の表現型変異が異なるニッチを構築する具体例を紹介しよう．

6.5 捕食者の種内多様性

生物多様性はなぜ必要か？この問いに対して生態系機能という観点から答えを見出そうと挑んだのは，植物生態学者の D. Tilman の一派である（Kinzig *et al*., 2001）．植物の種多様性が増えると一次生産性という生態系機能が向上することを実験的に示した生物多様性研究の草分けだ．陸上植物が生態系の基盤を形成し，物質供給や気候調節など人類に恩恵をもたらす生態系サービスを提供することを考えれば，植物の生産力を増強させる種多様性を保全することの必要性は明白である．彼らの研究に触発されて，数多くの理論モデルが提案され，続いて，消費者群集においても種多様性と生態系機能の関係を解明する研究が大いに進展した（Waide *et al*., 1999）．

では，捕食者についてはどうだろう？残念ながら，捕食者の種多様性が群集構造や生態系機能に与える効果を調べた研究は数例が報告されるのみである（Straub & Snyder, 2006；Schmitz, 2009）．捕食者の多様性研究が少ないのにはいくつかの理由がある．1つは，移動能力が高く広い行動圏を持つ捕食者の種組成や密度を実験的に操作するのが技術的に困難なことである．2つめは，複数の栄養経路（食物連鎖）にまたがり，複数の栄養段階の餌を利用する複数の捕食者が群集構造に及ぼす影響を理論的に予測するのは難しく，たとえ何らかの効果が検出されたとしても，それを機構論的に解釈するのが容易でないことだ．仮に，捕食者の種ごとに群集・生態系への波及効果を定量化できたとしても（Chalcraft & Resetarits Jr., 2003），それぞれの種は摂餌機能以外のあらゆる要素において異なるため，捕食者種間のどのような形質の差異が群集生態学的な帰結をもたらしたのか結論付けるのは実質的に不可能である．しかし，この論理的な問題に対して，我々は1つの解決策を持つ．それは，捕食者の種内多様性に着目することだ．

先述のように，魚類には摂餌や生活史に関連した形質においてしばしば多型が認められる．このような表現型多型に着目すれば，捕食者のある特定形質にみられる多様性が群集構造や生態系機能に及ぼす効果を評価することができる．なぜならば，多型を示す集団は他の要素において種としての特徴を共有しているため，着目する形質の多型性（＝多様性）のみを操作することが可能となるからだ．このような観点から，捕食者の種内多様性が群集構造に及ぼす効果を野外で初めて検出したのが Post *et al.*（2008）によるエールワイフの研究である．

Post *et al.*（2008）は，アメリカ・コネチカット州の複数の湖沼を調査地として，エールワイフの回遊型が生息する湖沼，陸封型が生息する湖沼，どちらも生息しない湖沼の3つのグループ間でエールワイフの餌となる動物プランクトンの体サイズや現存量を比較した．6.3.2節で述べたように，エールワイフの回遊型は陸封型に比べて口幅長が大きく，鰓耙間隙が広いため（図6.1），大きな動物プランクトンを選択的に捕食するのに適している．実際に，稚魚の成長過程における動物プランクトン群集の季節変化を3つの湖沼グループで比較したところ，陸封型が生息する湖沼に比べて回遊型の生息する湖沼で動物プランクトンの体サイズと現存量が有意に減少した．これは，エールワイフが定住せず，冬場の低い捕食圧によって大型動物プランクトンが優占する湖沼で春先に回遊型の当歳魚が増えることによって，体サイズの大きな動物プランクトンが選択的に間引かれたためで

ある.他方,陸封湖沼では,動物プランクトンが定常的な捕食圧にさらされるため,体サイズが周年小型化したまま顕著な季節変化を示さなかった.さらに,回遊型の生息する湖沼では,小型植物プランクトンのバイオマスが有意に高い値を示した.これは,エールワイフの回遊型が動物プランクトンの体サイズと現存量を低下させることによる栄養カスケード効果と考えられる.本研究は,捕食者の生活史多型と関連した摂餌形質の多様性が動物プランクトン群集や生態系の一次生産機能に影響を及ぼすことを示唆している.

6.5.1 メソコスム実験

前節で紹介したエールワイフの生活史・栄養多型に着目した野外湖沼間比較は,捕食者種内の機能的多様性の生態系影響を論じた初めての研究として画期的である.しかし,観察された湖沼間の生態系変異は,エールワイフや他のプランクトン食魚の生息密度の違いや湖沼自体の物理・化学特性によってもたらされたかもしれない.捕食者種内の多様性の効果を検証するには,他の環境要因をコントロールした精緻な実験的アプローチが必要となる.これらを適える1つの手法がメソコスム実験(Mesocosm experiment)である.

魚類のような大型生物を含めた水界生態系を再現するには,微生物の実験でしばしば用いられる培養系(ミクロコスム)はあまりにも小さすぎる.魚類の資源要求量を満たすには,中規模(メソ)スケールの空間が必要となる.このような中規模人工生態系をメソコスムと呼ぶ.メソコスム実験は,物理・化学・生物的環境をコントロールした上で着目する要因のみを操作することによって,その効果を定量化できるという長所を持つ.

メソコスム実験の一例として,先のエールワイフの関連研究を紹介しよう.Palkovacs & Post(2009)はコネチカット州のロジャー湖に野外メソコスムを設置し,エールワイフの栄養多型が動物プランクトン群集に及ぼす影響を実験的に検証した.回遊個体群または陸封個体群の当歳魚15尾が各プールに導入され,コントロールとしてどちらも導入しない実験区が設けられた.実験は6月から8月にかけて実施された.実験の結果は,野外の湖沼で得られた観察結果と見事に一致した.すなわち,動物プランクトンの体サイズや現存量は回遊型の実験区で最も低下し,陸封型の実験区はコントロールと回遊型の中間的な値を示した(図6.2a, b).さらに,回遊型の実験区では,動物プランクトンの種数や多様度指数

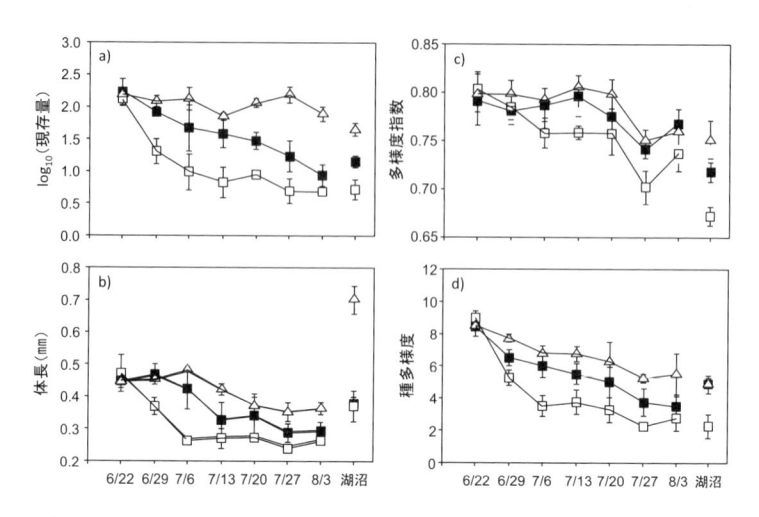

図 6.2 ロジャー湖で実施された野外メソコスム実験の結果
回遊個体群を導入（□），陸封個体群を導入（■），魚を導入しない（△）の 3 つの実験区で動物プランクトンの現存量，体サイズ，多様度指数，種多様度の各週変化を比較．右端は，回遊個体群，陸封個体群，あるいは，どちらも存在しない野外湖沼における動物プランクトン群衆の 6 月から 8 月の値．Palkovacs & Post（2009）を改変．

も顕著に減少した（図 6.2c, d）．以上より，捕食者種内の栄養多型は動物プランクトン群集のサイズ構造や種組成を変化させることがメソコスム実験により実証された．したがって，コネチカット州の湖沼間での一次生産機能の違いは，エールワイフの表現型多型によってもたらされる栄養カスケード効果に部分的に起因すると結論できる．

同様の実証研究はまだ圧倒的に不足しているが，他魚種でも徐々に報告されつつある．例えば，Harmon *et al.*（2009）は，ゼネラリスト的な摂餌形態を持つトゲウオの祖先種から派生した特殊な摂餌形態を持つ沖合型（プランクトン食型）と底生型（ベントス食型）の組み合わせを操作することによって，餌となるプランクトンおよびベントス群集，一次生産性，湖水の光化学的性質を改変することを明らかにした．本研究の特筆すべき成果は，捕食者の摂餌機能の違いが異なる生態系波及効果をもたらすだけでなく，栄養多型の組み合わせによって複雑な相乗効果がもたらされることを示した点にある．

もう 1 つの事例は，トリニダード島の河川に生息するグッピーの生活史多型が群集構造や生態系機能に及ぼす影響を検証した実験である（Palkovacs *et al.*,

2009; Bassar et al., 2010).グッピーの生活史形質である成熟齢・サイズや繁殖率は，同所的に生息する魚食性捕食者の有無によって地域変異を示す．メソコスム実験は，グッピーの生活史多型と関連した餌選択性や栄養塩排出速度の違いが，餌生物の群集構造のみならず一次生産，群集呼吸，栄養塩循環，リター分解速度など様々な生態系機能に波及することを明らかにした．

6.6 生態—進化フィードバック

　以上，高次捕食者となる魚類の種内にみられる表現型多型が水界の群集構造や生態系機能にどのような波及効果をもたらすかを概観した．一方，捕食者による生態系の改変すなわちニッチ構築は，捕食者自身の適応度に影響する新たな環境を創出しうることも見逃してはならない．エールワイフを例に挙げるなら，回遊集団の陸封化に伴って動物プランクトンが小型化すると，小さな動物プランクトンでも無分別に摂餌できるよう口幅長が小さく，鰓耙間隙が狭い形質に対する方向性淘汰が作用する．この淘汰圧は回遊型から陸封型への摂餌形質の進化の駆動力を生み出しうる（Palkovacs & Post, 2008）．また，湖沼と海洋の回遊を物理的に遮断する事象が散発的に生じることによって，エールワイフの形態分化は多所で独立に進行し，種内に摂餌形質分布の時空間的な異質性をもたらしうる（Palkovacs et al., 2008）．このように種と生態系の相互作用を介して生物が動的に進化するプロセスを「生態—進化フィードバック」と呼ぶ．従来，進化学は過去の生物学的事象を扱い，生態学は現在進行中の事象を扱う学問とみなされてきた．しかし，近年，進化が我々の想像していた以上に急速に進行するダイナミックな現象であることを裏付ける証拠が次々と報告されている（Hairston Jr. et al., 2005）．本章で紹介した一連の研究は，生物種内に生じた変異がフィードバックループを介して当該種の形態分化を比較的短期間のうちに引き起こすことを示した．この分化プロセスが，長い歳月を経て生態的種分化につながり，最終的に，適応放散のような種の多様化をもたらしたのかもしれない．

　生態学の黎明期を築いた Hutchinson (1965) は，エッセイ集 *The Ecological Theater and the Evolutionary Play* において，生命の誕生とともに地球環境が改変されて生物が多様化していく様を独自の進化観と巧妙な筆致で語っている．そ

のタイトルが暗喩するように，いま我々が目の当たりにしている生物の急速な進化は，「生態という名の舞台で繰り広げられる進化の寸劇」すなわち「生態―進化フィードバック」そのものといえよう．

6.7 展望

　本章では，生態―進化フィードバックが生物の進化を形作っていくことを実証したいくつかの萌芽的な研究事例を紹介した．最後に，これからの淡水生態学が目指すべき生態―進化フィードバック研究の方向性を指南して，本章を締めくくりたい．

　生物によるニッチ構築が新たな表現型変異を生み出すメカニズムには大きく2つある．すなわち，表現型を司る遺伝子頻度の変化によるものと個体の表現型可塑性によるものである（第3章参照）．生物がこのような可塑性を持つか否かは，その後の生態的種分化の起こりやすさのみならず（Hendry, 2009），群集の生態的・進化的ダイナミクスにも影響するだろう（Agrawal, 2001）．近年，栄養多型を示す多くの魚種で，その形態形成メカニズムの探求が進んでいる．これらの種のいくつかで，表現型可塑性の存在が示唆されている．魚類の栄養多型には，少なくとも部分的に，エピジェネティックな発生機構が関与しているに違いない．栄養多型は異なる分類群で独立に派生したにもかかわらず，その形態形成には面白いほど共通したパターン，言い換えるなら，進化の収斂がみられる．栄養多型やその可塑性を司る分子機構の解明は，生物多様性の進化というマクロな生命現象を遺伝子レベルに還元して理解する新しい学問領域を創出するだろう．

　現在，地球上の生物多様性は急速な勢いで失われつつある．とりわけ，人間活動の影響を受けやすい淡水生態系で多様性の消失が著しい．なぜ，種内の多様性を保全すべきか？この問いに答えるには，生態―進化フィードバック研究の理論的支柱と実証的土台のさらなる補強が不可欠である．現存する生物の多様性の成り立ちと維持の仕組みを理解する中心的な概念として，生態―進化フィードバックは生命科学の新たなパラダイムを拓くことが期待される．

第7章 外来生物の遺伝的構造と小進化

米倉竜次・河村功一

7.1 はじめに

　外来生物は言うまでもないが，生き物である．同じ外来生物でも，集団や個体により姿や形，行動や耐性能力など，その特徴や性質（以下，「形質」もしくは「表現型」）が異なることがある．そして，それらに遺伝的基盤があれば，世代を重ねるにつれ進化が起こりうる．外来生物への対処が難しい理由の1つは，外来生物が生き物として本来備えているこうした"変異"と"進化"のためである．そのため，例えば，外来生物の管理を行った場合の応答が集団や個体により異なれば，期待されるような効果が上がらないことが予想される．また，外来生物の影響を評価する場合でも，時間や場所によりその形質が変化すれば，推定精度が低くなり適用範囲は限られてくるであろう．

　集団遺伝学や進化生物学の分野では，外来生物の"能動的な反応"に興味がもたれる．ここでいう能動的な反応とは，遺伝的基盤に基づくか，あるいは遺伝要因と環境要因が互いに作用して，外来生物の形質が時空間的に変化するという意味である．外来生物の侵入可否や侵略的影響の大きさなどの決定要因として，天敵の有無，生物群集の構造，空きニッチ，人為的撹乱の程度など侵入先の環境条件が重要な場合がある．しかし，外来生物の挙動や影響を予測するためには，環境条件の検証のみでは不十分であるかもしれない．これら環境条件に加え，能動的反応である外来生物の進化的反応を把握できれば，外来生物の実像に迫ることがさらに可能となるはずである．将来にわたりより良い評価をするためには，外来生物の進化を視野に入れた研究が必要である．

　外来生物の形質状態に影響する進化生物学的要因は非常に複雑である．この章では，これら複雑な要因を紐解くための概念・手法やその意義について，最近の研究事例も交えて紹介する．特に，外来生物の進化生物学的な反応に焦点をしぼり，(1)遺伝的多様性を決める導入圧，(2)侵略性に影響を与える中立進化と自然選

択の役割，(3)表現型可塑性の進化の3点について説明する．

7.2 導入圧と遺伝的多様性

　外来生物の集団を新しく創出する個体（創始者，founder）が遺伝的多様性に富む場合，新たな環境条件に偶然適合した遺伝子型が集団中に含まれている可能性がある．そして，創始者の数や侵入の回数が多いほど，その可能性は高くなる．人間活動により移動を強いられる外来生物の多くは，侵入時点では生息環境を自ら選択できない．また，侵入後の歴史が浅い外来生物では，突然変異による適応に有利な新たな対立遺伝子の獲得もあまり期待できない．したがって，新たな環境での進化的反応に影響を与える遺伝的多様性の大きさは，一般に創始者の数や侵入の回数で決まる導入圧（propagule pressure）の大きさにより規定される（Box 7.1）．導入圧の把握は，外来生物の集団における遺伝的多様性の"初期値"を把握するうえで重要である．

Box 7.1

外来生物の形質に影響を与える要因

●人間活動の影響

　媒介手段（観賞生物の輸入や土壌・バラスト水の持込みなど）や交易経路（原産地と侵入先の間の経済的つながりなど）といった人間活動は，新たな環境へ持ち込まれる外来生物の創始者数や侵入回数に影響を与える．導入圧とは，外来生物の集団を創出する総個体数であり「（平均）創始者数×侵入回数」と定義される．導入圧の大きさは外来生物集団の遺伝的多様性に影響しやすく，侵入後の進化的反応（自然選択や遺伝的浮動の大きさ）に影響を与えるため，その把握は重要である．

●外来生物の進化

　侵入後，外来生物の遺伝的特徴に影響を及ぼすのが遺伝的浮動と自然選択である．遺伝的浮動は，有効集団サイズ（Ne）が小さい集団ほど頻度の低い対立遺伝子を喪失させる傾向が高く，外来生物の集団は侵入初期にこの影響を特に受けやすい．一方，自然選択も，形質の遺伝率（表現型分散に占める遺伝的分散の割合）の違いや選択圧（個体の優劣性）の大きさに応じて，その環境に適応した遺伝子型を選抜することから，結果的には，集団の遺伝的多様性を低下させる．しかし，局所

環境に適応した遺伝子の頻度が集団内で増加することから，個々の環境における各集団の適応度は高くなる．

●遺伝要因と環境要因の役割
　外来生物の形質の違い（表現型分散）は，おもに遺伝的分散により決定される場合と遺伝要因と環境要因の相互作用により決定される場合の2通りがある．また，遺伝的分散が低い集団において形質が可塑的に変化する場合には，形質の変異に対して環境要因の影響がより重要と考えられる．

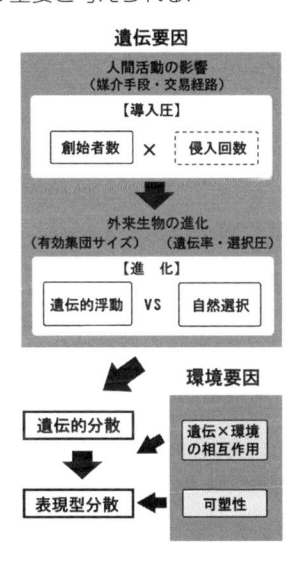

　しかし，導入経緯がわかっている外来生物はきわめて稀であり，創始者数や侵入回数についての記録となるとほとんど皆無である．しかし，現在の外来生物の集団が保有しているDNA情報から間接的に過去の導入圧を推定する方法がある．これには通常，アロザイム，RFLP，マイクロサテライト，RAPDなどの"自然選択において中立"と考えられる遺伝子マーカーを用いた分子生物学的手法が用いられる．ここでいう自然選択における中立性とは，生物の形質発現には関与せず，自然選択の影響を直接受けないDNA領域という意味である．このような遺伝子マーカーでは，一般にボトルネックや創始者効果のみの影響を受け，有効集団サイズ（N_e）に反比例して特に頻度の低い対立遺伝子が確率的に喪失しやす

い．そのため，遺伝子マーカーで観察されるDNA多型の数，種類，頻度を検証すれば，その外来生物の集団が過去に経験した導入圧の大きさをおおよそ推定できる．ただし，侵入後に相当の時間が経過した場合には，侵入後の遺伝的浮動の影響も考慮する必要がある．

　例えば，淡水生物ではないものの，フロリダ半島などに侵入したトカゲの一種であるブラウンアノール (*Anolis sagrei*) は，原産地の複数の集団から持ち込まれた導入圧の大きい外来生物の典型的な事例である (Box 7.2)．この種の場合，ミトコンドリアDNAのハプロタイプ解析から，原産地の異なる集団から持ち込まれた遺伝子が侵入先で混合されたことにより，侵入集団の多くは原産地集団よりも遺伝的多様性が高く，原産地集団ではみられない固有の遺伝的構造を持つようになっている (Kolbe *et al.*, 2004；2007)．導入圧に関する分子生物学的研究は，淡水産外来生物でも年々増えつつある．例えば，導入圧が大きい淡水産外来生物の事例としては，北米に侵入した欧州原産の抽水植物のクサヨシ (*Phalaris arundinacea*) (Lavergne & Molofsky, 2007)，ボルガ川水系全域などに拡散した黒海北部原産の二枚貝の一種 *Dreissena rostriformis bugnsis* (Therriault *et al.*, 2005)，アジア・アフリカから新大陸へと侵入した淡水巻貝の一種ヌノメカワニナ (*Melanoides tuberculata*) (Facon *et al.*, 2003) などがあげられる．

　一方，北米原産の淡水魚であるブルーギルは，ごく少数の創始者によるわずか1回の導入で日本に侵入した外来生物の好例である (Box 7.2)．この種の場合，例外的に残されていた導入記録と合わせると，すべての都道府県で確認されているブルーギルは，1960年，アイオワ州グッテンベルグからの15個体の創始者に由来している (Kawamura *et al.*, 2006)．これ以外にも導入圧が小さいにもかかわらず，侵入に成功した淡水産外来生物の例としては，イギリスに侵入したハンガリー原産のワライガエル (*Rana ridibunda*) (Zeisset & Beebee, 2003)，欧州に侵入した北米原産のウシガエル (*Rana catesbeiana*) (Ficetola *et al.*, 2008)，オーストラリアに侵入した南米原産のグッピー (*Poecilia reticulata*) (Lindholm *et al.*, 2005) などがあげられる．

　人間活動は，原産地から侵入先あるいは異なる侵入集団の間で，外来生物の移動を促進させる生態的回廊 (ecological corridor) を形成している．外来生物の侵入を助長する人間活動が活発であるほど，原産地から侵入先への遺伝子供給，あるいは侵入集団間での遺伝子流動が高まることが予測される．上述のように，外

来生物によっては複数回の侵入が頻繁に起きており，人間活動のルートが複雑多岐に渡る場合には，ブラウンアノール（Kolbe *et al*., 2004；2007）の例のように，原産地の異なる集団から供給される遺伝子の混合により，侵入集団は独自の遺伝的構造を持つようにさえなる．結論を出すにはまだ情報が不足しているものの，人間により食糧や観賞などを目的として意図的に持ち込まれる外来生物よりもバラスト水中のプランクトンや土壌中の生物など人間活動に随伴して持ち込まれる外来生物の方が導入圧が大きく，遺伝的多様性が維持されやすい傾向がある（Roman & Darling, 2007）．

　分子生物学的手法による導入圧の推定が今後，より多くの外来生物で行われることが期待される．特に，すでに分布拡大を遂げた侵略的外来生物よりも，著しく情報の少ない侵入初期の外来生物に対する研究の進展が望まれる．そうすれば，創始者数や侵入回数を高めやすい交易経路の選定や，外来生物の遺伝的多様性や遺伝子混合のための供給源となる原産地の特定が可能となり，より費用対効果の高い検疫・管理システムの構築が可能になる．

Box 7.2

導入圧と侵入成功

●遺伝的パラドックスとは？

　「集団中の遺伝的多様性の大きさが，絶滅回避や進化能力において重要」とする仮説がある．もし，創始者数や侵入回数が少なく，さらに遺伝的浮動により遺伝的多様性を喪失しやすいのが外来生物の一般的特徴であるならば，侵入先のあらゆる環境で絶滅を回避し高い進化能力を持つ外来生物が存在するのはなぜだろうか．これを，外来生物の遺伝的パラドックス（genetic paradox）と呼ぶ．現在のところ，この仮説が支持される場合（Dlugosch & Parker, 2008）と支持されない場合（Roman & Darling, 2007）があり，この仮説の真偽の検証には，さらなる情報が必要である．

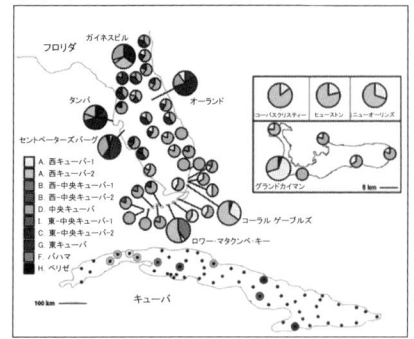

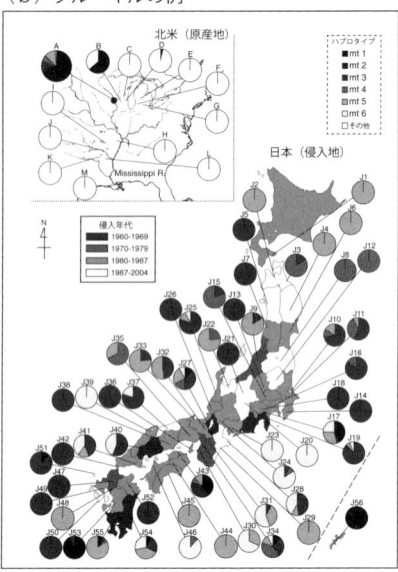

図a　導入圧が大きい外来生物の例（ブラウンアノール）
原産地集団（キューバ）と侵入集団（フロリダ半島，テキサス州，ルイジアナ州，およびグランドカイマン）における遺伝的多様性の比較．各集団の遺伝的多様性はミトコンドリア DNA のハプロタイプ（遺伝子型）で評価されている．原産地の集団（黒点で示した地点）のうち，左下の四角で囲った 10 集団でみられるハプロタイプが侵入集団でもみられる．さらに，原産地集団からのハプロタイプが侵入先で混合されたことにより，侵入集団の多くでは原産地集団よりも遺伝的多様性が高く，固有の遺伝的特徴を持つようになっている．小さな円グラフ（サンプルサイズ；2～5 個体），大きな円グラフ（サンプルサイズ；19～20 個体）をそれぞれ示す．Kolbe *et al.*（2007）を改変．

図b　導入圧が小さい外来生物の例（ブルーギル）
原産地集団（北米）と侵入集団（日本）の遺伝的多様性の比較．各集団の遺伝的多様性はミトコンドリア DNA のハプロタイプ（遺伝子型）で評価されている．日本の侵入集団（56 集団）で確認される 5 種類のハプロタイプ（mt1, mt3～mt6）はすべて，ミシシッピ川上流のアイオワ州グッテンベルグの集団（図中の黒点）でみられるハプロタイプと一致している．このことから，日本のブルーギルは単一起源を持つ外来生物である可能性が大きいといえる．Kawamura *et al.*（2006）を改変．

7.3 外来生物における集団間の形質分化

　外来生物における集団間の形質分化については古くから研究が行われている．先駆的な研究事例の1つは，カリブ海の小島群に人為移植されたブラウンアノールの例である（Losos et al., 1997）．ブラウンアノールは止まり木として利用できる樹木の大きさの違いに合わせて，移植された島々で後脚の長さが急速に分化している．これらの集団はいずれも共通祖先から派生しているため，この形質の分化に要した時間は10～14年と推定されている．この研究などがきっかけとなり，淡水産外来生物においても，原産地と侵入先あるいは侵入集団の間での形質の違いがみられることが報告されてきた（Hendry et al., 2000；Yonekura et al., 2007など）．

　これらの研究から，(1)外来生物集団における形質の分化は数年～数十年といった短期間で生じる，(2)生態学的影響と同じ時間スケールで起こる形質分化は外来生物の侵略性に短期間で影響を与える，(3)形質の分化を促す遺伝的多様性が外来生物でも維持されている場合があるなど，今日の主要研究テーマへつながるいくつかの概念が導出されている．

　しかし，野外で観察される外来生物の形質分化には，遺伝要因と環境要因の双方の影響が含まれている．そのため，形質の違いがおもに遺伝要因によるものなのか，あるいは環境要因によるものなのかを区別できない．また，観察された形質の違いが遺伝要因によるものであっても，それが適応的な意味を持つのか，あるいは遺伝的浮動によるものなのかを区別することは難しい．最近では，環境要因の影響を排除して遺伝要因のみを抽出する線形混合モデルなどを用いた方法（最良線形不偏予測量法；BLUP法）が適用可能になっている．この方法により，環境要因に影響されない，外来生物の集団が潜在的に持っている真の遺伝的能力が推定できるようになってきている（Wilson et al., 2009；Hadfield et al., 2010）．また，量的遺伝解析と分子遺伝学的手法を併用した自然選択と中立進化の相対的影響の把握（F_{ST}-Q_{ST}法）なども外来生物の集団で使用されるようになってきている．この解析法により，観察された形質の違いが適応進化による侵略性の獲得によるものなのか，それとも侵略性に影響を与えない単に確率的な変化であるかがわかるようになってきている（Merilä & Crnokrak, 2001；Leinonen et al., 2008）．

7.4 中立進化と自然選択の役割

　上述のとおり，導入圧の大きさは，進化の原動力となる遺伝的多様性の"初期値"を規定している．この遺伝的多様性が源となり，外来生物の進化が生じる（ただし，形質をコードする DNA 領域に遺伝的多様性がなければ，進化は起きない）．中立進化（創始者効果，ボトルネック，遺伝的浮動によるもの）と自然選択は進化の代表的メカニズムであり，いずれも外来生物における集団内の遺伝的多様性を減少させる（Box 7.1）．しかし，中立進化が生存や繁殖などのメリット・デメリットに関係なく遺伝的多様性を確率的に喪失させるのに対し，自然選択では個体の生存や繁殖などに有利となる遺伝子が局所環境に応じて選択される．そのため，外来生物の形質が中立進化あるいは自然選択のどちらの影響を受けるかにより，外来生物の侵略性や存続可能性の程度が決定される．

　F_{ST}-Q_{ST} 法は，分子生物学的手法と量的遺伝解析を併用することにより，中立進化と自然選択の相対的役割を分離・評価する手法である（Merilä & Crnokrak, 2001；Leinonen *et al.*, 2008）．この手法を用いて，外来生物の集団間における形質の違いが，中立進化によるものか，それとも自然選択によるものかを評価することができる．上述のとおり，遺伝子マーカーを用いた分子生物学的手法では，一般に遺伝子レベルでの中立進化による遺伝的変異を観察できる．それに対し，量的遺伝解析では中立進化＋自然選択の影響による表現型レベルでの相加的な遺伝的変異を観察できる．そのため単純な言い方をすれば，量的遺伝解析（中立進化＋自然選択を反映）の結果から分子生物学的手法（中立進化のみを反映）の結果を差し引けば，理論的には自然選択の影響のみを抽出することが可能となる（Box 7.3）．

　F_{ST}-Q_{ST} 法を用いた淡水産外来生物の解析例として，欧州から北米へと侵入した抽水植物のクサヨシがある（Box 7.3）．北米のクサヨシ集団では，異なる複数の原産地集団から持ち込まれた遺伝子が侵入先で混合されたことにより，原産地の集団よりも遺伝的多様性の高い侵入集団がみとめられる．侵入集団のあいだでは，こうした遺伝的多様性の高さが原動力となり，発芽率や生産量といった適応に関係した形質の違いが遺伝子マーカーの一種であるアロザイムでみられる違いよりも大きなものとなっている（すなわち，$Q_{ST} > F_{ST}$）（Lavergne & Molofsky,

2007).クサヨシは，機会的に生じる中立進化よりも生息環境の違いによる自然選択（方向性選択）が外来生物集団の形質分化に大きな影響を与えている好例である．

一方，ノルウェーの湖沼群に人為移植されたサケ科魚類の一種であるグレーリングの場合，遺伝的浮動による中立進化の影響を強く受けているため，遺伝子マーカーの一種であるマイクロサテライト DNA では，侵入集団の遺伝的多様性はきわめて低い．それにもかかわらず，初期生活史にかかわる適応形質（卵黄嚢の大きさ，仔稚魚の生残率など）では，導入された湖沼間でそれぞれの水温環境に適応した集団間での局所的分化が認められる（すなわち，$Q_{ST} > F_{ST}$）（Koskinen et al., 2002）（Box 7.3）．また，15 個体の創始者に由来する日本のブルーギルでは，

Box 7.3

中立進化と自然選択の識別

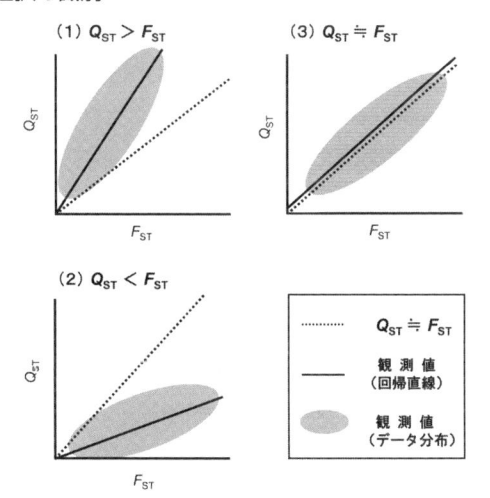

(1) $Q_{ST} > F_{ST}$

(2) $Q_{ST} < F_{ST}$

(3) $Q_{ST} ≒ F_{ST}$

······· $Q_{ST} ≒ F_{ST}$
―― 観測値（回帰直線）
〇 観測値（データ分布）

図c　F_{ST} と Q_{ST} の関係（概念図）

　F_{ST}-Q_{ST} 法は，分子生物学的手法（分子遺伝レベルでの遺伝的変異）と量的遺伝解析（形質レベルでの遺伝的変異）を併用して，中立進化と自然選択が集団間の形質分化に果たす影響を分離・評価する手法である．集団間の形質分化の程度は，分子生物学的手法と量的遺伝解析により，それぞれ F_{ST} および Q_{ST} として算出される．
　外来生物の形質分化が遺伝的浮動の影響のみを受けている場合，F_{ST} と Q_{ST} は理論上，ほぼ一致する（図中の波線）．(1) $Q_{ST} > F_{ST}$ の場合，集団間における形質分化は遺伝的浮動の影響のみでは説明できず，局所環境に対する方向性選択によるものと解釈される．(2) $Q_{ST} < F_{ST}$ の場合，安定化選択により，いずれの侵入集団においても同様の形質が進化したと解釈される．(3) $Q_{ST} ≒ F_{ST}$ の場合，集団間の形質分化はおもに遺伝的浮動の影響によるものと解釈される．

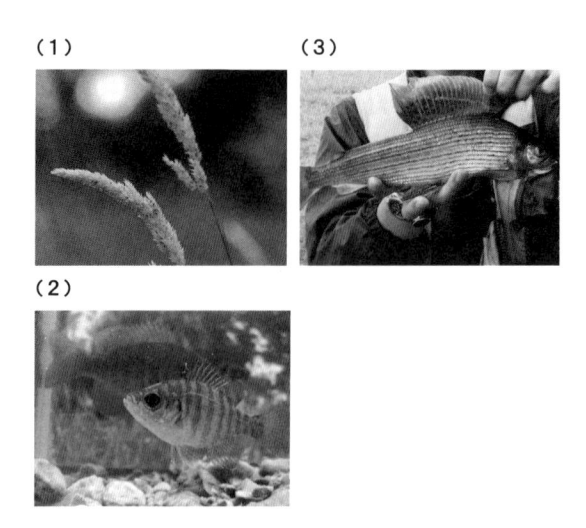

図d　F_{ST}-Q_{ST} 法を用いた淡水産外来生物の例
(1)クサヨシ（抽水植物，左上）（撮影：Sébastien Lavergne），(2)グレーリング（魚類，右上）（撮影：佐々木 系），(3)ブルーギル（魚類，左下）（撮影：米倉竜次）．詳しい説明は本文を参照．

　創始者効果やボトルネックの影響の繰り返しにより，多くの集団が遺伝的多様性の低い状況にある．しかしながら，集団平均に相当する形質が自然選択（安定化選択）されることにより，背びれ軟条数や脊椎骨数といった形質は侵入集団の間で比較的安定している（すなわち，$Q_{ST}<F_{ST}$）（Kawamura et al., 2010）（Box 7.3）．

　上記の事例は，方向性選択（$Q_{ST}>F_{ST}$）もしくは安定化選択（$Q_{ST}<F_{ST}$）という違いこそあれ，外来生物の形質は中立進化の影響だけでなく，少なからず自然選択の影響を受けていることを示している．注目すべきは，グレーリングやブルーギルのように，中立進化の影響を受け（少なくとも遺伝子マーカーでは）遺伝的多様性が低下している場合でさえも，侵入先の環境に適応した形質が自然選択により選択されていることである．F_{ST}-Q_{ST} 法を用いた研究は，外来生物ではきわめて少ないため，F_{ST}-Q_{ST} 解析からの知見を外来生物全般の特徴として外挿できるかについては，今後，さらなる事例の蓄積が必要である．しかし，少なくとも外来生物の一部では，中立進化による確率的な遺伝的多様性の低下という最大のハードルを乗り越え，侵入先の環境により適応した形質が自然選択されること

により，存続可能性や侵略性にかかわる形質が適応的に進化する可能性を先行の研究事例は少なからず支持している．

7.5 表現型可塑性の進化

表現型可塑性（phenotypic plasticity）とは，環境の違いに応じて同じ遺伝子が異なる形質を発現させる現象である（Box 7.1，本書第3章参照）．この場合，外来生物は異なる環境それぞれに応じて異なる適応形質を発現できる．そのため，異なる環境への適応を可能にし進化を必要としないメカニズムとして，表現型可塑性は重視されている．特に外来生物では，新たな環境への適応進化が不十分な侵入初期において表現型可塑性は重要であると考えられている（Sexton et al., 2002）．

しかし，同じ環境変化にさらされた場合でも，表現型可塑性の大きさにはしばしば個体差や集団変異がみられる．そして，それらの違いに遺伝的基盤があれば，可塑性の変異性（遺伝子型×環境相互作用）や進化の原動力の違い（中立進化や自然選択）に応じて，表現型可塑性の進化が起きうる（Falconer, 1990；Fry, 1992）．そういう意味では，表現型可塑性は進化の代替メカニズムではなく，それ自体が進化の対象である．

現在までのところ，外来生物の表現型可塑性を示す事例は多いものの，可塑性を支配する遺伝子群においてどの程度の変異性が外来生物の集団間内にあるかといった問題や原産地と侵入先の集団間で表現型可塑性にどの程度の違いが見られるかといった問題についてはまだよくわかっていない．

7.6 おわりに

外来生物がもたらす影響を評価する際，形質の定常状態がしばしば仮定される場合がある（niche conservatism）（Wiens & Graham, 2005）．別の言い方をすれば，外来生物の影響は原産地でも侵入先でも，あるいは現在でも将来でもあまり変化しないとされる．もし，この仮定が正しければ，原産地での生息環境から侵

入先での生息可能な環境を予測したり，あるいはある侵入段階での評価を将来に外挿させたりして，外来生物の将来の分布や影響を事前評価することができる．しかし，こうした仮定は少なくとも一部の外来生物では当てはまらないようである（Diez & Edwards, 2006；Broennimann et al., 2007）．今後，個体群成長，種間相互作用，群集占有度，分布拡大などといった外来生物の侵略性や存続可能性にかかわる特徴が，外来生物の進化生物学的反応により，どの程度変化するかについてさらに研究を進める必要がある．

　また，現在，外来生物の研究の多くが侵入に成功した外来生物を対象に行われている．しかし，侵入に成功する外来生物は全体のごく一部であり，ほとんどの外来生物は侵入に失敗する．そのため，侵入に成功した外来生物のみの情報を外来生物の一般的特徴として扱う場合，進化生物学的な評価に偏りが生じることにもなる．外来生物の一般的な特徴を把握するためには，侵入に成功した場合だけでなく，侵入に失敗あるいは侵入の途中にある外来生物の情報がもっと必要である．また，侵入の途中にある外来生物についても，侵入から分布拡大までのどの段階の情報であるかが不明な場合が多いため，時間プロセスに沿った評価を行う必要もある（Strayer et al., 2006）．

　最後に，外来生物の進化学的研究から見えてくるのは，環境変化に対する外来生物の柔軟でしたたかな応答である．このような外来生物に対し，人間はどう対処すればよいのであろうか．海外からの新たな外来生物の管理やすでに侵入した外来生物の対策にどの程度，社会資本を投資すべきであろうか．あるいは，外来生物の侵入をある程度許容する新たな社会システムの構築が必要なのであろうか．いずれにしても，何らかの合理的な理由を科学的に提示する必要があろう．外来生物の進化学的研究は，外来生物（および，外来生物と相互作用する在来生物）の進化生物学的反応を把握することで，侵略的影響を及ぼす外来生物の選定，外来生物の長期的影響の予測，分布範囲や分布拡大の予測，群集の安定性や脆弱性などに果たす進化の役割などについて，今までよりもさらに定量的かつ高精度の予測ができる可能性がある．外来生物の進化学的研究が今後，さらに進展することを期待したい．

第8章 コイ科魚類の生活史：現代における記載的研究の意義

鬼倉徳雄・中島 淳

8.1 日本に生息するコイ科魚類のおかれる現状

コイ科は条鰭綱真骨区に属する硬骨魚類の一群で，ユーラシア大陸を中心としてアフリカ大陸，北アメリカ大陸に約2500種が知られている（Nelson, 2006）．ほぼすべての種が淡水域で一生を過ごす純淡水魚としての生活を行い，特にアジア地域では河川の上流から下流，湖沼，沼沢地に至るまで，コイ科魚類の生息していない陸水域はないと言っても過言ではない．日本の陸水域においてもコイ科魚類はその主要な構成員であり，これまでに約60種・亜種の自然分布が確認されている．

筆者らはおもに九州において研究を行っているが，その九州の最大河川である筑後川水系には，現在のところ外来種も含めて48種類の純淡水魚類が生息している（表8.1）．この内訳をみると，コイ科（60%），ドジョウ科（6%），ギギ科・サンフィッシュ科（4%）と続き，ここでもコイ科魚類が河川魚類相の主要な構成員であることがわかる．さらにこれらのコイ科魚類を整理すると，タモロコやソウギョのような国内・国外外来種が約17%，在来種のうち絶滅危惧種として取り扱われる（環境省, 2007）セボシタビラやヒナモロコのような希少種・亜種が約31%，同じく在来種のうち多くの陸水域に普通に姿を見せるカワムツやカマツカのような普通種が約52%となる．また，筑後川に定着した国内外来種ハスは在来種への食害が問題になっている一方で（Kurita *et al.*, 2008），本来の生息地である琵琶湖・三方湖では絶滅危惧種として扱われている．このように，ある地域では希少種であり，他の地域では外来種であるといった事例は他にも見られ，日本のコイ科魚類のおかれる現状はかなり複雑化している．

コイ科魚類の生活史研究は決して最近の流行ではない．1940年代以降，資源科学研究所の中村守純博士により精力的な生活史研究が行われ，1960年代までには日本産コイ科魚類の生活史の概略はほとんどが解明されている（中村, 1969）．そ

表 8.1 筑後川水系で生息が確認できる純淡水魚類 48 種

科　名	区分	種　名
コイ科	在来 A	カワバタモロコ，ヒナモロコ，ツチフキ，カワヒガイ，ヤリタナゴ，アブラボテ，ニッポンバラタナゴ，カゼトゲタナゴ，セボシタビラ
	在来 B	カワムツ，ヌマムツ，オイカワ，ウグイ，タカハヤ，ムギツク，モツゴ，カマツカ，ゼゼラ，イトモロコ，ニゴイ，コイ，ギンブナ，オオキンブナ，カネヒラ
	外来 A	ソウギョ
	外来 B	ハス，タモロコ，コウライモロコ，ゲンゴロウブナ
ドジョウ科	在来 A	ヤマトシマドジョウ，スジシマドジョウ九州型
	在来 B	ドジョウ
ギギ科	在来 A	アリアケギバチ
	外来 B	ギギ
アカザ科	在来 A	アカザ
ナマズ科	在来 B	ナマズ
キュウリウオ科	外来 B	ワカサギ
サケ科	在来 B	ヤマメ（一部アマゴ）
メダカ科	在来 A	メダカ
カダヤシ科	外来 A	カダヤシ
カジカ科	在来 A	カジカ大卵型
サンフィッシュ科	外来 A	ブルーギル，オオクチバス
ケツギョ科	在来 A	オヤニラミ
ドンコ科	在来 B	ドンコ
ハゼ科	在来 B	カワヨシノボリ
タイワンドジョウ科	外来 A	カムルチー
ヤツメウナギ科	在来 A	スナヤツメ

在来 A：在来種で環境省版レッドリスト（RL）に掲載；在来 B：在来種で RL 未掲載；外来 A：国外外来魚；外来 B：国内外来魚

　の後，コイ科魚類のいくつかの種類が水田域に侵入し産卵することが報告され，純淡水魚であっても恒久的水域（河川などの干上がりにくい水域）と一時的水域（水田や浅い湿地などの干上がりやすい水域）といった異なる環境を相互に利用して生活する種が存在することが明らかにされた（斉藤ほか，1988）．近年では，コイ科魚類の生活史パターンを氾濫原水域依存種や恒久的水域依存種，どちらも利用する種などのようにグループ分けし，その生活史特性と生活史の中で利用する生息環境の関係性から整理して理解する試みもなされている（中島ほか，2010）．

　日本のコイ科魚類の生息場の多くはコンクリート護岸化，ダム・堰などの横断構造物の建設，水田地帯の基盤整備などの様々な人為的環境改変を受け，水質汚濁なども加わり悪化を続けている．それに加えて，近年では様々な外来生物が放たれたことにより，その状況はさらに危機的となり，実に 30 種のコイ科魚類が絶

滅危惧種あるいは準絶滅危惧種に指定されている（環境省，2007）．そのため，特に絶滅危惧種を対象としてその生態・生活史の詳細を解明し，保全に活用する試みが多くなされている（片野・森，2005）．本章では，コイ科魚類の生活史に関連する最近の筆者らの研究事例を紹介しながら，今，あえて生活史研究を行う意義を考えたい．

8.2 分布状況が語る生活史と環境要求

筆者らは近年，九州地域において詳細な魚類相調査を行っており，当地での国内・国外外来魚の分布パターンがしだいに明らかになってきた（鬼倉ほか，2008；中島ほか，2008）．ここでは，琵琶湖から移殖され，定着したと考えられる国内外来種ハス（図8.1A）の分布パターンを事例に，その生活史を営む上での環境要求について議論する．

琵琶湖・淀川水系と福井県三方湖を本来の生息地とするハスは，全長30 cmに達し日本のコイ科魚類の中では比較的大型な魚種である．日本産の多くのコイ科

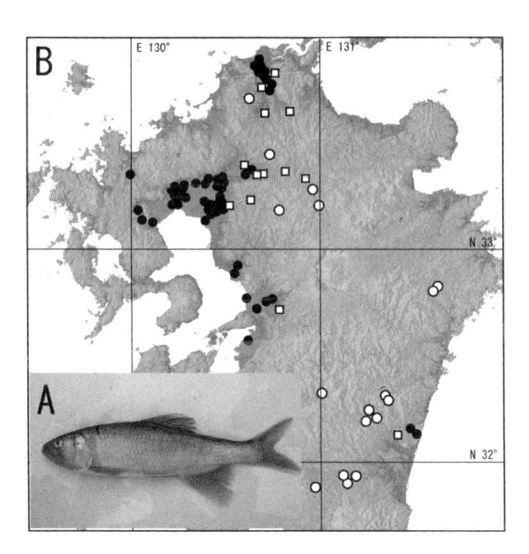

図8.1　福岡県筑後川水系で採集された国内外来種ハス(A)およびその九州内での分布（●標高10 m未満；□10〜100 m；○100 m以上）

魚類が雑食性であるのに対し，この種は動物食性であり，九州では堰下にたまった遡上期のアユを追いかけて捕食している姿をしばしば見かける．本種は琵琶湖産アユの種苗放流に混ざって全国に広がり，その定着場所の多くは餌資源の豊富な湖沼と大河川であることがわかっている（川那部ほか，2005）．また，琵琶湖では湖内を成育場所として利用し，約3年で成熟した後に，琵琶湖の湖岸や流入河川などの流れの緩やかな砂礫底で産卵するとされる（田中，1964）．つまり，生活史の中で，成育の場（止水）と産卵の場（流水）を使い分けていると言える．

　それでは，国内外来種ハスの九州での分布パターンを見てみよう．ハスが生息する場所の標高を整理すると，標高100m以上（約20％）と標高10m以下（約70％）の概ね2つのパターンに区分される（図8.1B）．前者（標高100m以上）はすべてダム湖もしくはその流入河川である．ハスは本来琵琶湖に生息する種であることから，ダム湖に定着できることは容易に想定される．しかしながら，定着が確認されていないダム湖もある．そこで詳しく調べてみると，ハスがまったく出現しないダム湖はすべて急勾配の流入河川しか持たないダム湖であることがわかった．この理由は，本種が産卵場所として緩やかな流れの場所を必要としており，急流では不適当であるからだろう．これらのことから，本種がダム湖に定着するには，成育場としてのダム湖の存在に加えて，産卵場としての勾配の緩やかな流水域の存在が重要であると考えられる．

　一方，標高10m以下で出現する場所はどのような環境構造を有するのであろうか．低標高で本種が出現した場所の多くは，網の目のような農業用水路網（いわゆるクリーク）を伴った，大規模な水田地帯である．特に有明海流入河川の周囲の水田地帯では，もっぱら止水的な農業用水路を成育場とし，これらの農業用水路に水を供給する小河川や幹線水路などの流水域を産卵場として利用していることがわかった．低平地の水事情が悪かったこの地域では，小河川から取水した農業用水を複雑に張り巡らせた水路網で止水的に管理する．それらの網の目のような止水的水路が成育場として，そこに水を供給する小河川や幹線水路などの流水域が産卵場として，それぞれ機能することで，この地域でのハスの定着を可能にしたといえる．筆者らの調査により，有明海沿岸域の農業用水路網でのハスの出現パターンが取水口からの距離に左右され，本種が流水と止水の隣接した環境に生息していることが明らかにされている（Sato et al., 2010）．すなわち本種は流水と止水の2つの異なる環境を相互に移動しつつ利用することにより，九州の低

平地にうまく定着しているのだろう．

　このように，一見まったく異なる環境に見える高標高のダム湖と低標高の農業用水路地帯においても，ハスが定着する環境条件——止水の成育場と流水の産卵場——が揃っていることがわかる．したがって，外来種ハスの定着には餌資源の豊富さだけでなく，この魚が生活史をまっとうする上で要求される環境条件を満たすことが重要である．興味深いことに，ハスが出現する農業用水路では，出現しない水路よりも在来魚類の種数が多いという結果が得られている．止水と流水という2つの環境要求を持つハスが国内外来種として定着できる水域では，その環境の多様さから在来魚類の種数が多いこともうなずける．ハスは九州では外来種であるが，在来生息地である琵琶湖淀川水系では絶滅危惧種である．上述の知見は在来生息地での保全のための情報として，あるいは移殖先での国内外来種対策のための情報として有用になるだろう．

8.3 河川の普通種カマツカの生活史と環境選択

　コイ科カマツカ亜科に属するカマツカ（図8.2A）は，おもに河川に生息する砂底を好む底性魚である．西日本には広く分布しているが，河川内での流程分布もまた広く，九州北部地域では上流から下流までどこでも個体数が多い．本種は九州北部地域ではきわめて普通にみられる種類で，西日本各地で河川改修後や自然災害後に個体数を増加させる例が知られている．実際に福岡市内の河川において都市化と魚類分布の関係を調査したところ，多くの魚種が都市化により個体数を減らしている中で，カマツカはオイカワなどとともに都市化の影響を受けない種類である可能性が示されている（鬼倉ほか，2006）．現在，日本産のコイ科魚類では絶滅が危惧される種類が増加しており，また絶滅が危惧されるほどではないにしろ，個体数は減少傾向にある種類が多い．河川環境が人為的に改変される際に起こりうる具体的な環境変化としては，ダム・堰などの横断構造物による流量の減少や湛水化，上下流の連続性の分断，護岸のコンクリート化による岸辺植生域の減少や河道の直線化，浚渫による河床の平坦化や河床環境の単調化などが挙げられる．これらの環境改変が多くのコイ科魚類の生息場所を奪い，個体数の減少要因となったことは容易に想像できる．そのような中，なぜカマツカは個体数を

図 8.2 福岡県那珂川産のカマツカ(A)およびその仔稚魚期の生息場所(B)

減らすことなく現在も繁栄しているのだろうか.

　福岡県那珂川水系のある 100 m ほどの区間において，本種の環境選択性について調査を行ったところ，その特異な環境利用様式が明らかとなった（Nakajima et al., 2008）．本種は体長 1 cm 以下の仔稚魚期には河川の岸辺の，浅い流れの緩やかな斜面に群れをなして生活していたが（図 8.2B），やがて成長していくにつれ，河川の砂底の場所を広く生息環境として利用するようになった．調査地点には植生域も含まれていたが，本種の仔稚魚はそのような環境にはほとんど出現せず，流れが緩やかで水深が浅い開けた場所に数多く生息していた．また，成魚は流れのごく速い瀬で個体数が少ない傾向があったものの，水深，流速にあまり関係なく，砂礫の河床に広く分布していた．調査を行ったわずか 100 m ほどの区間において，体長 5 mm の仔魚から 20 cm の老成魚まで，すべての成長段階の個体が数多く観察されたのである．本種の産卵は川の流れのある場所で行われ，ばらまかれた卵は流下しながら速やかに沈み，周囲のあらゆる基質に付着して発生することがわかっている．これらのことから，本種は生活史を恒久的水域である川の中だけで完結させ，植生域や岩石帯などの環境構造を一切利用しない生活史を有することがわかる．すなわち，本種が生活史を全うするには，卵を流すための少しの水流と，仔稚魚が成育するための流れの緩やかな浅い開けた場所，さらに成長

するための「恒久的水域である砂底の川」があれば良いのである.

　人為的な環境改変が魚類の生息に影響を与えるその最たるものは，おそらく植生域の破壊，瀬淵の消滅，川底の平坦化といった環境構造の多様性の消失であるだろう．また，氾濫原水域へ移動をして産卵する魚類にとっては，その移動経路が堰などで遮断されることも致命的である．カマツカの生活史と環境選択性をみると，これらの人為的環境改変はカマツカが生活を続けていく上で，ほとんど障害にならない部分であることがわかる．本種が都市化に強く，西日本各地で普通種として君臨しているのも，この生活史と環境選択性を知れば容易に理解ができる．

　近年まで，国内では絶滅危惧種でも何でもない「普通種」の生活史を記載する意義はあまり意識されてこなかったのが実情である．しかし，ほんの数十年前まで日本のコイ科魚類のほとんどは普通種であったはずである．数十年前に最前線にいた研究者の大半が，現代にこれほど環境が改変され，これほど多くのコイ科魚類が絶滅に瀕してしまうことを予想することができただろうか．激減してしまった現在，本来の生活史や分布パターンを科学的に解明することは様々な困難が伴う．普通種が普通種である理由を科学的に明らかにしておくことは，将来環境がどのように変化するとどのような形で絶滅危惧種になってしまうのか，ということを科学的に理解することにつながる．仮に将来，人為的環境改変が河川をすべて浅い湿地にする方向へと進む事態が進展するようなことになれば，現在普通種であるカマツカが絶滅危惧種になりうる，ということも想定することが可能になるのである．現在カマツカが普通種として君臨していられるのも，たまたま現在までの人為的環境改変の方向性がカマツカの生活史と合致していただけ，と捉えることができるのである．

8.4 農業用水路の絶滅危惧種カワバタモロコの生活史と環境選択

　日本の純淡水魚類の保全を考えるとき，いわゆる氾濫原水域依存種の存在を考慮しなければならない．かつて河川が頻繁に氾濫していた時代，氾濫域に存在する湖沼や浅い湿地，それらと川をつなぐ澪に適応した種類である．日本の氾濫原

の多くは水田や農業用水路に改変され，氾濫原水域依存種はそのまま水田地帯に棲み続けたが，その後の水田の基盤整備と水路のコンクリート護岸化などの改変によってその多くが生息地を失いつつあるとされる（Katano *et al.*, 2003；片野・森，2005）．これらの氾濫原水域依存種の中ではニゴロブナのように産卵のため恒久的水域（湖沼）から氾濫原水域（水田）に遡上するような魚（金尾ほか，2009）がその生活史の中で生息場を変える種として注目されるが，実は氾濫原水域内の水路で一生を過ごすような魚にも，生活史段階に応じた環境選択がある．ここでは，寿命がわずか1年で，生涯をため池，農業用水路で過ごすカワバタモロコを事例に，氾濫原内でのその成長に伴う環境選択について紹介する．

　カワバタモロコは全長6cmに満たない小型の魚種であり（図8.3A），平野部のため池，止水の農業用水路などに生息する．本来は氾濫原内に存在する湖沼や水路を生活の場としていた種類と考えられている．上述したような水田地帯の改変に伴い，本種もまた急激に分布・生息域を減らす絶滅危惧種である．九州においても，福岡市周辺地域からは1980年代までに完全に姿を消し，現在では有明海沿岸域の水田地帯にのみ生息が確認されている状況で，その生息域が急速に狭まったことが明らかにされている（中島ほか，2006）．有明海沿岸域の水田地帯約50地点での分布調査データに基づいた，農業用水路の護岸形状と魚類の出現との関係性を調べた結果では，コンクリート護岸よりも土羽護岸でカワバタモロコの出現確率が高いことが明らかとなっており，水田域の近代的な整備がこの魚の分

図8.3　佐賀県六角川水系産のカワバタモロコ㈰とアブラボテ㈪

布域減少に影響していることが示されている（鬼倉ほか，2007）．

また，筆者らは有明海流入河川である佐賀県六角川水系に隣接するある農業用水路で，2年間，本種の生態調査を実施しており，この魚が1年で繁殖し，概ね寿命を終えること，オスに比べてメスが大型化すること，夏季に出現した仔稚魚は急激に成長し，その後，冬季に成長停滞期をむかえ，春以降に再度急成長をした後，初夏に産卵することなどを明らかにしている（Onikura et al., 2009, 2010）．その成長パターンは幼稚魚時の成長期，若魚時の成長停滞期，その後の成長・産卵期に区分できたため，その段階ごとに環境選択を調べたところ，親魚の成長・産卵期では水温に対して正，幼稚魚の成長期ではコンクリート護岸比率に対して負，若魚の成長停滞期では水深に対して正および抽水植物被度に対して負に，その出現を左右されることが明らかとなった（表8.2）．

コンクリート護岸化がカワバタモロコに影響するという知見は，分布調査データに基づく解析でも得られていたが，産卵期における水温要求や成長停滞期における水深要求については，分布情報に基づいた解析では検出できなかった選好性である．特定の魚種の生活史を解明しつつ，その生活史段階ごとに環境選択を解明する必要性を示した事例の1つと言えよう．

表8.2 六角川水系近隣のある農業用水路におけるカワバタモロコとアブラボテの環境選択

種名	成長段階	時期	重回帰式の統計結果		係数の統計結果		
			R^*	有意確率	環境選択	偏回帰係数	有意確率
カワバタモロコ							
	親魚	4-6月	0.58	0.01	最大水温	40.687	0.01
	幼稚魚	8-11月	0.874	0.0001	コンクリート護岸率	-0.026	0.0001
	若魚	12-3月	0.861	0.001	最小水深	4.064	0.001
					抽水植物被度	-0.065	0.004
アブラボテ							
	親魚	7-9月	0.627	0.019	沈水植物被度	2.408	0.019
	幼稚魚	7-9月	0.611	0.013	沈水植物被度	0.724	0.013
	若魚	1-3月	0.573	0.018	沈水植物被度	0.828	0.018

目的変数は単位漁獲努力量あたりの採集個体数．カワバタモロコについてはOnikura et al. (2009) を改変．R^*：自由度調整済み重回帰係数

8.5 特定の魚種に着目する盲点

　さて仮に，今述べた六角川水系のカワバタモロコが生息する水路で，自然再生事業がなされるとしよう．現在，4月．ボチボチ代掻きが始まる．灌漑期の間に議論を進め，設計図面を完成させ，非灌漑期の冬季に工事を行うのが一般的な流れである．小規模な工事であるため，簡単な調査しか行われず，手元には水路内の2箇所で行われた魚類相調査データがある．生態学者が呼ばれ，何に着目して再生すべきか，あるいはどの種に特に配慮すべきか，尋ねられたとする．この水路は約1 kmで，土堤（図8.4A）の区間，コンクリート護岸（図8.4B）区間が概ね半々存在しており，カワバタモロコの主たる生息域は土堤の区間である．したがって，コンクリート護岸を撤去し，土堤を木柵で補強するような再生手法を提言するのがカワバタモロコの保全にはベストだろう．

　ところが，この水路に生息する絶滅危惧種はカワバタモロコだけではない．魚類相データには，ニッポンバラタナゴ，カゼトゲタナゴ，アブラボテ，ヤリタナ

図8.4　六角川水系に隣接する農業用水路（A：土堤区間；B：コンクリート護岸区間）

8.5 特定の魚種に着目する盲点

ゴ，スジシマドジョウ九州型などの絶滅危惧種が名を連ねている．これらの魚種については，環境の選好性などの生態情報に関する研究事例がきわめて少ない状況にある．工期の関係上，他の魚種について生態調査を行う時間はない．カワバタモロコの情報はある程度集積されているため，その保全のための対策を講じることは容易である．また，上記の5種はカワバタモロコと同様に氾濫原水域依存種であるため，環境選択には共通点が多いかもしれない．そして，土堤の水路は我々人間により自然的な景観をイメージさせる．それらを総合的に考慮したとき，やはり現状では土堤区間を延長する方向で再生事業を進めてしまうかもしれない．

しかしながら，先述のカワバタモロコ調査で混獲された魚種についてもデータを整理して解析すると，ほかにも見えてくることがある．ここでは，アブラボテ（図8.3B）に着目しよう．本種は全長7cmに満たないタナゴ亜科の魚であり，細流や水路を好むとされる（中村，1969；川那部ほか，2005）．データを整理してみると，この水路のアブラボテの場合，夏季に稚魚が出現し，その時期は2年級群で構成され，その後，大型個体が徐々に姿を消し，冬季には若魚のみとなることがわかった（図8.5）．夏季の幼稚魚と親魚，冬季の若魚についてカワバタモロコと同様の手法で環境選択を調べたところ，いずれの成長段階においても沈水植物の被度との間に正の関係性が認められた（表8.2）．すなわち，アブラボテはカワバタモロコと関係性を持つコンクリート護岸率，水深，水温などとは関連性を示さず，カワバタモロコとは無関係の沈水植物被度を選択したのである．しかも，沈水植物の繁茂状況は土堤区間（約13％）よりもコンクリート護岸区間（約35％）に多く，両種の生息場所は水路内で相反することが明らかとなった．つまり，この2種の絶滅危惧種は同じ氾濫原水域依存種であるにもかかわらず，好みの生息環境が異なるため，両種の保全を両立するためにはそれぞれに配慮した策を講じる必要があると言える．

これらのことから明らかなように，自然再生のような大きな環境改変を伴う事業の場合には，生態学者として生物の保全にかかわる際に，いくつか知っておかなければならないことがあることがわかる．それは，そこにどのような種が生息しているのかということと，それらの種はどのような生活史を送り，どのような環境を選択して利用しているのか，ということである．どのような種が生息しているのかについては，年に2回ほど専門家が調査を行えばすぐに明らかになるだ

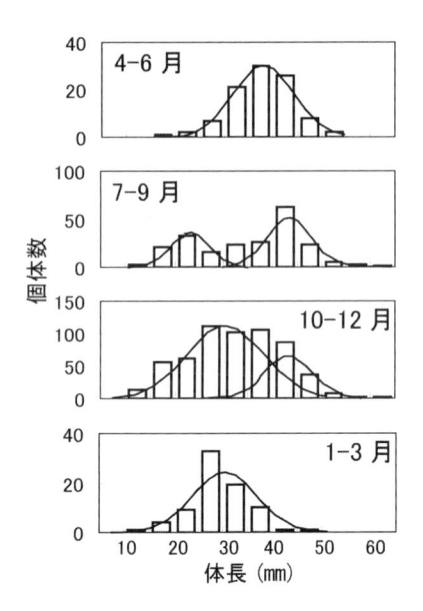

図 8.5　六角川水系のある農業用水路におけるアブラボテの体長組成および Bhattacharya's method を使った年級群構成の季節変化

ろう.しかし,生活史については多くの手間がかかるし,すぐに明らかにすることが難しい場合が多い.一般的に,生物の多様性を支える重要な要素の1つは環境の多様さである.その多様な環境のいずれかに,それぞれの種がその生態,生理,形態,行動などを適応させてきた(樋口,1996).それゆえに,生活史の明らかでない種を対象に何らかの環境改変を伴う事業を行う際には,考えうる最大の多様な環境構造を用意するしか現状では方法がないと言えるだろう.

8.6 生活史研究の意義

日本では低平地の陸水環境の大半は人の生活圏にあり,常に環境の改変にさらされてきた.そして,環境の多様性が失われ,環境構造が単調化し,その失われた環境を好む生物が着実に危機的状況に追いやられている.その一方で,破壊された環境を復元する動きもある.河川・農業用水路とも自然再生技術が開発され,多自然川づくりを始めとした自然再生事業が近年積極的に行われ始めた(萱

場, 2008；水谷, 2007).そのとき，我々生態学者は的確な保全措置を提言できるだろうか？そのためには，多様な生物の生態・生活史に関する知見を集積しておかなければならない．今回いくつかの例を紹介したように，同じ種でも成長段階ごとに選択する環境は変化していき，また，同じ氾濫原性の絶滅危惧種であってもその環境要求は異なっている．すべての種の生活史が網羅的に解明され，その成長段階ごとにどのような条件が必要なのかを提示することが，生物の研究者の役割として重要なことだろう．環境改変が進む様々な陸水域で，今，あえて様々な種の生活史に着目して記載的な生態調査を行う意義はここにある．

今回，各魚種のそれぞれの生活史段階で特定の環境が選ばれた理由については触れなかったが，それは個別に文献を当たっていただきたい．餌資源の豊富さ，外敵からのリスク，産卵習性などその理由は様々である．今回，あえてそのような内容に触れなかったのは，生活史の中で必要な環境に関する記載的な情報こそが，保全の現場レベルでは最低限必要不可欠な情報と考えるからである．そして，こういった生活史と関連した環境情報を必要としているのは，カワバタモロコのような絶滅危惧種だけではない．ハスのような外来種が劇的に分布を拡大したとき，あるいはカマツカのような普通種が将来激減したとき，それらの生態情報が集積されていれば，我々はその理由を科学的に理解し，問題を解決することができる．また，コイ科は脊椎動物の中でも最も種数の多い科の1つであり，その生活史もきわめて多彩である．近年ではその系統関係についての知見も蓄積されつつあり（Mayden *et al.*, 2009；Saitoh *et al.*, 2011），生活史の多様性がいかに進化してきたのかを解明する上で重要な分類群になるだろう．いずれにしろ，生活史研究をベースとした記載的研究は，現在，生物多様性保全のために必要な応用研究領域に発展しつつあると我々は確信している．

第9章 河川の被食―捕食関係と食物網構造

土居秀幸・片野 泉

9.1 はじめに

　河川でみられる水生昆虫，藻類，魚類などの様々な生物は，それぞれの被食―捕食関係やそれを包括した食物網によってつながっている．一般に，食物網は物質循環を駆動させ，生物群集を規定する重要な構造である．河川生態系は，トップダウン（捕食）やボトムアップ（内生産性やエネルギー源の供給）が生態系の機能や構造に及ぼす効果が最も大きい系の1つである（Shurin et al., 2002）．河川においては，食物網内での強い生物間相互作用（被食―捕食関係）によって，河川生態系の生物群集・生態系機能が維持されているといえる．

　河川生態系での被食―捕食関係・食物網構造については，古くから多くの知見が得られている．河川生態系は特に上・中流部であれば，生態系の規模が小さく，被食―捕食関係や食物網についての全容が把握しやすい．このような点から，一般的な生態学や食物網の理論を検証するフィールドとして注目されてきた．河川における被食―捕食関係・食物網研究には，様々な視点や手法が用いられてきている．特に近年では，「安定同位体比」や「生態化学量論（ecological stoichiometry）」など炭素，窒素などの元素の同位体組成や，元素比バランスからの研究アプローチが盛んになっている．安定同位体比を用いた河川食物網の解析方法については，第11章を参考にされたい．また，従来の実験的研究においても，河川は生態系としては比較的規模が小さいことから，陸域―河川間の生物移動を遮断したり，ある生物種を取り除くといった大規模な操作実験を取り入れやすく，それらの実験結果からも多くの新知見が得られてきた．また，流水系という特色を生かした，化学・視覚的刺激（キュー）に対する行動実験なども行われている．

　本章では，これらの研究アプローチから，河川の被食―捕食関係と食物網構造について明らかにされた最前線の研究事例について解説する．特に底生動物（水生昆虫，巻貝など）を中心とした被食―捕食関係，食物網構造について取り上げ

る．河川生態系における物質循環についての解説は，第10章を参考にされたい．

9.2 河川の藻類―藻類食者関係

9.2.1 河川食物網における藻類―藻類食者関係の重要性

　上・中流部の河川においては，河川内部の生産（内生産）は底生藻類によるものが主体となっており，その生産量が生物間相互作用を支えている（Vannote et al., 1980）．下流部では植物プランクトンによる内生産もみられるが，流域全体からみれば，藻類による内生産と森林からの落葉落枝の供給（外来性の生産）が河川食物網を支えているといっていいであろう．特に上・中流部の河川においては，藻類―藻類食者関係が生産者と消費者をつなげる重要な起点となっている．このような背景から，河川の被食―捕食関係については，藻類―藻類食者がおもな研究対象として取り扱われてきた．

　河川食物網・群集構造における藻類―藻類食者関係の重要性は，古くから認識されていた（Allan & Castillo, 2007）．しかし，食物網・群集構造に対する定量的な重要性はあまり評価されていなかった．McNeelyらは優占藻類食者であるヤマトビケラ（*Glossosoma penitum*）を河川から80～90％除去し，藻類食者の食物網・群集構造への影響を評価した（McNeely et al., 2007）．除去実験の結果，藻類の現存量は約2倍に増え，カゲロウなどの水生昆虫の胃内容では藻類の占める割合が増えていた．すなわち，優占藻類食者であるヤマトビケラがいなくなるだけで，食物網の基盤となる一次消費者の餌資源が変化することが明らかとなった．このように，たった1種類の藻類食者の在不在によって，河川の生産，食物網構造が大きく変化することは，藻類食者がいかに河川食物網において重要な生物であるかを物語っている．

9.2.2 藻類食者の採餌行動

　藻類の生育型（固着型，糸状型など）は種によって大きく異なるため，底生藻類膜は複雑な立体構造を持っている（Steinman, 1996）．藻類の種構成や現存量は，流速や日照などの環境要因に大きく影響を受けるので，河床の藻類は不均一に分布していることが多く，パッチ構造が発達している（Steinman, 1996）．よっ

て，藻類食者は，藻類群集の持つ複雑な立体構造やパッチ構造といった特徴に適した採餌行動をとる必要がある．

まず，藻類膜の複雑な立体構造に藻類食者がどう適応しているかをみてみよう．一口に藻類食者といっても系統は様々であり，藻類を効率よく摂食するための形態や摂食行動は多様である．藻類食者の中でも，携巣性トビケラ類は最も強力な藻類食者の1つである（Steinman, 1996）．携巣性トビケラは，大顎を用いて底生藻類を基質表面からこそげ取って摂食する刈取食者（scraper）であり，藻類膜の立体構造のうち，下部に位置する藻類種を選択的に摂食するが，反対に，上部に位置する糸状性の藻類は忌避することが知られている（Tall *et al.*, 2006）．携巣性トビケラ類では，厚い藻類膜を摂食する場合に，単独で摂食するのではなく，複数個体が寄り集まって藻類膜を食む，集団摂食と呼ばれる行動がしばしば観察される（図9.1）．携巣性トビケラの一種であるマルツツトビケラ（*Micrasema quadriloba*）を用いた飼育実験の結果，マルツツトビケラは，単独では厚い藻類膜を食い破れないため，十分に摂食できずに成長率も低下してしまう（図9.2）．しかし，より大きな集団サイズで飼育した場合，厚い藻類膜を摂食することができ，成長率はある密度で最大となることがわかった（図9.2●，Katano *et al.*, 2007）．ある個体がいったん藻類膜を食い破ってしまえば，その食み口をとっかかりに集団で藻類膜を剥いでいくことで，下部藻類種を摂食することが可能になったためと考えられる．これは，マルツツトビケラをはじめとする携巣性トビケラ類が集

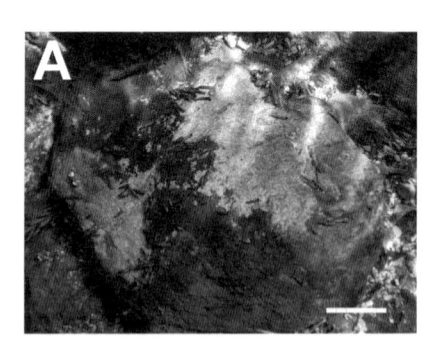

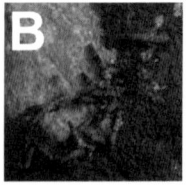

図9.1 河床礫上のマルツツトビケラによる集団摂食（奈良県東吉野村）→口絵3参照
(A)濃色部分は厚い藻類膜，淡色部分は薄い藻類膜であり，マルツツトビケラは両者の境界に集まって集団摂食している（バーは3 cm）．(B) Aにおける1つの集団を拡大したもの（面積約9 cm²）．Katano *et al.* (2007) を改変．

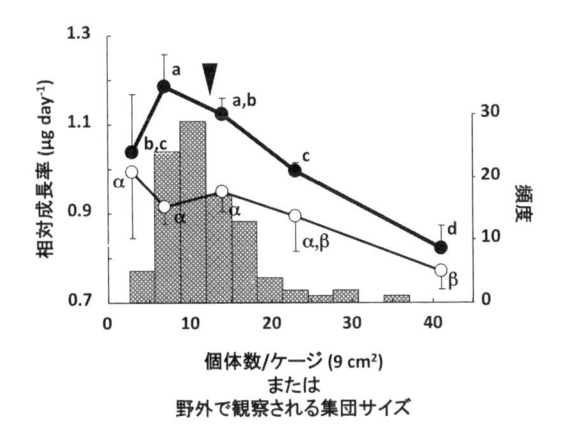

図9.2 マルツツトビケラの野外での集団サイズの頻度と，囲い込み実験の結果
右軸（棒グラフ）：野外河川における，面積 9 cm² 内の集団サイズの頻度分布．▼は平均集団サイズを示す．左軸（折れ線グラフ）：囲い込み実験における，個体の相対成長率．囲い込み実験は，野外水路において，2 段階の餌資源量（薄い藻類膜を与えた群（○）と厚い藻類膜を与えた群（●）；平均±標準偏差）と5段階の集団サイズの，2×5 デザイン（反復数6）で行った．グラフ内の文字は，同じ餌資源量内で Tukey の多重比較検定の結果であり，同じ文字間に有意差がないことを示す．Katano et al.（2007）を改変．

団摂食を行う理由，および集団摂食によって利益を得るメカニズムの1つであると考えられ，藻類食者が藻類膜の立体構造に対してうまく適応している例といえるだろう．

次に，藻類食者が藻類膜のパッチ構造にどのように適応するかをみてみたい．藻類のパッチ構造は，藻類食者の行動や成長に影響を与えている．Palmer は囲い込み実験を行い，均一に分布している藻類膜に比べ，不均一なパッチ状分布の藻類膜でのコカゲロウ（Baetis bicaudatis）の成長率は低くなることを示した（Palmer, 1995）．このように，餌資源のパッチ構造は藻類食者にとって適応度にもかかわるため，藻類食者はパッチ間を効率よく移動して，質のよい藻類パッチを選択していると考えられる．実際に，カゲロウ類やトビケラ類の餌探索行動はランダムではなく，藻類パッチの質（現存量や種構成など）にも影響を受けており，枯渇したパッチへの再訪を防ぐなど，ランダムに摂食するよりも効率的に餌を得ている（Poff & Ward, 1992）．カゲロウ類は，報酬量の高いよい付着藻類パッチでは長時間とどまり摂食を行うが，報酬量の少ない餌パッチはすぐに放棄する（Kohler, 1984）．一方，移動能力の高くないヤマトビケラなどの携巣性トビケ

ラは，カゲロウが放棄する報酬量の餌パッチであってもそこにとどまり摂食を続けることが知られている（Kohler, 1992）．

近年では，効率的な餌探索行動を行うために藻類食者が匂い物質（付着藻類キュー）を認識して行動していることがわかってきた．ヤマトビケラを用いた室内実験の結果，ヤマトビケラは上流側に設置された藻類パッチの現存量が高い時には，藻類から出される匂い物質がより多く流下するため，上流にあるパッチを利用するが，現存量が低い場合にはパッチ利用度は減少することがわかった（Doi *et al.*, 2006）．また，上流側に設置された藻類パッチの現存量が高いほど，より巧みに移動し，直線的に藻類パッチにたどり着くことができる（Katano *et al.*, 2009a）．実際の野外河川では，藻類食者の餌探索行動は，探索活動を高める藻類キューの他に，魚類などからの捕食者キューによって探索活動が抑制される（Miyasaka & Nakano, 2001）．これら2つのキューの相互作用に関しては，今後の研究課題であると考えられる．

9.2.3　藻類－藻類食者間の生態化学量ギャップ

被食－捕食関係を考える上で，近年では生態化学量論（ecological stoichiometry）の視点を導入して，炭素（C），窒素（N），リン（P）の比率（C：N：P比）などの複数の元素の化学量バランスが検討されている．河川をはじめとする淡水生態系では，生産者である底生や浮遊性の藻類は，水中の溶存態窒素・リンなどの栄養塩量や光合成活性などによって，大きくC：N：P比を変化させる．一方，底生動物などの消費者はC：N：P比の恒常性が高く，比較的一定に保たれている．よって，生産者のC：N比やC：P比が高いとき（炭素に比べて，窒素・リンが少ない），消費者にとっては，自身の体を構成している元素のC：N比，C：P比と著しく異なる高いC：N比，C：P比を持つ質の悪い餌（窒素・リン含量の足りない）を食べることになり，その化学量のアンバランスが，消費者の成長や再生産を律速する要因になっている（Sterner & Elser, 2002）．今までの生態化学量論の研究の多くは，湖沼生態系，特にミジンコなどの動物プランクトンをモデルとして行われてきたが，近年では，河川生態系においても生態化学量論の研究が進んできた．

藻類食者である巻貝は低いC：P比（炭素に対してリンが多い）の藻類を与えるとよく成長するが，高いC：P比の藻類では成長が律速される（Stelzer &

Lamberti, 2002).餌のC：P比によって成長が制限されることは，多くの消費者でみられている（Sterner & Elser, 2002）．この要因としては，生体内のリンの70％近くがDNAやRNA，リボソームなどの核酸に使われており，リンがリボソームの合成，ひいてはタンパク質の合成を律速しているからであると考えられている（成長速度仮説；Sterner & Elser, 2002）．河川でみられる藻類のC：P比は，藻類食者のC：P比よりも著しく高いことが多く（リンが少ない），河川の藻類食者は常にリンが不足した状態である．また，河川での水生昆虫類は，動物プランクトンに比べてC：P比が高く，この質の悪い餌条件に適応していると考えられる．河川では森林からの落葉などを食べる腐食者も多くみられるが，腐食者はC：P比の成長限界閾値が高く，落葉などのC：P比の高い餌でも成長できるように適応してきたと考えられている（Cross et al., 2005）．以上のことから，河川において，藻類食者や腐食者である底生動物はC：P比の高い質の悪い餌でも成長できるように適応・進化を遂げてきたと考えられる．このように河川の藻類ー藻類食者関係について，生態化学量論の視点を導入することで，成長の阻害要因や化学量による進化・適応について検討することができる．

9.3 河川の食物網構造

9.3.1 河川食物網と物理環境

Vannoteらは，河川上流から下流にかけて変化する物理環境によって，河川生態系の生物群集と食物網構造が流程に沿って変化していく河川連続体仮説を提唱した（Vannote et al., 1980）．この仮説は河川全体の物質動態を説明するには有効であるが，しかし実際には河川の様々な生息場所ごとに食物網が成立している．

河川の特徴的な生息場所区分として，瀬・淵構造がある（Allan & Castillo, 2007）．Finlayらは瀬・淵間での食物網構造の違いを安定同位体比から検討した．その結果，水深が浅く，底生藻類による生産が卓越する瀬においては，その場で生育した藻類由来の餌資源が食物網内でおもに利用される．逆に，水深が深いために光が届きにくく，藻類の生産が抑制されている淵においては，上流の瀬から流れてきた生物や外来性有機物（他の場所で生育する藻類が剥がれて流れてきたもの，もしくは陸上植物由来の落葉落枝）が，ニジマスのような上位捕食者のお

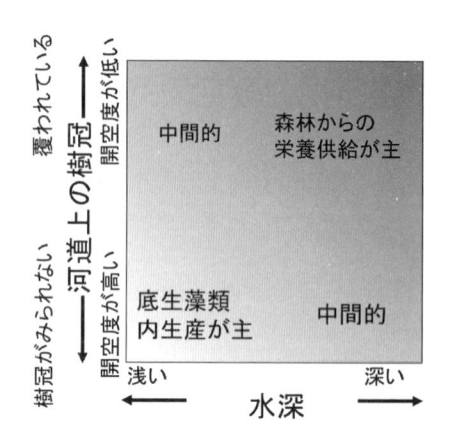

図9.3 河川の物理環境（光と水深）と食物網への外来性と内生産性の資源寄与の変化についての模式図 Doi et al. (2009) を改変.

もな餌資源として利用されていることが明らかとなった（Finlay et al., 2002）.

河道上の樹冠は，落葉・落下昆虫などの餌資源を供給すると同時に，直達光を遮るので，藻類の生産を減少させる（Larned, 2010）．このため，河道に生息する水生昆虫の栄養起源は，上空の樹冠の有無によって大きく異なっていると予想される．土居らは，樹冠の有無による水生昆虫の栄養起源の変化を安定同位体比解析から示し，樹冠がない河川区間からある河川区間にかけて，濾過食者のヒゲナガカワトビケラ（Stenopsyche marmorata）が利用する餌資源が，生息場所で生産される藻類由来から森林の陸上植物由来の有機物へ変化することを明らかにした（Doi et al., 2007）．これらのおもな要因（水深，樹冠）を統合的に整理すると，図9.3のような予測が成り立つ（Doi, 2009）．つまり，水深や樹冠の環境とその組み合わせが，食物網の基盤となる餌資源を変化させると予測できる.

9.3.2 河川の食物連鎖長とその成立要因

何が食物網構造を決めるのか？という問いは，食物連鎖を提唱した Charles S. Elton に始まり，すでに80年以上にわたり生態学における大きな課題の1つとして議論されてきた．なかでも，Elton が提唱した「食物連鎖長（food-chain lengths, 生産者から最上位捕食者までの栄養段階の数（Elton, 1927））」は，食物網構造を検討するのによく用いられており，その長短を説明する多くの仮説が提唱され，実証が試みられてきた．近年では，生産性仮説，生態系サイズ仮説，生産

的空間仮説の3仮説が注目されており，淡水生態系を中心に安定同位体比による検証が行われつつある（Doi et al., 2009）．湖沼や島では，生態系サイズが食物連鎖長を決定する重要な要因になっていることが指摘されている．生態系サイズが大きくなると，生物多様性が高まる，生息場所が増える，個体群動態が安定するなどの効果によって，食物連鎖長が長くなると考えられている．

　河川生態系は他の生態系に比べて，洪水など撹乱の強度が大きく，頻度も高い系であり，古くからその生物群集，食物網構造への影響の重要性が指摘されてきた．そのため，河川では特に，上述の3仮説に加えて，撹乱の影響が議論されている．Sabo らは北米の36河川で，生産性，生態系サイズ，流況の変動と食物連鎖長の関係について検討した結果，生態系サイズと流況変動が大きくなると食物連鎖長が長くなることを示した（Sabo et al., 2010）．このことから，ダム建設による撹乱頻度，強度の変化は食物網構造に大きな影響を及ぼしている可能性がある．また，McHughらもニュージーランドにある15河川で検討した結果，同様に生態系サイズと撹乱が食物連鎖長の決定に重要であることを示した（McHugh et al., 2010）．しかし，Walters と Post は，野外で人工的に撹乱強度を制御して食物連鎖長への撹乱の影響を検討した結果，食物連鎖長には撹乱は影響しないと結論づけている（Walters & Post, 2008）．よって，議論の余地がまだ残されていると考えられるが，河川の食物連鎖長を考えるにあたって，撹乱の効果は無視できないであろう．

9.3.3 食物網と栄養補償

　栄養補償（subsidy）とは，ある生態系（ドナーシステム）から他の生態系への資源の供給のことであるが，河川では特に森林からの栄養補償の効果が検討されてきた．森林からの栄養補償の重要性を検討した例として，北海道大学苫小牧研究林でのビニールハウス実験が世界的にも有名である（中野, 2003）．ビニールハウスを河道上に張ることで，森林と河川の間での生物や物質移動を遮断した．すると，陸上生態系と河川生態系の両方で，食物網構造が変化した．これによって，陸上生態系と河川生態系での落下昆虫，羽化する水生昆虫を介した食物網のつながりの重要性が指摘された．近年では，寄生虫であるハリガネムシが宿主のカマドウマを誘導して河川へ落下させ，捕食性魚類にわたるエネルギーの約60％がそのカマドウマ由来であることが明らかになった（Sato et al., 2011）．これは，寄生

虫の存在が森林から河川への栄養補償に大きな役割を担っていることを示している．今後は，寄生虫の生活史を含めた包括的な食物網動態の検討が，河川食物網をさらに理解するうえで重要かもしれない．

　河川では，おもに森林からの栄養補償の効果が検討されてきたが，湖沼からの栄養補償は重要だろうか？ダムのある河川においては，ダム湖内で植物・動物プランクトンが生産されており，それが下流河川に流れ込む．ダム下流河川での食物網の変化を，安定同位体比を用いて検討した研究（Doi et al., 2008）では，ダム直下では濾過食者で60%近くの餌資源が，ダム湖からのプランクトンに依存していることが明らかとなった（図9.4）．また，底生動物群集における濾過食者の比率は，ダム直下では多くなることがわかった（図9.4）．Katano et al.（2009b）は，ダム下流における底生動物群集の変化とダム湖からのプランクトン量や他の環境要因との関係を解析し，底生動物群集の構造決定にはプランクトン量が強い要因を持つことを明らかにした．このように，ダム建設の下流河川への影響は，従来知られていた底質の粗粒化，流況の変化，河川水温低下など物理化学的な環境変化だけでない．ダム湖からもたらされるプランクトンによる栄養補償が食物網構

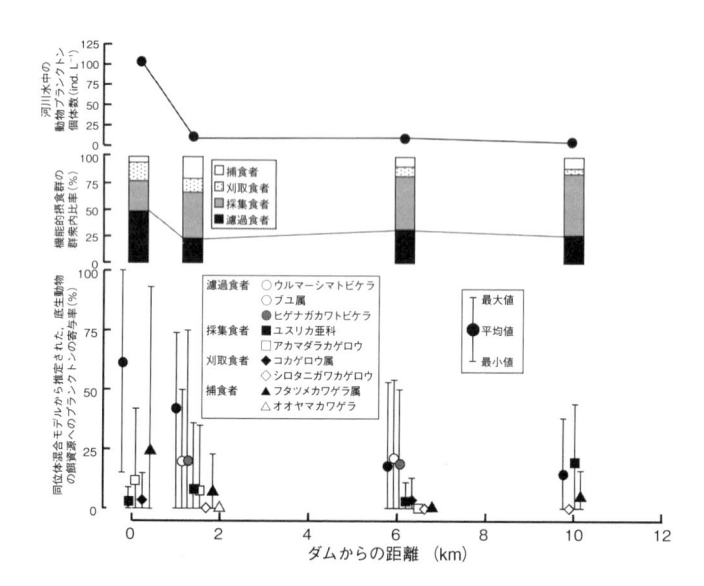

図9.4　ダムからの距離と河川水中の動物プランクトン個体数（上段），底生動物群集での機能的摂食群の割合（中段），底生動物の餌資源としてのプランクトンの寄与率（下段）
Doi et al.（2008）を改変.

造を大きく改変し，それによって群集構造までもが改変されていることが明らかとなった．

9.4 今後の課題と展望

　本章では，特に底生動物群集を中心とした，河川における被食一捕食関係と食物網についての最新の研究例を紹介した．今回紹介した内容は，ある1生息場所や河川を対象にした研究によるものが多かったが，生息場所や河川は流域という1つのネットワークとして相互につながっている．流域レベルでは，地理情報システム（GIS）などを使った景観生態学的な研究が進んでいるが，食物網構造への影響については，あまり研究が進んでいない．河川食物網は上流と下流，支流と本流などの広い範囲で相互に影響しあっており，河川食物網のより深い理解には，空間的な広がりや階層性について，研究を進める必要がある．近年では，生態学的化学量論や安定同位体比解析などの新しい手法が食物網を検討するために用いられている．これらの手法はこれまで，研究に取り入れること自体に新規性があった．しかし，今後はこれらの手法と野外大規模実験や室内実験を組み合わせることで，さらに新たな知見が得られていくことであろう．

　近年では，ダム建設，河道低下，氾濫原の減少など，河川生態系が多くの人為的改変にさらされている．本章で紹介したようにダム下流域では，ダム建設による流砂の減少，洪水頻度・規模の低下など物理的な要因からだけでなく，ダム湖で生産されるプランクトンが流下するという生物的なプロセスが，食物網・群集構造に大きな影響を及ぼしている．今後は人為的改変による物理的な要因のみならず，エネルギー流や生物移動の変化が食物網を介して，生物群集や生態系機能にどのような影響を及ぼすかについても十分に検討していく必要がある．

　河川の被食一捕食関係と食物網については，今後も生態学の1モデル系として発展が望まれる分野である．同時に，応用的な側面や生態系を評価するという観点から，被食一捕食関係と食物網を考慮する必要性がますます高まっていくであろう．

第10章 河川の炭素循環

岩田智也

10.1 生態系の炭素循環

　温室効果ガスの濃度上昇に伴い,炭素循環に対する関心が高まっている.炭素循環プロセスの理解には,様々な生態系で炭素の移出入を測定することが重要である.生態系への炭素の移出入には,非生物要因による炭素の移動と生物による炭素代謝があり,各フラックスの大きさは時間的・空間的に大きく異なっている (Schlesinger, 1997).非生物要因による炭素の移動には,水・大気による輸送,溶解・拡散,化学風化に伴う地圏からの溶出,炭酸塩の沈殿・堆積,火山活動による大気への放出,森林火災による有機物の燃焼などが含まれる.生物による炭素代謝には,おもに無機物から有機物を生合成する同化と,有機物を無機物へと酸化してエネルギーを取り出す異化がある.

　同化では酸素発生型光合成(以下,光合成)が,異化では好気呼吸が炭素循環にかかわる最も重要な反応である.光合成は,緑色植物や藻類が光エネルギーを利用して水を分解し,得られた還元物質(NADPH)を使ってCO_2から有機物を生成するプロセスである.この反応では,水の分解に伴い酸素が生成する.光合成により生産された有機物は,生体の構成や成長・増殖に用いられるほか,呼吸基質にも使われる.これとは反対に,有機物の分解により生成した還元物質(NADH)をO_2で酸化し,ATP を合成する反応が好気呼吸である.この反応では,有機物分解に伴いCO_2が生成する.好気呼吸は,真核生物や多くの原核生物が行う異化代謝であり,これらの生物は ATP を分解して得たエネルギーを生命活動に利用している.光合成と好気呼吸の炭素,水素および酸素の収支式は,次の通りである.

$$6CO_2 + 12H_2O \iff C_6H_{12}O_6 + 6H_2O + 6O_2 \qquad (10.1)$$

左から右への反応が光合成,右から左への反応が好気呼吸である.

10.2 生態系代謝

　光合成や呼吸は細胞内で起きる代謝反応であるが，微小な生体反応の総和として生物群集全体が生態系の物質循環を駆動している．このような生命活動によって生じる生態系スケールの物質移動を，生態系代謝と呼んでいる．生態系代謝のなかで重要なフラックスは，総生産（GPP；gross primary production），純一次生産（NPP；net primary production），群集呼吸（CR；community respiration）および純生態系生産（NEP；net ecosystem production）である．生産者が一定時間に生産する有機物の総量が，総生産である（図10.1）．総生産は，すべての生命活動を支える炭素フラックスであり，光合成による有機物生産がそのほとんどを占める．総生産の一部は生産者自身の呼吸（R_a）により消費され，残りの有機物量が純一次生産（NPP＝GPP－R_a）となる（図10.1）．NPPの一部は植食者や腐食者に消費され，肉食者へと食物連鎖を伝播する．消費された有機物の一部は，さらに従属栄養生物の呼吸（R_h）によって無機化されていく（図10.1）．すべての生物による呼吸，すなわちR_aとR_hの総和が群集呼吸（CR＝R_a＋R_h）であり，総生産と群集呼吸の差が純生態系生産（NEP＝GPP－CR）である．以上を整理すると，次のように示すことができる．

$$NEP = GPP - CR = GPP - R_a - R_h = NPP - R_h \quad (10.2)$$

NEPは，一定時間中に生態系内に吸収された正味の炭素量（炭素収支）に相当する．すなわち，NEPが正の生態系（GPP＞CR）には炭素が蓄積し，負の生態系

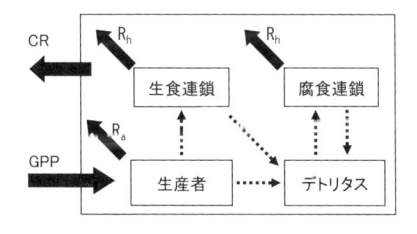

図10.1　生態系の炭素代謝
　　図の太線はCO_2の移動を，破線は有機物の移動を示す．総生産（GPP）は生産者自身の呼吸（R_a）によって無機化され，残りの純一次生産（NPP＝GPP－R_a）の一部が生食連鎖と腐食連鎖を伝播する．この過程で，消費者の呼吸（R_h）によっても有機物は無機化されていく．GPPと群集呼吸（CR＝R_a＋R_h）の差が純生態系生産（NEP＝GPP－CR）であり，一定時間中に生態系内に蓄積された炭素量を示す．

(GPP＜CR) は炭素を放出していることになる．各生態系の炭素収支を把握するためには，NEPを直接測定する方法以外に，(10.2) 式で示した項目から推定することもある．

10.3 様々な生態系の代謝速度

　森林や海洋の生態系代謝は，古くから観測が続けられてきた．森と海の生産・呼吸が，地球全体の炭素バランスに大きく寄与しているからである．森林の生産はおもに緑色植物によるが, そのNPP（炭素換算で $1\times10^2\sim1\times10^3$ gC m^{-2} year^{-1}, gCはグラムカーボンを指す) の合計は地球全体のNPPの40〜50％にも達している（Lieth & Whittaker, 1975）．一方，外洋域のおもな生産者は植物プランクトンであり，面積あたりのNPP（$\sim1\times10^2$ gC m^{-2} year^{-1}）は森林より低い．しかし，面積が広大であるために，海洋のNPPの合計は地球全体の約25％を占めるに至っている．これらとは対照的に，水系（河川や湖沼）の代謝速度については推定値が少ない．そのため，川や湖は陸域から流出した物質を海洋へと運ぶ「導管」とみなされることが多かった．例えば，世界の主要大河川は0.59〜0.83 PgC/年の炭素を海洋に輸送しているが（PgCはペタグラムカーボンを指す．1 PgC＝1×10^{15} gC），このほとんどが陸起源の炭素であると考えられてきた（Cole et al., 2007）．つまり，これら河川から海洋へのC輸送量が，陸域から河川へのC流出量に等しいとされてきたのである（例えば，Denman et al., 2007）．ところが最近になって，多くの河川では溶存CO_2分圧が過飽和であり，水面からCO_2が放出されていることが明らかとなってきた（Cole & Caraco, 2001；Richey et al., 2002）．つまり，河川内の有機物分解などにより生成したCO_2が，水系から大気へ移動していたのである．これらの発見を契機に，河川は活発な反応系として機能していると考えられるようになってきた．

　Cole et al.（2007）は，この新しい知見を基に水系の炭素フラックスを見直し，陸域から水系への炭素流出量を1.9 PgC/年と推定している．そのうち0.75 PgCはCO_2として大気に脱ガスし，0.23 PgCの有機炭素が河川や湖沼の堆積物中に隔離され，残りの0.9 PgCが海洋への輸送量と見積もっている．これは大雑把な推定値ではあるが，水系内での炭素の消失量（脱ガスと堆積）が海洋への輸送量

に匹敵する可能性を示すものである．また，陸域から水系への 1.9 PgC/年の流出は，陸域のグローバル NEP（1〜4 PgC/年）の 50〜200% にも達している．このことは，陸域から水系への炭素の流出と，水系から大気への脱ガス速度とのバランスによっては，陸域の NEP の符号が正から負へと逆転し得ることを意味している．このように水系の機能が重要視されるに従い，陸域と水系を統合した流域単位での観測が行われるようになってきた（例えば，Dinsmore et al., 2010；Buhham et al., 2011）．

しかしながら，河川の生態系代謝に関する知見は圧倒的に不足している．Battin et al.（2008）は熱帯，温帯，半乾燥地帯の小・中河川と河口域を対象とした先行研究の結果を用いて，河川のグローバル NEP を -0.63 PgC/年と見積もっている．これは，Cole et al.（2007）が試算した水系から大気への CO_2 フラックス（0.75 PgC/年）に近い値であり，全体として河川が CO_2 の放出源であることを示すものである．しかし，この推定値はごく限られた河川のデータを基にしており，水系網の生態系代謝が陸域表層の炭素循環とどう関連しているのか，まだ明らかにはなっていないのである．

10.4 河川の生態系代謝

10.4.1 代謝速度の測定手法

河川生態系の代謝速度は，酸素(O_2)，二酸化炭素(CO_2)，有機態炭素($C_6H_{12}O_6$)のいずれかの変化速度がわかれば推定可能である（(10.1)式参照）．このうち，ウィンクラー滴定法や酸素電極で容易に測定可能な溶存酸素濃度（DO；dissolved oxygen）を用いた手法が最も普及している．

DO を用いた測定には，密閉容器に河川水と河床材料（河川生物のおもな生息基質）を入れて DO 変化を計測するチャンバー法と，河川の DO 変化を現場で連続的に観測するマスバランス法（open-system method）がある．チャンバー法は，小空間スケールの代謝を短時間で見積もるのに適している．しかし，密閉容器による光環境の変化や栄養塩の供給停止などにより，容器内の生物の代謝速度が低下することが指摘されている（Hall et al., 2007）．また，過飽和状態で容器内の酸素が気泡状になると酸素濃度の変化が計測できない点や，容器に河川生物群

集を的確に移すことが困難な点など，技術的な問題点も多い．さらに，河川は地形や流れの変化が大きいため，小さなチャンバーで得られた値からより大きな空間スケールの生物活性を評価することは難しい．このような理由により，次に示すマスバランス法による代謝速度の推定が海外では主流となっている．

10.4.2 マスバランス法

マスバランス法は，河川の DO 変化を生物代謝と大気・地下水との O_2 交換で記述し，それらの収支から代謝速度を推定する方法である（Odum, 1956）．本法は，容器内に生物を閉じ込めることなく河川全体（水柱，川底，河床間隙）の代謝速度が推定でき，さらに長時間の連続観測も可能である．しかし，国内では本手法による計測例はほとんどない（人工河川では，萱場（2005）を参照）．

マスバランス法では2つの方法がよく採用される．1つめは，河川の一地点で溶存酸素濃度 C を連続観測し，その時間変化から代謝速度を推定する一点計測法である（図 10.2）．観測地点における C（gO_2/m^3）の時間変化は，次のように表すことができる．

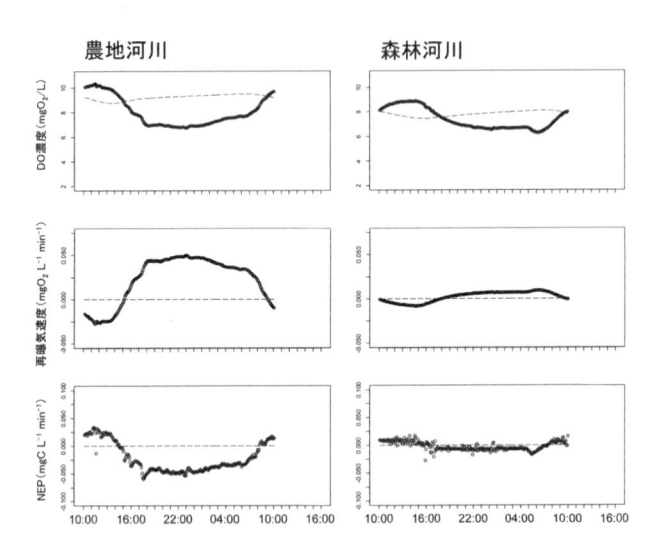

図 10.2 農地河川（山梨県神明川）と森林河川（山梨県富士川鹿島地区）の溶存酸素濃度 DO，再曝気速度 $k_2(C_S-C)$ および純生態系生産 NEP の日変化
　一点計測法による観測結果を示している．破線は，上段の図では飽和溶存酸素濃度 C_S を示し，中段と下段の図ではそれぞれ再曝気速度と NEP がゼロのラインを示している．

$$\frac{dC}{dt} = k_2(C_S - C) + \frac{P - R}{z} \quad (10.3)$$

P は総生産による O_2 生産速度，R は群集呼吸による O_2 消費速度（単位はともに $gO_2\,m^{-2}\,min^{-1}$），z は平均水深（m）である．また，右辺第一項は大気－河川間の O_2 交換速度を示し，C_S は現場における飽和溶存酸素濃度（gO_2/m^3），k_2 は気液間の O_2 移動速度を表す再曝気係数（min^{-1}）である．すなわち，O_2 分子は $C_S > C$ の時に飽和濃度に対する不足量に応じて大気から河川に移動し，$C_S < C$ の時には過飽和分が水面から脱ガスする（図 10.2）．時刻 t における純生態系代謝を NEP_t（$= P - R$）とし，飽和濃度に対する DO の過不足量を D（$= C_S - C$）とおくと，(10.3) 式は次のように整理できる．

$$NEP_t = \left(\frac{C_{t+1} - C_t}{\Delta t} - k_2 D\right)z \quad (10.4)$$

C_t と C_{t+1} は時刻 t および $t+1$ における DO 濃度を示し，Δt は計測間隔（min）である．光合成が停止する夜間（$P=0$）の観測データを (10.4) 式に適用すると，呼吸速度 R が推定できる．また，夜間の呼吸速度の平均値 R_{avg} を日中に適用すると，昼間の観測データから P の推定が可能となる（$P_t = NEP_t + R_{avg}$；図 10.2）．なお，水温が異なる日中と夜間で R が等しいとは仮定せず，代謝速度の熱力学的な温度依存性を考慮した補正式から温度 T における呼吸 R_T を推定する場合もある（Gillooly et al., 2001）．最後に，P と R_{avg}（または R_T）を 24 時間分合計し，日総生産速度 GPP と日群集呼吸速度 CR（$gO_2\,m^{-2}\,day^{-1}$）の推定値を得る．なお，酸素代謝速度を炭素換算する場合には，光合成商（PQ＝O_2 排出量/CO_2 消費量＝1.0～1.4）や呼吸商（RQ＝CO_2 排出量/O_2 消費量＝0.8～1.2）を考慮する場合が多い．

　マスバランス法におけるもう 1 つの観測方法は，対象区間の上流端 A と下流端 B で DO 濃度を連続観測し，酸素通過量の差から AB 間の代謝速度を推定する二点計測法である．二点計測法における NEP_t は，次式で求めることができる．

$$NEP_t = \left(\frac{C_B - C_A}{\tau} - k_2 D\right)z \quad (10.5)$$

C_A と C_B は水塊が地点 A と地点 B を通過する際の DO 濃度であり，τ は AB 間の流下時間（min）である．二点計測法では，τ を推定するために AB 区間の流速分布を丹念に計測するか，トレーサーを投入して流下時間を計測する必要がある

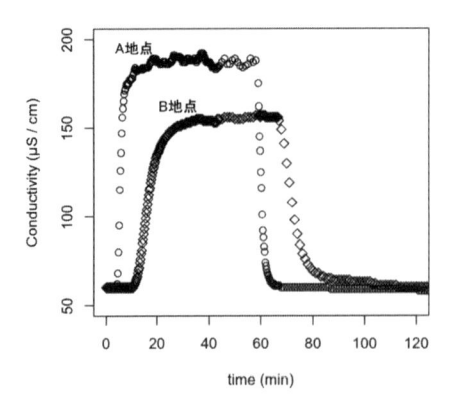

図 10.3 保存性トレーサーの投入による流下時間と地下水流入の推定
河川上流に NaCl を一定速度で投入し，調査区間の上流地点 A（○）と下流地点 B（◇）で電気伝導度（conductivity）の変動を計測している．投入した NaCl の 50% 通過時刻の差から AB 間の流下時間が推定でき，定常状態時の電気伝導度の比（溶質の希釈率）から AB 間における地下水流入の程度が推定できる．

（図 10.3）．また，DO 濃度の低い地下水が河川に流入している場合には，CR と GPP がそれぞれ過大および過小推定になるため，地下水の流入量 Q_g（m^3/min）と DO 濃度 C_g（gO$_2$/m^3）を考慮に入れて NEP$_t$ を見積もる式も考案されている (Hall & Tank, 2005)．いずれの方法においても，計測に酸素電極を用いる場合には，機器の校正を厳密に行うことが重要である．

10.4.3 各計測法の適用条件

一点計測法は，一地点の観測で代謝速度を推定できることから，限られた予算・時間で多地点調査を行う場合に適している．また，観測地点から上流に最大 $3u/k_2$ の河川区間（u：平均流速）が DO 値に影響を及ぼしうるため (Chapra & DiToro, 1991)，均質な環境が長く連続する河川区間に適しているだろう．反対に，流程に沿って環境が大きく変化する河川では，一点計測法の適用は難しい．

二点計測法は観測にかかる労力は大きいが，代謝速度の推定区間を任意に定められる点が大きなメリットである．また，大気との O$_2$ 交換が早い河川や生産性の低い河川では，一点計測法より推定精度が高いと言われている (Young & Huryn, 1999)．一方で，一点法と二点法で代謝速度の推定値に大きな差はなく，むしろ O$_2$ 交換量の少ない河川に二点計測法が適しているとの指摘もある（Hall et al., 2007). ただし，どちらの方法でも，DOが飽和濃度に近く日変化の少ない河川や，O_2交換速度が早い河川での適用は難しい（McCutchan et al., 1998). また，代謝速度の推定結果は，次に示す再曝気係数k_2の推定値に大きく影響される．

10.4.4 再曝気係数の推定

再曝気係数k_2は，河川の水質汚濁防止に深くかかわる係数であるため，古くから様々な推定方法が開発されてきた．おもな手法として，ガストレーサー法，回帰式法および経験式法の3つを紹介する．各手法の適用条件は十分には整理されていないが，特にガス交換の活発な小河川ではガストレーサー法による推定が推奨されている（Marzolf et al., 1994).

ガストレーサー法では，揮散性のガスを河川に投入し河川区間ABにおけるガス濃度Gの減少値から再曝気係数k_{tracer}を推定する．トレーサーガスにはプロパン（C_3H_8）や六フッ化硫黄（SF_6）がよく用いられる．このとき，地下水流入によるガス濃度の希釈分を補正するため，生物・化学的プロセスによって濃度が変化しない保存性トレーサー（NaClなど）が同時に投入される（図10.3, Genereux & Hemond, 1992).

$$k_{tracer} = \frac{1}{\tau} \ln\left(\frac{G_A C'_B}{G_B C'_A}\right) \quad (10.6)$$

τとC'は保存性トレーサーの流下時間（min）と濃度である．O_2の再曝気係数k_2は，実験的に求められたO_2とトレーサーガスの再曝気係数の比（例えば，$k_2/k_{propane}=1.39$；Rathbun et al., 1978）を乗じて推定する．

ガストレーサー法が適用できない河川では，回帰式法や経験式法を用いることが多い．回帰式法は，夜間におけるDO変化速度dC/dtを目的変数とし，飽和濃度に対するDOの過不足量（C_S-C）を説明変数とすると，両者の観測値から得られる回帰直線の傾きがk_2に相当することを利用した推定方法である（式(10.3) と図10.4参照).

一方，経験式法は水温20℃における再曝気係数$k_{2(20)}$を平均流速uと平均水深zを用いた経験式から推定する．

$$k_{2(20)} = au^b z^c \quad (10.7)$$

ここに，a, b, cは定数であり，様々な値が提唱されている（Iwata et al., 2007).

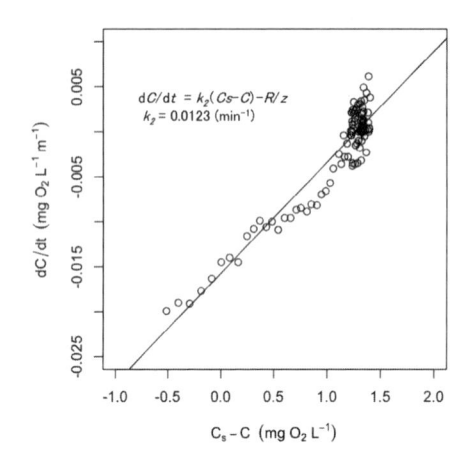

図 10.4 回帰式法による再曝気係数 k_2 の推定
夜間における溶存酸素濃度（DO）の時間変化（dC/dt）と飽和濃度に対する DO 濃度の過不足量（C_S-C）をプロットし，両者の回帰式から k_2 を推定している．図は，山梨県笛吹川の観測結果．

ただし，本法は k_2 を低く見積もる傾向があり，代謝速度も過小推定になりやすい．なお，水温 T℃における再曝気係数 $k_{2(T)}$ は，水温 20℃の再曝気係数 $k_{2(20)}$ と温度補正係数（1.024）から推定することが多い（Elmore & West, 1961）．

$$k_{2(T)} = k_{2(20)} \times 1.024^{(T-20)} \tag{10.8}$$

このほかにも，太陽の正中時刻と河川の DO が最大値をとる時刻との差から k_2 を推定する近似デルタ法（McBride & Chapra, 2005）や，DO，光，水温の日変化からベイズ統計により k_2，GPP，CR を同時推定する方法なども開発されている（Holtgrieve et al., 2010）．

10.5 河川における生態系代謝の日周パターン

著者が山梨県富士川水系の 44 河川で実施した調査結果（一点計測法により 5 分間隔で測定）を紹介しながら，河川における生態系代謝のパターンを見ていこう．観測データでは，光合成活性が上昇する日中に NEP は上昇し，夜間には呼吸により低下して負の値を示している（図 10.2）．この NEP の日変化から総生産速度 P を推定し，光合成有効放射量（波長 400〜700 nm の光量子量，PAR）と

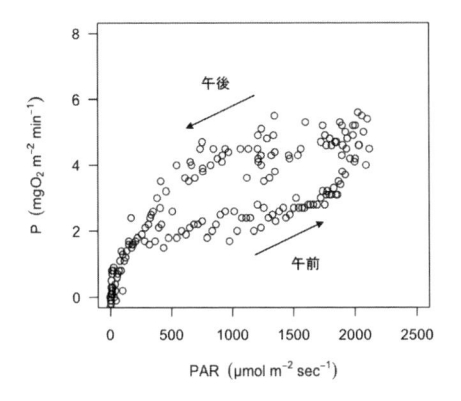

図 10.5 山梨県内の小河川（田草川，農地河川）で観測した光合成有効放射（PAR）と光合成速度（P）の関係
午前と午後で異なる軌道を描くヒステリシス（履歴現象）が見られる．

の関係を示したものが図 10.5 である．光量の増加に伴い P も増加するが，次第にその傾きは緩くなり一定値へと近づいている．すなわち，光−光合成曲線における光飽和が生態系スケールでも顕在し，この状態で炭酸固定が最速で反応していることを示唆している．しかし，同じ河川でも曲線の軌道が 2 つ存在し（図 10.5），午前から昼にかけて P が下側の軌道に沿って上昇し，午後から夕方には上側の軌道に沿って低下するパターンが見られた．これは水温が高くなる午後に光合成活性が上昇するためだろう．このような午前と午後で軌道の異なるヒステリシス（履歴現象）は他の調査河川でも観測されている．一方で，曲線の初期勾配は午前と午後に違いはなく，弱光下では光が反応を律速するという光合成の一般傾向に合致している（Kirk, 1983）．そこで，午後の観測データを用いて，各河川の光-光合成曲線を次の近似式（Platt & Jassby, 1976）で推定した（図 10.6）．

$$P = P_{max} \tanh\left(\frac{\alpha \text{PAR}}{P_{max}}\right) \tag{10.9}$$

P_{max} は最大光合成速度（μmol-O_2 m^{-2} s^{-1}），PAR は光合成有効放射（μmol-photon m^{-2} s^{-1}），α は曲線の初期勾配（mol-O_2/mol-photon）である．初期勾配 α は，1 光量子あたりの O_2 生成量を表す量子収率の推定値でもある．ただし，野外環境で光合成色素が吸収した光量子量を定量することは難しく，得られた α が正確な量子収率を示すわけではない．しかしながら光量の少ない河川ほど α が高い傾向があり（$r = -0.66$, $n = 35$, $p < 0.05$），源流河川などの弱光下では底生

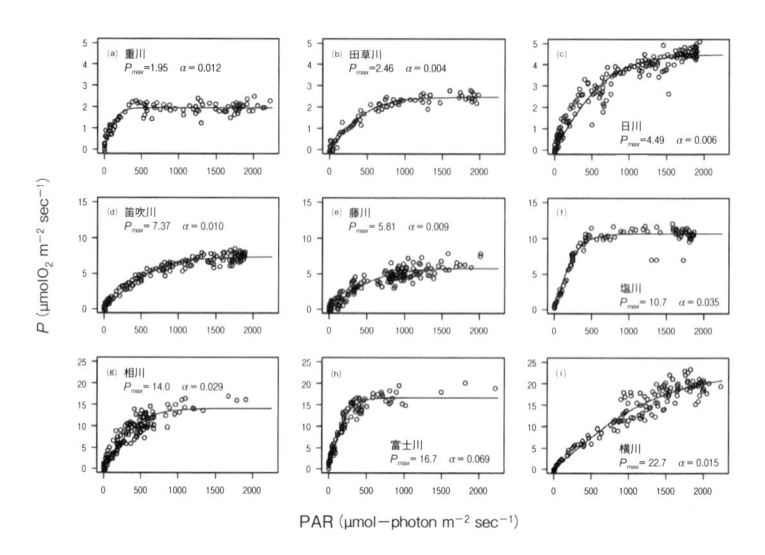

図 10.6　観測データを基に作成した光－光合成曲線
図は午後の観測データを基に作成している．

藻類が高い光利用効率で有機物生産を行っていることが示唆された．もし，河川環境に対する藻類の生理的・生化学的応答がこのように高次の階層スケール（生態系）でもみられるのであれば，細胞・個体レベルと生態系レベルを繋ぐ代謝のスケール則を見出すことで，より大空間スケールにおける炭素循環を機械的に予測することが可能になるかもしれない．

10.6　河川における生態系代謝の空間パターン

NEP の日変化から GPP と CR を推定したところ，森林河川の生態系代謝は河川次数（川の大きさを示す指数）とともに上昇していた（図 10.7）．1〜2 次の小河川における GPP と CR の平均値はともに $0.5\,\mathrm{gC\,m^{-2}\,d^{-1}}$ を下回っているのに対し，最下流の 5〜6 次河川は $>3\,\mathrm{gC\,m^{-2}\,d^{-1}}$ を示している．また，周囲の土地利用も強く影響しており，農地・市街地河川で GPP と CR が大幅に上昇し，特に市街地では小河川の代謝速度が非常に速い（図 10.7）．一般に河川の生物活性には，光，水温，無機栄養塩が影響するが，中・下流河川は源流河川と比べて川幅

が広く，直達光の増加とともに水温も高くなるために代謝速度も上昇するのだろう．また，河畔域の土地開発は光量や水温を上昇させるだけでなく，栄養塩や有機物を河川に供給することでも生物活性を大きく上昇させていると考えられる (Young & Huryn, 1999)．

　生産と呼吸のバランスも，河川の大きさによって変化する（図 10.8）．GPP/CR 比は流量〜1 m^3/s 未満の小河川で 1 以下（NEP<0）を示し，呼吸が生産を上回っていた．これは，生産性の低い源流河川では陸上有機物が従属栄養生

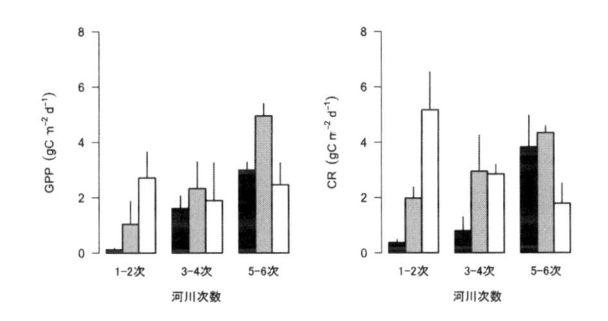

図 10.7 河川次数と土地利用が生態系代謝（総生産 GPP および群集呼吸 CR）に及ぼす影響
　　　黒：森林河川，灰：農地河川，白：市街地河川．図には，光合成商（PQ=1.2）と呼吸商（RQ=0.85）を用いて炭素換算した代謝速度の平均値と標準誤差を示した．河川次数は大まかに，1〜2 次が上流河川，3〜4 次が中流河川，5〜6 次が下流河川に相当する．図は，山梨県富士川水系の 44 河川における観測結果を基に作成．

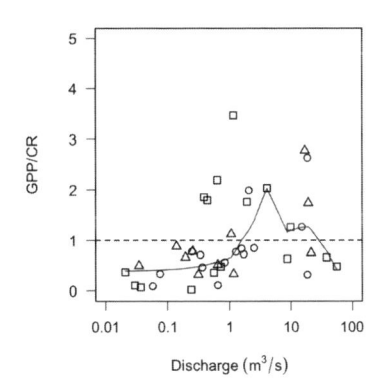

図 10.8 河川流量（discharge）と GPP/CR 比の関係
　　　□森林河川，○農地河川，△市街地河川．図の実線は LOWESS による平滑化曲線を示し，破線は GPP/CR=1（すなわち NEP=0）のラインを示す．図は，山梨県富士川水系の 44 河川の観測結果を基に作成．

物の重要なエネルギー源であり，その分解により呼吸が生産を上回ると予測した河川連続体仮説に一致している（Vannote et al., 1980）．一方で，生産性の高い農地や市街地の小河川でも GPP/CR 比 <1 を示した．これは，人間活動に由来する易分解性の有機物が農地や都市部から大量に流入し，従属栄養微生物によって活発に分解されているためだろう（Iwata et al., 2007）．流量～ 1 m^3/s 以上の中規模河川では GPP/CR 比 >1 の河川が増え始めるが，流量が～10 m^3/s 以上になるとふたたび GPP/CR 比 <1 の川が多くなる（図 10.8）．このことから，中流域では光合成活性が上昇するものの，より下流では深い水深による光の減衰や上流からの有機物負荷の増加により，呼吸が生産を上回るようになると考えられる．中流域で GPP/CR 比がピークを示す代謝バランスの流程変化は，河川連続体仮説（Vannote et al., 1980）に概ね一致するものである．この結果は，国内河川においても河川連続体仮説が鍵概念として有効であることを示す実証データと言えるだろう．

最後に，GPP と CR に窒素（N）とリン（P）の比が関与している可能性を提示する．海洋や湖沼では，栄養塩の量比が制限栄養元素をしばしば変化させる．例えば，植物プランクトンの細胞は窒素とリンの構成比がおよそ 16：1（原子比）であり，環境からもそれに近い比率で N と P を取り込むことが知られている（Redfield, 1958）．このため，N/P 比≫16 の環境では P が枯渇して生長が低下するのに対し，N/P 比≪16 の環境では N 不足により生長が制限される．このような N/P 比による化学量論的な生長制限は，底生藻類でも報告されている（Hillebrand & Sommer, 1999）．そこで河川中の窒素とリンの比に対し GPP と

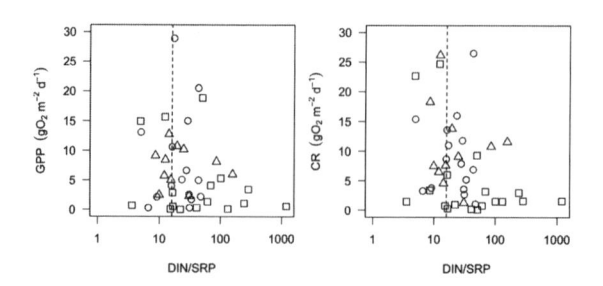

図10.9 河川の DIN（溶存無機態窒素）と SRP（溶存反応性リン）の比が GPP と CR に及ぼす影響
　　　　□森林河川，○農地河川，△市街地河川．図の破線は N/P 比＝16（原子比）のラインを示す．図は，山梨県富士川水系の 44 河川の観測結果を基に作成．

CR をプロットすると，N/P 比が 16 付近にピークを持つ一山型の分布を示した（図 10.9）．このことから，ピーク付近の河川では栄養塩による制限が小さく，光と温度が至適であれば生物活性が大幅に上昇すると考えられる．この結果は，栄養元素の量比を手がかりに生態系機能を紐解く生態化学量論の考え方（Sterner & Elser, 2002）を，河川の炭素循環にも適用できる可能性を示唆している．

10.7 おわりに

富士川水系の全調査河川の平均値は，GPP と CR がそれぞれ 2.00 ± 0.31 $gC\,m^{-2}\,d^{-1}$（平均±SE）と $2.45\pm0.35\,gC\,m^{-2}\,d^{-1}$ であり，NEP は -0.45 $gC\,m^{-2}\,d^{-1}$ と負の値を示した．これらを Battin *et al.* (2008) が整理した海外河川の平均値と比べると，GPP はほぼ等しく，CR はおよそ 1/2 の速度である．このような河川内での炭素代謝が陸域の炭素循環に果たす役割を定量的に示すためには，GPP と CR の空間パターンを定式化し，水系網全体の炭素代謝量を推定する必要があるだろう．しかしながら，国内はもとより海外でも河川の代謝を多地点で測定した研究は少なく，流域スケールの生産と呼吸は推定できていない．本章で示した観測手法を用いながら数多くのデータを蓄積し，炭素代謝速度に影響を及ぼす要因（光，水温，N/P バランスなど）を明示的に組み入れた予測モデルを構築していくことが必要であろう．

第11章 同位体の利用法

陀安一郎・苅部甚一・石川尚人

11.1 はじめに

　同位体とは，陽子の数が同じであるが中性子の数の異なる原子のことを指す．そのうち，時間が経っても変化しないものを安定同位体（stable isotope），時間が経つと崩壊するものを放射性同位体（radio isotope）と呼ぶ．どの元素に安定同位体や放射性同位体が存在するかは，元素の性質として決まっている．分子を構成する原子はこれらの組み合わせでできており，さらに生物はいろいろな分子によって構成されている．したがって，化学物質においても生物においても各元素の同位体存在割合を測定することができる．これらの情報を用いた研究は同位体生物地球化学や同位体生態学と呼ばれ，近年急速な発展を遂げている（Fry, 2006；南川・吉岡，2006；Michener & Lajtha, 2007；Ohkouchi et al., 2010）．淡水生物学においても，同位体情報は重要な役割を果たすようになってきた．本章では，同位体手法の基本について解説したあと，湖沼生態系，続いて河川生態系において行われた研究に関して概説を行う．

11.2 同位体比の定義

11.2.1 安定同位体比

　淡水生物学でおもに用いられる元素は，水素（H），炭素（C），窒素（N），酸素（O），イオウ（S）といった軽元素と呼ばれるものである．特に，炭素と窒素の安定同位体が最もよく用いられており，本章でも炭素と窒素の安定同位体を中心として解説する．淡水生物学で重要な元素であるリン（P）については，残念ながら安定同位体が1種類しか存在しないため，リンの安定同位体を用いた研究はできない．

安定同位体の存在量は各元素によって異なるが，表 11.1 に示すように少ない方の同位体存在量はわずかである．さらに，生物間においてこれらの安定同位体の存在量の変化はごく小さい．そこで，安定同位体比は目的の測定試料中に存在する同位体存在比が，各元素によって決められた標準物質（表 11.1）の同位体存在比に比べてどれだけずれているかを千分率で表現する（Coplen, 2011）．例えば同じ 6 個の陽子を持つ炭素に関して，炭素同位体比は中性子を 6 個持つ炭素 12（^{12}C）と中性子を 7 個持つ炭素 13（^{13}C）の比率として，

$$\delta^{13}C_{測定試料} = \frac{\left[\frac{^{13}C}{^{12}C}\right]_{測定試料}}{\left[\frac{^{13}C}{^{12}C}\right]_{標準物質}} - 1 \tag{11.1}$$

で定義される（単位は‰，パーミル）．

表 11.1 「生元素」の安定同位体および放射性炭素 ^{14}C

元素名	標準物質およびその同位体存在割合	
水素（H）	標準海水（VSMOW）	
	^{1}H	99.984%
	^{2}H*	0.016%
炭素（C）	矢石（VPDB）	
	^{12}C	98.894%
	^{13}C	1.106%
	^{14}C**	1.2×10^{-10}%
窒素（N）	空中窒素（Air）	
	^{14}N	99.634%
	^{15}N	0.366%
酸素（O）	標準海水（VSMOW）	
	^{16}O	99.762%
	^{17}O	0.038%
	^{18}O	0.200%
イオウ（S）	トロイライト（VCDT）	
	^{32}S	95.040%
	^{33}S	0.749%
	^{34}S	4.197%
	^{35}S	0.015%

* ^{2}H は D とも書く．
** ^{14}C は放射性同位体．
各元素に関して，標準物質として定められている物質，およびその同位体存在割合を Coplen et al.（2002）に従って示す．ただし，^{14}C に関しては，現在の大気 CO_2 中に含まれている濃度を示す．

生物体の炭素・窒素安定同位体比は，体組織の一部を燃焼し，生成した CO_2，N_2 を用いて測定する．安定同位体比は，例えば大気中の二酸化炭素（CO_2）が植物の光合成によって固定されブドウ糖（$C_6H_{12}O_6$）になるというような化学変化の過程で変化する．その原理は，質量数の違いによる反応速度の差に起因している．簡単に言えば，質量の小さい物質ほど拡散速度や反応速度が速いため，反応の初期にできる産物（生成物）の同位体は軽いものが多くなり，生成物の同位体比は低くなる．これを同位体分別（isotopic fractionation）という．同位体分別に関しては永田・宮島（2008）を参考にされたい．

　生態系の炭素同位体比は，一次生産者である植物が決定する．陸域生態系においては樹木や一般の草本である C3 植物の典型的な炭素同位体比（$\delta^{13}C$）は -27 ‰～-25 ‰程度（範囲としては -35 ‰～-20 ‰）である．熱帯草原のイネ科草本などに多い C4 植物は，典型的には -13 ‰～-11 ‰程度（範囲としては -14～-9 ‰）である（Deines, 1980）．一方，水域生態系では，一般に付着藻類と植物プランクトンの炭素同位体比は異なるため，沖帯と沿岸帯の食物網を分けることができる（11.3 参照）．しかし，陸域生態系と異なり水域生態系では付着藻類や植物プランクトンなどの一次生産者の炭素同位体比が大きく時間・空間的に変動することがある（11.4.1 参照）．

　一次生産者（植物）を起点として，植食者（一次消費者），捕食者（二次消費者），さらなる高次捕食者へと繋がる食物網構造を研究するためには，動物の同位体比が餌の同位体比をどのように反映するかを考える必要がある．この同位体比の変化を濃縮係数といい，元素 X についての濃縮係数を Δ または $\Delta\delta X$ と書く．濃縮係数は，動物とその餌についての元素 X の同位体比の差を表し，$\Delta\delta X = \delta X_{動物} - \delta X_{餌}$ である．近年，多数の文献調査に基づく濃縮係数の見積もりに関する論文がいくつか提出されている（例えば Vander Zanden & Rasmussen, 2001；Post, 2002 など）．Post（2002）が集計した値では，$\Delta\delta^{13}C$ の 0.4 ± 1.3 ‰に比べて $\Delta\delta^{15}N$ は 3.4 ± 0.98 ‰と大きい．したがって，ある生物の炭素同位体比は基点となる一次生産者とあまり変わらないため食物網の基盤の指標と言われるのに対し，栄養段階の数だけ上昇していく窒素同位体比は栄養段階（TL）の指標と言われる．ある動物の窒素同位体比（$\delta^{15}N_{動物}$）と，その系の一次生産者（TL=1）の窒素同位体比（$\delta^{15}N_{一次生産者}$）が与えられた場合，この動物の栄養段階（TL）は，濃縮係数を 3.4 ‰とした場合，

$$\mathrm{TL} = \frac{\delta^{15}\mathrm{N}_{動物} - \delta^{15}\mathrm{N}_{一次生産者}}{3.4} + 1 \tag{11.2}$$

と推定することができる．

11.2.2 放射性炭素 14 (^{14}C)

放射性炭素 14 (^{14}C) は，大気上層の高エネルギー反応で生成され対流圏へ ^{14}CO$_2$ の形で輸送される．植物が光合成反応によって ^{14}CO$_2$ を固定すると，植物体内の炭素化合物中に ^{14}C が取り込まれる．^{14}C は半減期約 5730 年で β 崩壊するため，^{14}C 濃度分析の検出限界と考えられる 50000～60000 年までの過去についての時間を調べることができる．一方，第二次世界大戦後の米ソ冷戦時に行われた大気核実験によって，1960 年代前半には大気中の ^{14}CO$_2$ 濃度が 1950 年当時の 2 倍近くまで上昇した．この ^{14}C 濃度は，大気核実験が禁止されて以降，生物圏や海洋に取り込まれていく過程で単調減少している（現在の大気 Δ^{14}C 値は約 50 ‰ である）．

^{14}C の測定値は，国際標準物質であるシュウ酸を用いて，1950 年からの減衰を補正した値を基準にして安定同位体比と同様に千分率（‰）で表現する (Stuiver & Polach, 1977)．

$$\Delta^{14}\mathrm{C}_{測定試料} = \frac{\left[\frac{^{14}\mathrm{C}}{^{12}\mathrm{C}}\right]_{\delta^{13}\mathrm{C}を-25‰に補正した測定試料}}{\left[\frac{^{14}\mathrm{C}}{^{12}\mathrm{C}}\right]_{減衰を補正した標準物質}} - 1 \tag{11.3}$$

ここで，Δ^{14}C 値は測定試料の δ^{13}C が -25 ‰ であると仮定して補正された値なので，測定試料の同位体分別は無視してよい．

11.3 湖沼生態系における食物網研究

湖沼は沖帯，沿岸帯，深底帯などのハビタットに区分することができる．また，食物網構造は各ハビタットで特徴的な構造をしている．例えば，バイカル湖における食物網研究では，沖帯は植物プランクトンから魚類や哺乳類（アザラシ），深底帯は植物プランクトンから魚類，沿岸帯は植物プランクトンだけではなく底生

植物(付着藻類や大型水生植物)から底生動物や魚類に至る食物網が存在することが示されている(Yoshii, 1999).炭素・窒素安定同位体比を用いた食物網研究では,湖沼食物網のおもな生産者である植物プランクトンと付着藻類の炭素安定同位体比が異なることが知られている(France, 1995a).これは,水柱に浮遊する藻類に比べて,基質に付着する藻類は光合成に必要な CO_2 の取り込みが制限されることに由来すると考えられている(France, 1995b).したがって,炭素・窒素安定同位体比をグラフにプロットすることで,食物網構造を描くことができる(図11.1).各ハビタットの食物網において,消費者の栄養段階を推定する場合は,その消費者が属する食物網の一次生産者の窒素同位体比を基準として,消費者の栄養段階を計算する必要がある(11.2.1参照).すなわち,消費者の窒素同位体比情報だけでは栄養段階は計算できず,基準となる生物(一次生産者,もしくは一次消費者)を用いて計算しなければいけない.この基準となる生物の窒素同位体比をベースラインと呼ぶ.

食物網は食う-食われるの関係など生物間相互作用がつながったものであり,この構造の変化は群集構造あるいは生態系プロセスに強く影響する.食物網に関する研究では,食物網構造を示す指標の1つとして栄養段階数(食物連鎖長)に着目し,その長さと決定要因について多くの研究が行われてきた.炭素・窒素安定同位体比を用いることで様々なハビタットあるいは生態系間の栄養段階の数を定量的に比較することが可能である.したがって,近年ではこの安定同位体比を用いた食物連鎖長に関する研究が行われている.例えば,Cabana & Rasmussen (1996)は様々な湖沼における生物の窒素安定同位体比を調べ,高次消費者である

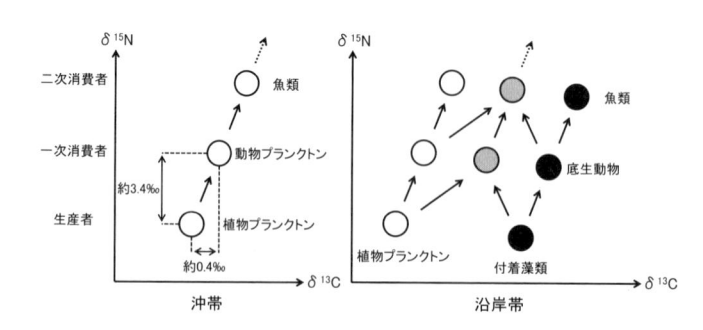

図11.1 炭素・窒素安定同位体比で示す湖沼食物網構造
　　　　左図は沖帯,右図は沿岸帯.栄養段階ごとの濃縮係数は11.2.1を参照.

魚類の栄養段階を算出した．その結果，その魚類の栄養段階は湖沼間で1段階分のばらつきがあることがわかった．また，Post et al.（2000）は，炭素・窒素安定同位体比を用いて算出した魚類の栄養段階を複数の湖沼間で比較した．その結果，各湖沼の栄養段階数と生態系サイズ（湖の大きさ）に正の相関があることが示された．これは，食物連鎖長の決定要因として生態系サイズが重要であることを示唆している．生物の安定同位体比から求めた栄養段階数（食物連鎖長）を複数の湖沼で比較することは，食物網研究において有効な手法の1つである．

　これまで紹介した安定同位体比による食物網研究は，環境条件が異なる複数の湖沼を対象としている．一方で，バイカル湖での研究例のように特定の湖沼あるいは沖帯，沿岸帯に着目した安定同位体比による食物網研究は少ない．その中で，琵琶湖における研究では，植物プランクトンのサイズや植物プランクトン由来のデトリタスの沈降に対応した複数の食物連鎖が沖帯で形成されていることが示されている（Yamada et al., 1998）．スペリオル湖沿岸帯における食物網研究では，沿岸帯内の各環境（植生帯や礫帯など）の違いによって食物網のエネルギーフローが異なることが示された（Strand, 2005）．このように，湖沼内における安定同位体比の空間変動は，湖沼食物網を理解するうえで有用な情報を与えてくれる．

　安定同位体比による食物網研究の多くは，一次消費者である底生動物を基準として様々な生物の栄養段階を推定している．Cabana & Rasmussen（1996）は，生物個体の窒素安定同位体比の季節変動は，植物プランクトンなどの一次生産者に比べて大型無脊椎動物や魚類の方が小さいことを示した．この結果は，生産者よりも寿命が長い消費者において，安定同位体比の季節変動が積分さればらつきが小さくなったことを示唆している．Vander Zanden & Rasmussen（1999）は，底生動物の安定同位体比が湖沼の各ハビタット（沖帯，沿岸帯，深底帯）で異なることを明らかにした．Post（2002）は，沿岸帯の生産者である付着藻類の安定同位体比の指標として剥ぎ取り食者の巻貝，沖帯の生産者である植物プランクトンの指標として濾過摂食者の二枚貝が有効であることを示した．したがって，底生動物の炭素・窒素安定同位体比はベースラインとして有効である．

　ベースラインとなる底生動物の安定同位体比は，人間活動の影響によって変化することが知られている．例えば，Cabana & Rasmussen（1996）の研究は各湖沼における一次消費者の窒素同位体比が1〜13‰の変動を示し，その同位体比は集

水域の人口密度と相関していることを示した．人間の生活廃水や畜産廃棄物に由来する窒素は，高い安定同位体比を持つことが知られている（Valiela et al., 2000）．したがって，人間活動由来の窒素が湖沼に流入して生物に取り込まれることで，底生動物の窒素安定同位体比が変化していると考えられる．同様に，湖沼内においても底生動物の窒素安定同位体比と人間活動の関係が示されている．Kohzu et al.（2009）は，琵琶湖流入河川における生物の窒素安定同位体比は集水域の人口密度とともに高くなることを示した．また，それらの流入河川における河口域付近の沿岸に生息する巻貝の窒素同位体比が，やはり河川集水域の人口密度と正の相関を示すことが明らかにされている（Karube et al., 2010）．つまり，各河川集水域の人間活動に由来する窒素が，流入河川を通じて沿岸帯の底生動物に取り込まれていると考えられる．したがって，底生動物の窒素安定同位体比は沿岸帯の食物網のベースラインであるとともに，人間活動の影響に対する指標としても有効である．

　これまでに紹介した安定同位体比による湖沼食物網研究では，炭素・窒素安定同位体比が用いられている．しかし，時にはこれらの安定同位体比が利用できない場合もある．例えば，Keough et al.（1998）は，沿岸植生帯において水生植物と藻類の炭素安定同位体比が類似する現象を報告している．一方で，炭素，窒素以外の元素の安定同位体比を食物網解析に用いる試みがなされている．例えば，Croisetière et al.（2009）は湖底において，また Karube et al.（2012）は湖岸の植生帯において炭素安定同位体比とともにイオウ安定同位体比が生物の餌資源推定のツールとして有効であることを示唆している．このように，現在の安定同位体比を用いた湖沼生態系研究では，炭素・窒素安定同位体比を適用できない場面も多く存在する．今回紹介したイオウ安定同位体比のように新たな指標の可能性を探ることも必要であろう．

11.4 河川生態系における食物網研究

11.4.1 炭素・窒素安定同位体比（$\delta^{13}C \cdot \delta^{15}N$）の利用

　河川生態系の食物網は生産者，一次消費者（植食性の水生昆虫など），二次消費者（捕食性の水生昆虫や魚類など）から構成される．河川でも湖沼の場合と同じ

ように，炭素・窒素安定同位体比からそれぞれ餌起源・栄養段階を推定することで，食物網構造を明らかにできる．ここで，河川食物網を支える生産構造について考えてみよう．河川生態系では河床の表面に付着する藻類（底生付着藻類）と陸上植物由来の落ち葉が，それぞれ自生性（autochthonous）資源，他生性（allocthonous）資源として食物網を支えている．これらの有機物資源の相対的な重要性は，物理化学的な環境の違いに対応して変化する（Vannote *et al.*, 1980）．したがって，河川食物網研究において，その生産構造を明らかにすることは重要な課題の1つである．

上述した2つの有機物資源のうち，陸上 C3 植物の落ち葉の炭素安定同位体比はあまり変動しないことが知られている（$\delta^{13}C \sim -27‰$：11.2.1 参照）．一方で，付着藻類の炭素安定同位体比は環境によって大きく変動する．これは光合成が行われる際に，水中の二酸化炭素と藻類との間で，同位体比の差が生じる（同位体分別）ためと考えられている．例えば，光がよく当たるところで生育する藻類は高い光合成活性を示す．このため，CO_2 が光合成の制限要因となり，二酸化炭素と藻類との間の同位体比の差は小さくなる（Doi *et al.*, 2007）．流れの速いところに生育する藻類は，絶えず二酸化炭素の供給を受けるため，CO_2 が光合成の制限要因となりにくい．このため大きな同位体分別が起こり，二酸化炭素と藻類との間の同位体比の差が大きくなる（Finlay *et al.*, 1999）．

炭素安定同位体比の変動は，食物網を支える生産構造を推定するにあたって問題となる場合がある．付着藻類の $\delta^{13}C$ は生息場所というスケールで変動するが，消費者（水生昆虫・魚など）の行動範囲はより大きな空間スケールを持つからである．このため，しばしば藻類専食性の水生昆虫の $\delta^{13}C$ が，付着藻類の $\delta^{13}C$ とまったく対応しない現象が起こる．より高い精度で生産構造を推定するためには，空間的な変動の小さいツールをみつける必要がある．

11.4.2 放射性炭素14天然存在比（$\Delta^{14}C$）の利用

近年，放射性炭素14の天然存在比（$\Delta^{14}C$）を測定することで河川生態系の炭素循環を明らかにする試みが行われてきている．河川を流れる有機物は様々な年代情報を持つが，その起源は流域の地質や土地利用と密接な関係がある．具体的には，堆積岩地質で農地割合の高い河川ほど，粒状有機物の $\Delta^{14}C$ が低く，年代の古い炭素が地下部から溶出する（Raymond *et al.*, 2004）．また南米アマゾン川中下

流部では，比較的新しい炭素（$\Delta^{14}C$ 値が高い）を含む有機物が活発に分解されていることが報告されている（Mayorga et al., 2005）.

さらに近年になって，生物の $\Delta^{14}C$ を測定した研究が報告され始めている．Ishikawa et al.（2010）は，$\Delta^{14}C$ が地下部から溶出する年代の古い炭素と，現在の大気 CO_2 との混合によって値が決まることを利用し，堆積岩地質の河川において「底生付着藻類が光合成によって固定する無機炭素（負の $\Delta^{14}C$ 値）」と，「陸上植物の落葉に由来する粒状有機物（正の $\Delta^{14}C$ 値）」を分離できることを示した（図11.2）．さらに $\Delta^{14}C$ は，生物への有機物資源の寄与率推定だけでなく，食物網の時間軸構造をも明らかにできる．Caraco et al.（2010）はアメリカ北東部に位置するハドソン川下流の動物プランクトンが，数千年前の炭素を示す $\Delta^{14}C$ 値を持つことを明らかにした．この事実は，大気 CO_2 を起点とする炭素循環から外れ，流域の中で長い時間滞留していた炭素が，現在の河川生物生産に寄与していることを示唆する．

放射性炭素 14 を用いた生態学的研究はまだ始まったばかりであるが，すでに様々な知見をもたらしている．食物網解析においては，$\Delta^{14}C$ は河川食物網を支える生産構造を明らかにできるという利点を持ち，生息場所スケールで変動する $\delta^{13}C$ の弱点を補うツールとして活用できる（Ishikawa et al., 2012）．また，河川の生物が負の $\Delta^{14}C$ 値を持つ（つまり，1950 年以前に植物によって固定された炭

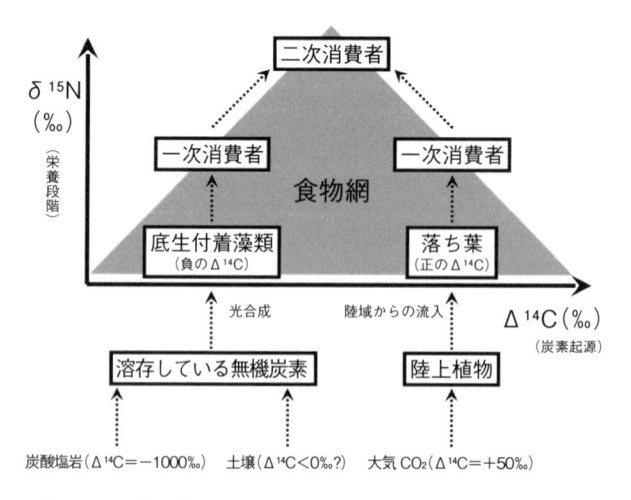

図11.2　$\Delta^{14}C$ が解き明かす，河川生態系の食物網とその炭素起源

素を持っている）ことは，地球規模での大局的な炭素循環機構を理解する上で，河川生態系がどのような位置づけにあるかを解明する重要なヒントを与えてくれる．そのために取り組むべき問題は多いが，今後放射性炭素14を用いた生態学的研究がますます発展していくものと思われる．

11.5 同位体手法の展開

　ここまでに紹介した研究は，すべて体組織を用いて分析した研究であるが，近年には体組織からある成分だけを抽出した「化合物レベル（Compound specific）分析」を用いて，より解像度の高い解析を行うことも増えてきた．例えば，アミノ酸（特にグルタミン酸（Glu）とフェニルアラニン（Phe）の窒素同位体比の差）を用いた栄養段階の推定が行われている（Chikaraishi *et al.*, 2009）．ここで，アミノ酸栄養段階の計算方法は $TL_{Glu/Phe}=(\delta^{15}N_{Glu}-\delta^{15}N_{Phe}+\beta)/7.6+1$ とされる（β は水域生産者で -3.4‰，陸上C3植物で $+8.4$‰，陸上C4植物で -0.4‰と見積もられている）．本手法は対象とする消費者の窒素同位体比のみを用いるため，11.3節で議論したようなベースラインの変化と栄養段階の変化を明確に区別することができる．今後いろいろな生態系での応用が進むことにより，新たな発見が出てくると思われる．

　ここでは，重金属の同位体について触れることができなかったが，ストロンチウム（Sr），鉛（Pb）やネオジム（Nd）などの同位体比を用いた研究も行われている．これらの安定同位体は岩石に起因する値を持ち，淡水生物学においては水系を特徴づけるパラメータとして用いられる．例えば，ストロンチウム同位体比 $^{87}Sr/^{86}Sr$ は琵琶湖の流入河川ごとに固有の値を示すことがわかっており（Nakano *et al.*, 2005），河川と湖沼を行き来する生物の移動について研究が進む可能性が期待される．

　同位体分析を用いた生物学は，機器の進歩や技術の開発により発展してきた．新たなパラメータを手にすることで今まで見えなかった事象が明らかになり，次の疑問が生まれることでさらなる技術開発が進む．日進月歩で進む技術とともに発展する同位体生態学を一緒に進めていく読者が現れることを期待している．

第12章 遺伝情報の動態：微生物の遺伝子水平伝播

松井一彰

12.1 遺伝子の水平伝播とは？

　細菌からヒトまで，一部のウィルスを除くすべての生命体は遺伝情報物質としてDNAを持っている．そしてタンパク質や酵素など，ある特定機能を情報として暗号化したDNA配列部分を遺伝子と呼び，この遺伝子の組み合わせによって，各生物種はそれぞれ固有の性質を持つようになる．各生物種に固有かつ必要な遺伝子の集合はゲノムと呼ばれ，親から子へ，子から孫へと時間の流れに沿って受け継がれていく．このような時間軸に沿った遺伝情報の流れを「遺伝子の垂直伝播」と呼ぶ（図12.1）．

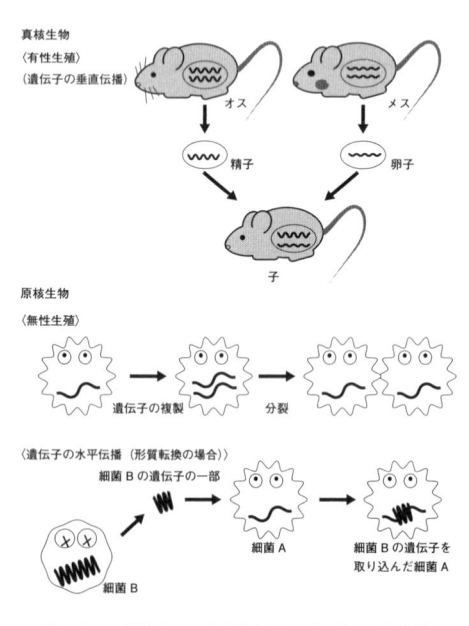

図12.1　遺伝子の「垂直伝播」と「水平伝播」

ヒトのように性を持つ生物では世代ごとに雌雄間で遺伝子がブレンドされ，遺伝子の均一化が起こりにくいようになっている．一方，分裂によってどんどん増える細菌においては，理論上，何世代経っても遺伝子のブレンドは起こらない．ところが多くの細菌は，別の細菌や細菌以外の生物，さらには環境中にある細胞外の遺伝子まで，様々な方法で別生物の遺伝子を取り込み，自らの遺伝子として利用する能力を持っていることがわかってきた．このように同一種間あるいは異種間で，世代を経ずに遺伝子が授受され，遺伝子がブレンドされる現象は「遺伝子の水平伝播」と呼ばれる（図12.1）．毒素を生成する病原菌が突如蔓延したり，抗生物質が効かなくなる多剤耐性菌が産まれたりするのは，細菌の遺伝子水平伝播によるところが大きい．

　さて，細菌における遺伝子の水平伝播が成立するには大きく2つのステップを考える必要がある．1つめは(1)「細菌間または細菌とそれ以外の生物間で遺伝子が伝播される」までの経路である．そして2つめは(2)「水平伝播によって細胞内に新しく導入された遺伝子が，細胞内で自己のDNAとして認識され，遺伝子として発現する」までの細胞内機構である．本章では淡水生態系での事例を基に，(1)の遺伝子の伝播経路について説明する．(2)の細胞内での遺伝子定着機構については，微生物学の教科書を参考にしてほしい（Madigan *et al.*, 2003）．

12.2　3つの経路からみる水環境中の遺伝子水平伝播

　遺伝子の水平伝播には，次の3つの経路が存在する（図12.2）．

> 1．形質転換（transformation）：細胞外にある遺伝子を取り込んで自分のものにする．
> 2．形質導入（transduction）：ウィルスを介して遺伝子が授受される．
> 3．接合（conjugation）：細菌どうしが接触し，遺伝子を授受する．

　それでは，実際の水環境における研究例と照らし合わせて，これら3つの伝播経路の特徴をみていきたい．

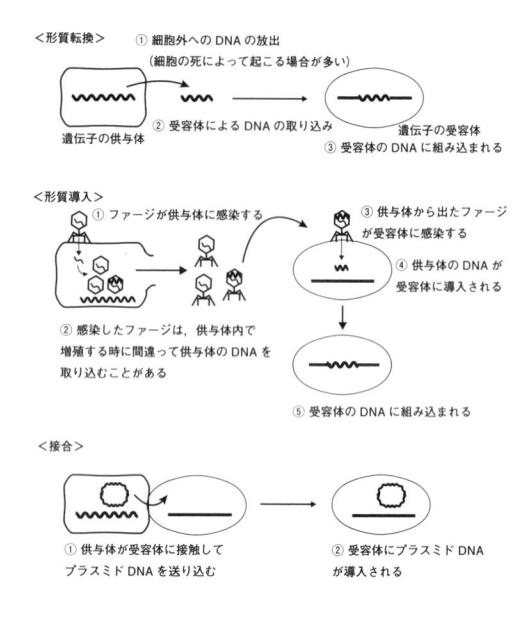

図 12.2　遺伝子の水平伝播経路

12.2.1 形質転換 (transformation)

　細胞外の遊離 DNA が細菌細胞によって取り込まれ，かつ遺伝的な性質が変化した状態を形質転換と呼ぶ．形質転換による遺伝子の水平伝播が成立するには，(A)取り込まれる細胞外の遊離 DNA の存在と，(B)細胞外から DNA を取り込み，それを遺伝情報として利用する細菌の存在が必要である．そこでこの2点について順にみていきたい．

A．細胞外 DNA の存在——水環境に含まれる遺伝情報のプール

　海洋，湖沼，河川などの環境水中にはホ乳類や魚類といった大型生物から原生動物や細菌のような微生物まで，様々な生物が生息している．DNA はこのような生物の細胞内にのみ存在すると思いがちだが，実際には細胞外にも多くの遊離 DNA が存在している．このうち水環境中に存在する遊離 DNA を「溶存態 (dissolved) DNA」と呼ぶ (図 12.3)．溶存態 DNA は環境水を孔径 $0.2\,\mu m$ のフィルターを用いて細菌より大きな生物を取り除いた水中に含まれる DNA を指す．ウィルス粒子の多くは $0.2\,\mu m$ 孔径をすり抜けるため，溶存態 DNA として測定し

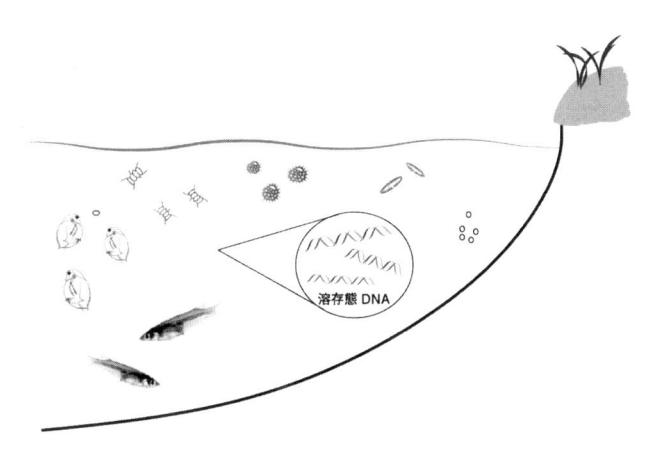

図12.3 水環境中における溶存態DNA概念図

たDNA量の10%程はウィルスDNAと考えられている．1980年代後半以降より溶存態DNAを回収定量する方法が検討され，海洋や湖沼環境中には水1 ℓ あたり数 μg から数十 μg のDNAが存在することがわかってきた（Lorenz & Wackernagel, 1994）．この値は実に数十億個の細菌細胞が持つDNA量に匹敵する．多くの湖沼の平均的な細菌数が水1 ℓ あたり数十億個程度であることを考えると，その量の多さがわかるであろう．さらにアオコ[1]が発生する日本の過栄養池では，水1 ℓ 中から実に1000 μg 以上の溶存態DNAが検出された例もある（Ishii et al., 1998）．ではこれだけ大量の溶存態DNAはどこから来てどこへいくのだろうか？

まず溶存態DNAの由来についてだが，その多くは細菌をはじめとする水中の微生物に起因すると考えられている．また溶存態DNAの生産量は多くの環境因子によって変化することもわかってきた．環境因子には水温やpHのような非生物的な因子だけではなく生物的な因子も含まれる．例えば原生動物による捕食やウィルスの感染のような細胞破壊を伴う生物活動は溶存態DNAの生産量を増加させる．これ以外にも，光合成生物であるミドリムシの一種 *Euglena gracilis* やカルテリアの一種 *Carteria inversa* をそれぞれ大腸菌と混合培養すると，溶存態DNAの量が増加することもわかってきた（Matsui et al., 2003a）．これらの光合

---

[1] 淡水において植物プランクトン（特にシアノバクテリア）が大増殖し，水が緑色に濁る状態．

成生物は細菌（大腸菌を含む）を捕食しないため，細胞破壊を伴わない溶存態DNAの生産機構が存在することが示唆される．しかし光合成藻類が存在するとなぜ，そしてどのような機構で大腸菌から細胞外へ DNA が放出されるのか？また DNA 放出に生態学的な意味はあるのか？このような問いに対する答えはいまだ得られていない．

次に溶存態 DNA は水の中でどれくらいの時間分解を受けずに存在していられるのか？この問いについてもいくつかの研究が行われている．海洋，河川，湖沼と場所も研究方法も様々だが，多くの場所で溶存態 DNA が水中に生残している時間は 24 時間という結果が得られている．ただ水温の高い亜熱帯域での研究が多く，生物活動や DNA 分解酵素の活性が高い場所での結果であると考えられる．温帯域での研究としては，琵琶湖での実験例がある（Matsui et al., 2001）．琵琶湖の底水層を模した実験では，一週間以上にわたって DNA が分解を受けずに生残した事が報告されている．水温が 10℃以下になる底水層は微生物や DNA分解酵素の活性がともに低く，DNA が生残する条件が整っていると考えられている．

最後に溶存態 DNA のたどる運命だが，研究者の間では 2 つの異なる視点から溶存態 DNA の重要性が指摘されている．まず 1 つは栄養源としての重要性である．レッドフィールド比として知られる植物プランクトンの一般的な生元素比（C(炭素)：N(窒素)：P(リン)の元素比）が 106：16：1 であるのに対して，DNAの生元素比は 10：4：1（GC 含量[2] 50％として）であり，溶存態 DNA は淡水域の微生物にとって生物活動に必須でかつ不足しがちなリンをたくさん含む魅力的な物質だと考えられている（Jørgensen & Jacobsen, 1996）．

もう 1 つ注目されているのは遺伝情報物質としての役割である．後述するように，環境中には遺伝情報物質として DNA を取り込むことのできる「自然形質転換能」を持った細菌がいる．このような細菌にとって溶存態 DNA は遺伝情報源のプールとなっている可能性が高い（Lorenz & Wackernagel, 1994）．

これまでは環境中から溶存態 DNA を回収し，定量する研究がおもに推進されてきた．そして大量の遊離 DNA が環境中で生産され，短時間で消えていくという水中での動態が明らかになってきた．しかし生態系の「遺伝子の動態」を解明

[2)] DNA 分子の塩基組成を表す指標で，全塩基対に対する G-C 塩基対の割合を指す．

するためには，今後，溶存態 DNA に含まれる遺伝情報の解析が進展することが期待されている．

B．遺伝情報物質として DNA を取り込む細菌の存在

　細菌が外部より遊離 DNA を取り込む能力を「形質転換能」と言う．ところが通常の条件で培養した大腸菌に遊離 DNA をいくら加えても形質転換は見られない．大腸菌が形質転換能を持つためには，塩化カルシウムなどを用いて人為的に処理し，DNA 取り込みが可能な細胞状態にする必要がある．このような状態の細菌細胞をコンピテント・セル（competent cell）と呼ぶ．大腸菌の形質転換には人為操作が必要だが，他の細菌では，人為操作が無い状態でも形質転換を起こす「自然形質転換能」を持つ種類も知られている．このような自然形質転換能を持つ細菌は，種が明らかになったものだけでも 40 種以上報告されている（Lorenz & Wackernagel, 1994）．環境中の海洋細菌を対象にした研究では，調べた細菌の約 10% が加えた遊離 DNA を取り込む能力を持っていたという報告もある（Frischer et al., 1994）．

　しかし細菌がいつも自然形質転換能を発揮できるわけではない．例えば自然形質転換能を持つ菌として知られる枯草菌は，増殖後期の状態にコンピテント・セルの状態になることが知られている．このような試験管での研究から，細菌が形質転換能を発揮できるのはごく限られた生理状態のときが多いと考えられている．

　そこでこれらの研究をヒントに，細菌の自然形質転換に影響を及ぼす環境因子を探る研究が少しずつなされてきている．環境中の細菌は非生物的・生物的な環境因子に影響を受けながら生息している．そこでまず温度の変化，栄養基質の有無，陽イオンの濃度といった非生物的な因子が自然形質転換頻度に与える影響について研究が始められてきた．研究例は少なく，調べた微生物も限定されているが，検討した非生物的な因子が，自然形質転換頻度を数倍から数千倍変化させることが報告されている．生物的な因子の影響としてはさらに限定されるが，筆者らが枯草菌を用いて行った研究では，細菌の捕食者である原生動物 *Tetrahymena thermophila* が細菌の個体数だけでなく，自然形質転換の頻度も同時に下げることがわかった．また不思議なことに原生動物と細菌を捕食しないミドリムシの一種 *Euglena gracilis* が同時に存在すると，個体数は減少したままだが，自然形

質転換頻度が回復することもわかった（Matsui et al., 2003b）．このような現象を引き起こすメカニズムは不明だが，細菌の自然形質転換が温度，栄養濃度，生物間相互作用といった様々な環境因子に影響を受けるのは間違いない．微生物間相互作用は，個体数の増減だけでなく微生物間の遺伝子動態にも影響を及ぼしているのである．

12.2.2 形質導入（transduction）

形質導入とは，細菌に感染するウィルス（ファージ）によってDNAが細菌間で移動する様子を指す．ファージに感染された菌（宿主菌）のDNAの移動は，ファージがファージDNAの代わりに宿主菌のDNAをファージ粒子の中に取り込んでしまうことによって起こる「一般形質導入」，または溶原性ファージ[3]がファージDNAに隣接する宿主菌のDNAを一緒にファージ粒子中に取り込むことによって起こる「特殊形質導入」の2通りが知られている．水環境中においても形質導入が起こることはおもに1980～1990年代に確認された（Miller, 2001）．しかし形質導入に影響を及ぼす環境因子の解析はあまり進んでいない．水中の懸濁態物質の存在が細菌とファージの接点を増加させ，形質導入頻度が上昇することが報告されているが，pHや水温などの変化が形質導入に及ぼす影響についてはあまりよくわかっていない．

一般にファージは感染できる宿主菌の選り好み（宿主選択性）が強く，異種細菌間での遺伝子伝播にはあまり寄与していないと考えられていた．しかし，非紅色硫黄細菌 *Rhodobacter capsulatus* をはじめとするいくつかの *Rhodobacter* 属細菌においては GTA（Gene Transfer Agent）と呼ばれるDNAを含んだ粒子によって形質導入が起こることがわかってきた（Lang & Beatty, 2007）．このGTA粒子はファージよりも小さくて軽く，宿主選択性があまり厳密でないなど，通常のウィルスが示すいくつかの性質を持ち合わせていない．また多くの場合，短く断片化された宿主細菌のゲノムDNA[4]の一部を含んだ状態で見つかることから，ファージとは別の遺伝子伝播粒子として区分されている．GTAの存在は1974年にすでに報告されているが，近年のゲノム解析が進むにつれて，細菌間での遺

---

[3] 感染後，宿主菌の染色体DNAに組み込まれるファージ．通常の状態では宿主菌を溶菌しないが，紫外線などの刺激を受けると，複製を開始して宿主を溶菌してしまう．
[4] 生物が正常な生命活動を維持するために必要な遺伝子の完全な1セットのこと．

伝子伝播に関与している可能性が高い物質として注目されている．最近の見積もりによると，海洋における GTA を介した遺伝子伝播頻度は少なくとも形質転換の 1900 倍以上，形質導入の 65 万倍以上はあると推定されている（McDaniel et al., 2010）．今のところ GTA 粒子は海洋における研究例のみが報告されているが，淡水環境でも類似の遺伝子伝播粒子が見つかる期待を抱かせる研究成果である．

12.2.3 接合（conjugation）

接合とは，細菌どうしが接触することによってプラスミド DNA[5] を授受する現象を指す．このため形質転換や形質導入とは異なり，物理的に距離の離れた生物間では遺伝子の交流が起こらない．接合が起こる細菌間ではまず性線毛が橋渡しされる．その後，性線毛が短縮していくことによって互いが引き寄せられながら細胞どうしが接触し，プラスミド DNA の授受が行われる．遺伝子水平伝播経路としてみた接合の特徴としては，確実にかつ大量の遺伝情報を授受できることが挙げられる．その半面，種の組み合わせによっては性線毛を橋渡しできない場合があり，遺伝情報の授受には選択性がある．

細菌どうしの接触が必要であるため，淡水環境においても細菌が密に接触する場所で起こる場合が多いと考えられている．河床や湖岸にある様々な構造物表面にはバイオフィルムと呼ばれる付着微生物群集が形成されるが，このような場所は接合が頻繁に起こる場所であることが知られている．また生物の消化管内も細菌が高密度で存在する場所である．魚や底生動物の腸管だけでなく，細菌を食べる原生動物の食胞においても接合伝播が起こる事が確認されている（Schlimme et al., 1997）．この他にも，生物間相互作用が接合伝播頻度にかかわる例として，アオコ藻類（*Microcystis aeruginosa*）の細胞外代謝産物が細菌の接合頻度を上昇させる例も報告されている（Ueki et al., 2004）．

---

[5] 染色体とは独立に複製ができる環状 2 本鎖の DNA 分子．抗生物質耐性遺伝子など，細菌の生存には必須ではない遺伝子がコードされている場合が多い．

12.3 淡水中の遺伝情報と人間活動

　DNA は生物が作りだす有機化合物質であり，当然だが毒性はない．ところが「遺伝子」として人間活動や生態系に好ましくない特定の情報がコードされ，遺伝子水平伝播を通じて蔓延すると新たな環境問題となりかねない．DNA を DVD ディスク，遺伝子を DVD に記録されている内容に例えてみると，危害がない材料で作られている DVD ディスクも，記録されている内容次第では大きな社会問題に発展してしまうのと似ている．このように DNA 上にコードされた遺伝情報を問題視する「遺伝子汚染」なる言葉も使われはじめてきた．本節では近年懸念されている淡水の遺伝子汚染に関する事例を一部紹介する．

A．薬剤耐性菌の蔓延

　抗生物質は病院はもちろん，家畜や養殖魚の病気を防ぐ目的から畜産・水産の分野でも大量に使用されている．このため都市部や酪農場近くの土壌や水域は，日々抗生物質にさらされた環境となり，抗生物質耐性遺伝子を持つ細菌が，抗生物質使用の影響を受けていない場所の水に比べて，数百倍から数千倍多く存在するとの報告もされている（Pruden et al., 2006）．溶存態 DNA にもこのような薬剤耐性遺伝子が含まれるかはまだ定かではないが，水の流れを介して薬剤耐性菌および薬剤耐性遺伝子が広く拡散することが懸念されている．

B．遺伝子組み換え生物由来の DNA

　陸上植物の DNA が溶存態 DNA としてスイス・ジュネーブの地下水中に含まれていたことが報告された（Pote et al., 2009）．溶存態 DNA に含まれる遺伝情報を解析し，植物から放出された DNA が，時間をかけて地下水中を移動していることを示した興味深い研究である．検出されたのは複数の在来植物遺伝子だが，今後遺伝子組み換え作物の野外利用が進めば，組み換え作物の遺伝子も同様に地下水を通じて拡散し，細菌による遺伝子水平伝播を通じて拡がる可能性が危惧されている．

　河川や湖沼には，降雨を通じて陸上の様々な生物や物質が流入してくる．普段

は接点のない陸上と水域の生物や遺伝子が混合される淡水生態系は，遺伝子動態を考える際にも大変重要な「出会いの場」なのである．都市部では，流域管理の目的で淡水環境が人為的に改変される場合が多い．このような改変は我々が目にする生物相だけでなく，目に見えない遺伝子の動態にも大きな影響を与えていることにも気づいてほしい．今後淡水生態系の健全性を考える際は，遺伝子動態にも配慮していく必要があるだろう．

第13章 より多様化する微生物食物網の研究

中野伸一

13.1 はじめに

　湖沼や海洋の沖帯では，植物プランクトンは光合成中間代謝物や自己分解物として溶存態有機物（Dissolved Organic Matter，以下 DOM）を排出する．このDOMは，細菌の栄養基質（餌）となり，増殖した細菌は原生生物に摂食され，さらに原生生物は甲殻類などの大型動物プランクトンに捕食される．細菌と原生生物との間に存在する食物連鎖は，微生物ループあるいは微生物食物網（本章では，後者を用いる）と呼ばれ（図13.1のA），当該食物網の物質循環において重要な機能を担っている（Azam et al., 1983）．自然水界における細菌の現存量（バイオマス）はしばしば従属栄養生物としては最大となるため，その現存量がどのような物質循環を経て行くのか，これまでに多くの研究がなされてきた．かつては，細菌の死滅要因として重要なのは原生生物による摂食であり，中でも従属栄養鞭毛虫は摂食者として最も重要視されていた（Nagata, 1988）．原生生物の中でも繊毛虫については，貧・中栄養水域では現存量が低く，鞭毛虫に比べて細菌摂食者としての重要性は低いとされてきたが，富・過栄養水域においては鞭毛虫に匹敵するかあるいはそれを上回る細菌摂食を行うことが知られている（Nakano et al., 1998）．さらに，1900年代以降はウィルスによる細菌の死滅も注目されてきた．

　本章では，最近10年間の微生物食物網およびこれに関連した研究に着目し，その動向と今後の展開について紹介する．なお，本章で扱う情報以前の淡水の微生物食物網（図13.1のA）について知りたい読者は，中野（2000）を参照されたい．

13.2 より複雑な微生物食物網構造を扱う

　Bergh et al. (1989) は，湖沼と海洋において，浮遊懸濁粒子の中にウィルスが

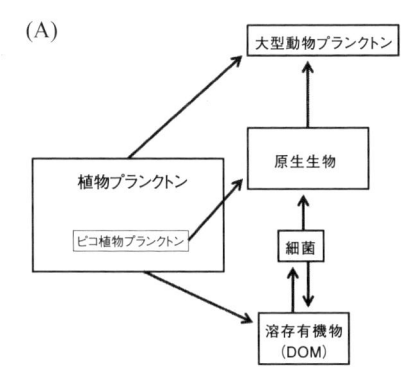

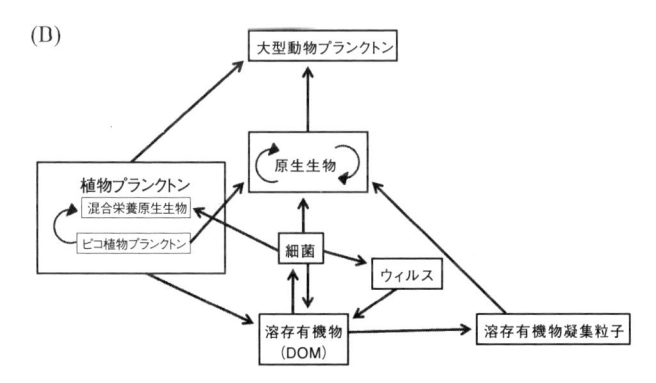

図 13.1 従来の微生物食物網（Azam *et al.*, 1983）(A)と，新しい知見を含めたより複雑な微生物食物網(B)
「ピコ植物プランクトン」とは，大きさが0.2から2ミクロンの単細胞で生活する植物プランクトンの総称で，おもにシアノバクテリアである．ピコ植物プランクトンは，細菌と同程度のサイズであるため，原生生物に摂食される．図(B)の中央にある原生生物については，原生生物内での食物網が存在することを示す．また，「混合栄養原生生物」は，光合成を行うことから植物プランクトンの範疇に含めたが，環境条件によって細菌やピコ植物プランクトンに対する摂食も行う．なお，海洋の微生物食物網における細菌を介した物質循環については本シリーズの11巻『微生物の生態学』の第13章（横川，2011）を，Viral shunt およびマイコループについては，本書14章を参照されたい．

多く存在しており，しかも湖沼（254×10^6 particles ml^{-1}）では海洋（$\sim 14.9 \times 10^6$ particles ml^{-1}）に比べてウィルスの密度はかなり高いことを報告した．これを受けて，全細菌密度に対してウィルスに感染された細菌の割合が各地で調べられ，淡水域では，例えばドイツのプルス湖で 0.7〜9％存在すると報告された（Weinbauer & Höfle, 1998）．1992年には，Bratbak *et al.* (1992) が「Viral loop」

として，それまでの微生物食物網にウイルス感染による細菌の死滅とこれに伴う細菌現存量からの DOM の放出を提案している．なお，ウイルスは植物プランクトンにも感染し，時としてこれを死滅させるが，これによっても DOM は放出される（図 13.1 の B）．これは，「Viral shunt」と呼ばれ，本書の第 14 章で詳しく説明している．

ウイルスは数的に多くかつ種特異性が高いので，ある種の細菌が活発な増殖により増加すると，その細菌種を種特異的に減少させる（"kill the winner" と呼ばれる：Thingstad, 2000）．原生生物による細菌の摂食はサイズ選択的であり，また原生生物は栄養塩類を回帰させるので，栄養元素制限下にあるにもかかわらず植物プランクトンと細菌が 1 つの系内に共存可能となる（Thingstad, 2000）．2000 年に入るころからは，原生生物による摂食とウイルスの感染による細菌の死滅を比較する研究が進められ，湖沼の成層状態や好気・嫌気状態により，摂食と感染の相対的重要性が変化することが報告されている（Weinbauer & Höfle, 1998；Pradeep Ram et al., 2010）．また，摂食と感染の相対的重要性は，細菌の遺伝系統群ごとに異る．例えば，チェコの Rimov 貯水池の試水を用いた実験では，β-プロテオバクテリアは，おもに鞭毛虫の摂食により死滅した．(Šimek et al., 2007)．一方，シトファーガ属の細菌は，摂食されにくい特性があり，このことはウイルスの存在下でさらに顕著であった（Šimek et al., 2007）．また，原生生物による細菌摂食がウイルスによる細菌への感染を高めるとの報告もあり，これは原生生物が細菌摂食を行うことにより栄養塩類を回帰し，回帰した栄養塩類がふたたび細菌の成長とウイルスによる感染を促すことによると考えられている（Pradeep Ram & Sime-Ngando, 2008）．

微生物食物網研究にウイルスが加わることにより，研究者はより複雑な生物間相互作用の研究に突入することとなった（図 13.1 の B）．近年は，これに栄養塩類の供給が加わることにより，さらに複雑な系への挑戦が必要となった．しかし，自然湖沼は窒素やリンの制限下にあり，植物プランクトンを始めとするプランクトンの生態解明にこれら元素の動態を合わせる研究が，自然湖沼における微生物生態学においてますます重要となることは想像に難くない．

また，DOM が非生物的に凝集し，細菌と同じサイズ範囲にある非生物粒子を形成することが発見されたことも，微生物食物網研究にとって大変重要である（Kerner et al., 2003）．この粒子は，DNA，脂質，糖類，タンパク質を含み，炭素：

窒素比が4.1から6.8と窒素が豊富であり，さらにこの粒子の生成速度は自然水域の細菌の増殖速度と同等であった（Kerner et al., 2003）．この粒子がDNAを含んでいることから，我々がDAPI法などの核酸染色による細菌計数を行う際にこの粒子を細菌と混同して計数している可能性がある．いずれにせよ鞭毛虫に流れる有機物伝達にはこの非生物粒子に由来するものも含めなければならない（図13.1のB）．

13.3 遺伝子レベルでの微生物の検出

13.3.1 細菌群集の多様性

近年は，分子生物学的技術を用いることにより，微生物群集に対する分子系統解析が広く行われるようになった．微生物食物網にかかわる微生物では，細菌の分子系統解析が広く進められており，海洋では環境中の細菌のDNAを網羅的に解析する全ゲノムショットガン配列決定法や，対象とする系統分類群のみに蛍光標識する蛍光 in situ ハイブリダイゼーション（FISH）法，群集組成を比較解析する変性剤濃度勾配ゲル電気泳動（DGGE）法に代表されるDNAフィンガープリント法を用いて，細菌の系統的多様性およびその動態が明らかとなってきた（DeLong & Karl, 2005：後者の2つの方法については，本シリーズの11巻『微生物の生態学』の第2章（小島・広瀬，2011）を参照）．なかでも，FISH法を用いた研究では，外洋で最も高い優占率を示す α プロテオバクテリアのSAR11という系統に属する細菌群の存在を明らかにした（Giovannoni & Stingl, 2005）．特に近年目覚ましい発展が見られるのは，次世代シークエンサーを用いた海洋細菌群集多様性の網羅的解析である（Sogin et al., 2006）（本シリーズの11巻『微生物の生態学』の第2章（小島・広瀬，2011）および第4章（山下・大園，2011）も参照）．これらの研究から，海洋の細菌群集は，現存量が高いごく少数の種（Operational Taxonomy Unit, OTU）と現存量は低いが膨大な種（OTU）によって群集が形成されていることが明らかとなった．

淡水でも，FISH法，DGGE法を用いた細菌群集系統解析は行われており，湖沼では β プロテオバクテリアが優占的との報告が多い（Glöckner et al., 1999）．しかし，湖沼において α プロテオバクテリアが優占するといった報告もある

(Nishimura & Nagata, 2007). 一方, 次世代シークエンサーによる細菌群集多様性解析は, 著者の知る限り現時点では, 上水道システムに発達した微生物膜中の細菌群集多様性の研究 (Hong *et al.*, 2010) と, スウェーデンの岩間の水たまりから採取した試水を滅菌し大気降下による植菌で発達する微生物群集多様性を調べた研究 (Langenheder & Székely, 2011) しかない. しかし, 今後は, 次世代シークエンサーを用いた淡水環境における細菌群集多様性解析の研究が飛躍的に増加するのは, 間違いないであろう.

海洋の細菌群集多様性解析で明らかになった微生物食物網研究にとって重要なことは, 細菌群集中のほとんどの種は現存量が低いことである. このように, 現存量としてはあまり大きな部分を占めない大多数の種を総称して「rare biosphere」と呼んでいる (Sogin *et al.*, 2006). rare biosphere に含まれる細菌は, 現存量が低いために原生生物やウィルスに遭遇する機会が少なく, 現存量で優占的である細菌種よりも生残する可能性が高い (Sogin *et al.*, 2006；Caron & Countway, 2009). さらに, rare biosphere に含まれる細菌は小さくまた増殖が遅い可能性があるため, 原生生物に食べられにくいであろう (Pernthaler, 2005；Pedrós-Alió, 2006). また, rare biosphere に含まれる細菌は環境変化に鋭敏に反応すると考えられており, 環境条件のわずかな変化にも群集全体として現存量が保てるように, 遺伝子の貯蔵庫として機能しているのかもしれない (Sogin *et al.*, 2006).

しかしながら, 上記のように分子生物学的技術が大きく発展しても, 細菌の生理生態学的特性を解明するためには単離・培養の技術が不可欠である. 残念ながら, すでに明らかなように, 自然界の細菌種のほとんどは実験室内で培養困難である. しかし, 近年になっても細菌を単離培養することに将来性を求める動きは存在しており, いくつかの先端研究がなされている (Connon & Giovannoni, 2002).

13.3.2 原生生物群集の多様性

原生生物の多様性研究においても, 分子生物学的技術による解析が発展しており, 細菌の場合と同様, 海洋での研究が多い (Massana *et al.*, 2006). Moon-van der Staay *et al.* (2001) は, 赤道太平洋の表層から得られた試水について, 超小型のプランクトン (ピコプランクトン：大きさ0.2から2ミクロンの間に含まれる

プランクトンの総称）の 18S rDNA を抽出し，その遺伝子配列を決定し，既知の遺伝子配列と比較解析した．その結果，多くの遺伝子配列はこれまで知られていなかったものであるが，分類学上はプラシノ藻類，ハプト藻類，渦鞭毛藻類，黄金色藻類，襟鞭毛虫およびアカンタリアに近縁であることがわかった．海洋では，特に Stramenopiles（ストラメノパイル）と呼ばれるグループに属する原生生物が多く検出され（Massana et al., 2006），我々が通常「鞭毛虫」と呼んでいるものの多くが含まれる．多くの鞭毛虫は，固定剤で処理するとその形が変化してしまったり，またもともと細胞の形態的特徴が乏しいので，個体群の検出には細菌の場合と同様に FISH 法を用いる研究が多い（Lim et al., 1999）．Massana et al.（2002）は，黄金色藻類の 18S rDNA から得られた遺伝子プローブ 2 種を用いて，地中海の Blanes 湾から季節的に得られた試水中の鞭毛虫類について FISH 法を行った．その結果，本湾に出現する鞭毛虫のうち，2 種の遺伝子プローブで検出される鞭毛虫はそれぞれ平均で 19% および 3%，最高で 46% および 20% を占めた．さらに，これらの遺伝子プローブで検出される鞭毛虫に蛍光色素ラベルされた細菌を与えたところ，この細菌を取り込む鞭毛虫が検出された．

淡水域で頻度高く出現し，重要な細菌食者として知られる原生生物は，*Spumella* 属鞭毛虫であるが，従来は，*Spumella*-like 鞭毛虫として複数種が一括されて研究されてきた場合が多く見られた．しかし，Pfandl et al.（2009）では，世界各地から単離した *Spumella*-like 鞭毛虫株の 18S rDNA を調べたところ，複数のクレードにまたがって分類され，*Spumella*-like 鞭毛虫は多系統な属であることがわかった．また，土壌由来の *Spumella*-like 鞭毛虫株と水圏由来の株はそれぞれ別のクラスターに分類された．さらに，おのおのの鞭毛虫株の生理生態学的特性を検討した結果，水圏の株については遺伝的な距離が生育温度耐性の変化と有意な相関が見られた．これらのことから，従来の研究で *Spumella*-like 鞭毛虫が様々な環境要因と有意な相関が見られなかった理由は遺伝系統的に異なる属を含んでいたためであり，各単離株の生理生態学的特性が大きく異なる可能性があり，細胞形態に基づいて従来は同種とされた鞭毛虫の単離株であっても，その生態は株ごとに異なるであろうとしている（Pfandl et al., 2009）．

細菌の場合と同様，原生生物についても遺伝的多様性研究が進められているが，これまでのところはクローンライブラリー法（本シリーズの 11 巻『微生物の生態学』の第 2 章（小島・広瀬，2011）を参照）による研究が多いようだ（Caron

& Countway, 2009)．Countway *et al.*（2005，2007）は，太平洋および大西洋の表層や深層の海水を用いて，原生生物の遺伝的多様性を調べた．その結果，原生生物の種（OTU）は，太平洋あるいは大西洋のみで検出されるものが多く，両者共通に検出されるものは22%のみであった．また，高い現存量を示すOTUは，両方の海域で検出されるものであった（Countway *et al.*, 2005；2007）．

「rare biosphere」という考え方では，原生生物でも細菌の場合と同様で，現存量は低いが種数の多くを占める群集の存在が，原生生物群集全体としての現存量の安定性を支えていると考えられている（Caron & Countway, 2009）．例えば，Countway *et al.*（2005）は，北西大西洋の海水を培養した結果，各原生生物種の現存量は培養時間とともに変化し，現存量の低いrareな生物種も培養時間によっては現存量が高くなったことを示した．このことは，rare biosphereの原生生物は遺伝子の貯蔵庫として環境変化に鋭敏に反応しながら，原生生物群集全体の現存量の安定性に貢献していることを示唆している（Caron & Countway, 2009）．これらの結果は，海洋の研究で得られたものであるが，淡水ではどうなのか，海洋と淡水で違いがあるのか，淡水における研究が望まれる．

13.4 原生生物による細菌摂食研究の進展

これまでの記述のように，細菌を遺伝子レベルで分類する技術は大きな進歩を遂げつつある．これに伴い，細菌の遺伝系統グループごとに原生生物による被食が異なるかについて，検討がなされた．これまでの海洋における研究では，細菌の遺伝系統グループの違いが原生生物による摂食に与える影響は認められていない（Yokokawa & Nagata, 2005；Massana *et al.*, 2009）．一方，淡水では，細菌遺伝系統群ごとに原生生物による被食が異なるケースも報告されている（Šimek *et al.*, 2007）．

細菌摂食速度の測定方法については，いまだ問題が残されている．原生生物による細菌摂食速度の測定方法として代表的なものは，蛍光色素で標識した細菌（FLB）や蛍光ビーズをトレーサー粒子として原生生物に摂食させる蛍光トレーサー法である．この方法の利点は，実際にFLBや蛍光ビーズを取り込んだ原生動物を観察できることであり，原生生物のどの種（あるいは属）が細菌食者か，

また全体の何％の原生生物が細菌食を行っているのかについて検討できる（中野，2000，2006）．しかし，原生生物によるトレーサー粒子と細菌の餌選択性の有無が，ほとんどの原生生物種についていまだに明らかでないことがこの方法の問題点で，蛍光トレーサー法での細菌摂食速度は過少評価の可能性があるとも指摘されている（中野，2000，2006）．Massana et al. (2009) は，染色して死滅した細菌単離株（*Brevundimonas diminuta*）の疑似餌（Fluorescently labeled bacteria, FLB）と，2種類の生きた細菌単離株（*Nereida* sp. と *Dokdonia* sp.）を準備し，後者についてはFISH法による検出プローブも準備した．また，彼らは，2種類の鞭毛虫グループ（MAST-4, MAST-1C）のFISH法による検出も行った．これらにより，彼らは，スペインのBlanes湾の試水中において，上記の鞭毛虫グループごとに，FLB（死滅細菌）を用いた通常の摂食速度測定と，鞭毛虫の食胞内に取り込まれた上記2種の細菌（生細菌）の検出による摂食速度測定を行い，両者の比較を行った．その結果，MAST-4鞭毛虫については，これまでに淡水で得られた研究結果（Boenigk, 2001）と同様，生きた細菌を用いた方がより高い摂食速度が得られたが，MAST-1C鞭毛虫についてはむしろFLBを用いた方が高い摂食速度が得られただけでなく，この鞭毛虫は *Dokdonia* sp. を摂食しなかった．著者らは，*Dokdonia* sp. がMAST-1Cに摂食されなかった理由は，この細菌のサイズが鞭毛虫の摂食可能範囲よりも小さかったことを上げている．淡水の研究では，原生生物による摂食圧がかかった際に，細菌は摂食抵抗として糸状の形態のものが優占することが多い（Pernthaler, 2005）．これに対して，海洋ではそのような細菌の反応が報告されていないが，これは海洋微生物生態学者がこの視点での研究をあまり行っていないためかもしれない（Sherr & Sherr, 2002）．Pernthaler（2005）は，原生生物の摂食圧を受けた細菌による様々な摂食抵抗についてまとめている．

　1990年代半ば以降，混合栄養（光合成と従属栄養の両方による栄養摂取）を行う原生生物による細菌摂食にも注目が集まっている（図13.1のB）．混合栄養原生生物による細菌摂食は，湖沼・海洋問わず，従属栄養原生生物による細菌摂食との相対的重要性の視点で研究が進められている．Zubkov & Tarran (2008) は，北大西洋温帯域において光合成色素を持つ原生生物と持たない原生生物による細菌摂食を比較した．その結果，光合成色素を持つ原生生物は個体（細胞）あたりの細菌摂食速度は低いが小型（細胞サイズ2μ以下）のものは現存量が高いため

に全体としての細菌消費速度は高くなり,光合成色素を持たない原生生物は,現存量はそれほど高くないが個体あたりの細菌摂食速度が高いので全体としては最も細菌摂食が高くなることを示した.

淡水でも,混合栄養原生生物の研究は多く進められてきた(Urabe *et al.*, 2000).Tittel *et al.*(2003)は,生物相に乏しく生態系の構造が単純な酸性湖沼において,混合栄養鞭毛虫 *Ochromonas* の生態とこの湖における深層クロロフィル極大形成メカニズムを検討した.その結果,原生生物の餌となる細菌や微細藻類が摂食により現存量を低下させても,*Ochromonas* は光合成によりその現存量と摂食活性を維持し,より低いレベルにまで餌生物の現存量を低下させることがわかった.このことにより,*Ochromonas* は従属栄養鞭毛虫との競争に打ち勝つだけでなく,低下した微細藻類が *Ochromonas* の捕食者の現存量をも低下させて,結果的に *Ochromonas* に対する捕食圧も下げることがわかった.また,本湖の深層クロロフィル極大は,*Ochromonas* による高い摂食圧が光合成可能な表層で行われるために,深層に植物プランクトンが摂食されずに蓄積した結果であることがわかった.

以上のように,2000年以降の微生物食物網研究で行われている従属栄養と混合栄養の原生生物による細菌摂食の相対的重要性の検討では,混合栄養原生生物による摂食が細菌群集に与える影響が高いだけでなく植物プランクトンや高次捕食者の分布にまで影響を及ぼすなど,これらの原生生物の浮遊食物網全体における生態学的役割の重要性を解明しつつある(図13.1のB).

13.5 原生生物に対する捕食

Sherr & Sherr(2002)にあるように,原生生物が他の原生生物や動物プランクトンに捕食される食物連鎖(図13.1)は,その重要性にもかかわらず研究例がきわめて乏しい.淡水では,鞭毛虫に対する繊毛虫,ワムシ,枝角類,カイアシ類の捕食の研究(Nakano *et al.*, 2001;Yoshida *et al.*, 2001)(図13.1のB)および繊毛虫に対するワムシ,枝角類,カイアシ類の捕食の研究(Adrian *et al.*, 2001;Nakano *et al.*, 2001)(図13.1のB)があるが,これら以降,原生生物の被食を直接調べた研究例は,著者の知る限り無い.この状況は,海洋においてもそれほど

違いは無い．原生生物に対する捕食の研究があまり発展しない理由は，原生生物は細胞が壊れやすく研究対象として扱いにくいことと，微生物食物網研究者が分子生物学的手法を導入しやすい細菌類をおもな研究材料として 2000 年以降の研究を進めてきたことに依るのかもしれない．

13.6 最後に

　Azam et al.（1983）が提唱した微生物食物網の概念図（図 13.1 の A）は，今となっては改訂が必要かもしれない．従来の微生物食物網に，ここまでの記述に含まれる構成メンバーを加えると，図 13.1 の B のようになる．原生生物の多様性を考えると，図 13.1 の B でもまだ簡単過ぎるかもしれない．なお，図 13.1 には物質循環が伴うが，海洋微生物，特に細菌がかかわる物質循環については，本シリーズの 11 巻『微生物の生態学』の第 13 章を参照されたい（横川，2011）．また，淡水では，図 13.1 の B に示された生物以外にも，ツボカビ類を介して植物プランクトンが動物プランクトンに有機物供給を行っている物質循環系（マイコループ）も存在し，このことについては本書の第 14 章を参照されたい．

　本章では，淡水と海洋における微生物食物網について概説してきたが，特に分子生物学的手法を用いた研究では，海洋での研究例の方が淡水のそれよりも多い印象を，読者に与えたかもしれない．しかし，淡水には海洋には無い研究上の優位性がいくつか存在する．まず考えられるのが，湖沼の閉鎖性である．湖沼は閉鎖性が強いため，他の生態系との地理的な区別が付けやすく，外部環境からの影響が海洋に比べて顕著に出やすい．また，適当な人為操作を加えた試水を現場の淡水域に戻してより現場環境に近い条件で実験を行う，あるいは人為操作そのものを現場で行うことができ，生態学的により詳細かつ精密な検証的研究ができるのも，淡水における研究の醍醐味である．Cole et al.（2006）は，アメリカの実験用湖沼に ^{13}C でラベルされた重炭酸を 5 〜 6 週間毎日加え，湖内の植物プランクトンが生産する有機物と陸上から湖沼に供給される有機物とを区別し，これら 2 種類の有機物が湖沼生態系内をどのルートで伝達されて行くか追跡した．その結果，湖沼に供給される有機物では陸上由来のものが最大であったが，この有機物が微生物食物網を経由して動物プランクトンに流れる有機物伝達は，動物プラン

クトンが必要とする有機物量の2％以下と小さかった．Cole *et al.*（2006）の研究は，上記の淡水生態系の特性を十分に活かしたものと言える．

　また，淡水環境の規模が海洋よりも小さいことは，逆に淡水での生態学的研究を容易にしている．淡水域なら，比較的安価で規模の小さい設備・装備での研究が可能であり，このために日や週といった短い時間間隔での継続調査が可能である．

　さらに，淡水には流水環境である河川も存在し，微生物生態学の対象としては微生物膜がユニークな生態系を提供している．河川微生物膜は，付着珪藻，菌類，細菌類を中心とした多様な微生物群集で構成され，物理的構造が複雑な研究テーマの宝庫である．河川の自浄作用における微生物膜の役割の解明など，今後の研究の発展が望まれる．

　淡水を生命の源としている我々人間にとって，陸水環境で起こっている様々な生態学的過程の解明はきわめて重要である．淡水生態学の研究は，その身近さから人間の生存に直結する課題を扱っており，現代の科学の進歩に合わせた体制を構築し運営することが喫緊の課題である．

第14章 植物プランクトンの消失過程と生態系機能

鏡味麻衣子

14.1 植物プランクトンの生態

　植物プランクトンとは，湖沼や海洋など水界生態系に浮遊する光合成を行う生物の総称である．植物プランクトンには，珪藻類や緑藻類，ラン藻類（シアノバクテリア）など，多様な分類群が含まれる．また，数 μm の単細胞の種類から，数 cm にも及ぶコロニーを形成する大型の種類まで，そのサイズは幅広い．

　植物プランクトンは湖沼の水質を大きく左右するため，その一次生産量や種組成，成長特性については，多くの研究がなされてきた．例えば，植物プランクトン生物量（クロロフィル濃度）とリンの関係，栄養塩や光をめぐる種間競争，種組成の季節遷移パタンなど，それらの成果は現在の湖沼生態学の根幹をなす考え方となっている．植物プランクトンの生態に関する基礎知識を網羅的に学びたい読者は，次の教科書を参照して欲しい（Reynolds, 1984；秋山ほか，1986；Darley, 1982；Sommer, 1989；Canter-Lund & Lund, 1997；Lampert & Sommer, 1997）．

　一方，成長過程に比べ，植物プランクトンがたどる運命（消失過程）については，あまり検討されてこなかった．植物プランクトンは湖沼や海洋の主要な一次生産者である．そのため，植物プランクトンが生産した有機物がどのような過程を経て消費されるかによって，水界生態系の主要な物質の流れが決まるといえる．また，植物プランクトンの一次生産量（炭酸固定量）は地球上の30％を占めるといわれている．その炭素の行方を知ることは，地球上の炭素循環を考える上でも必須である．

　本章では，植物プランクトンの消失過程について解説し，ミクロな植物プランクトンの運命が，マクロなスケールでの物質循環にどのように影響するのかについて，紹介する．

14.2 植物プランクトンの消失過程

14.2.1 消失過程とは

　植物プランクトンが生産した有機物は，様々な過程によって消失する（Reynolds, 1984）．消失過程（loss process）には，植物プランクトンが生物学的に死ぬ過程に加え，植物プランクトンが水中からいなくなる物理的な消失も含まれる（図14.1）．物理的消失過程には，湖底への沈降と，湖から河川への流出がある（物理的消失後，いずれは生物学的な死を迎える）．また，植物プランクトンが光合成によって固定した炭素が，ふたたび呼吸や細胞外排泄（excretion）などの代謝活動を通じて空中，水中に放出される過程は，炭素の消失過程として扱われる．

　植物プランクトンの生物学的な死亡を引き起こす原因には，動物プランクトンや魚による捕食，病原菌の寄生や環境悪化による溶解死亡がある．捕食によらない植物プランクトンの溶解死亡は，単に死亡（death）または死滅分解（death and decomposition）とも呼ばれるが，ここでは「溶解死亡（lysis）」と定義する．

　植物プランクトンの「溶解死亡」を引き起こす原因は，大きく「寄生による死亡」と栄養塩や光不足など環境悪化に伴う細胞の衰弱による「生理的死亡（physiolosical death）」に区別できる．

　植物プランクトンに寄生する生物（pathogen）には，ウィルス，細菌類，ツボカビ，卵菌類，アメーバなどが知られている（秋山ほか，1986）．ただし，寄生されたこと自体が死をもたらしているのか，細胞の衰弱した時に寄生されると死に至るのかは，湖沼や季節，種類によって異なる（鏡味，2008）．

　「生理的死亡」は，植物プランクトンが成長に必要な光や栄養塩といった資源が枯渇することによって起こる（Darley, 1982）．資源の枯渇がきっかけで，遺伝的

代謝		生物学的死亡			物理的消失	
呼吸	細胞外排泄	捕食	溶解死亡		沈降	流出
			寄生	生理的死亡		

図14.1　植物プランクトンの消失過程とその要因

に組み込まれた「プログラム細胞死（programmed cell death）」を植物プランクトンが起こすことも明らかとなっている（Bidle & Bender, 2008）．水中に存在する重金属などの毒物や，他の植物プランクトンや水草によって排出される化学物質によっても，植物プランクトンの成長は阻害される（アレロパシー，allelopathy）．紫外線が光合成を阻害する，あるいはDNAを破壊する事により，死亡が引き起こされる事も報告されている．

14.2.2 消失過程の定量評価

1970年代，国際生物学事業計画（International Biological Program, IBP）の一環として，世界中の湖沼で，物質循環の定量化が試みられた．植物プランクトンの消失過程については，特に炭素や窒素をベースとした定量的な研究が盛んに行われた（例えば，Jassby & Goldman, 1974；Forsberg, 1985）．日本では，諏訪湖や琵琶湖を対象に調査が行われた（沖野，2002）．呼吸や細胞外排泄といった代謝による炭素消失量に加え，動物プランクトンによる捕食と沈降による消失量が定量的に評価された（ただし，植物プランクトンの「溶解死亡」量は，直接は測定されず，全体の消失量のうちの説明できない量として評価された）．

その結果，呼吸による炭素消失量が比較的大きな割合を占める事が多くの湖沼で明らかとなった（Forsberg, 1985）．また，同一湖沼でも季節によって主要な消失要因が異なることが明らかとなった．例えば，琵琶湖では春は呼吸による消失が多いが，夏は動物プランクトンによる捕食による消失が大きな割合を占めた（Nakanishi et al., 1992）．このように，植物プランクトンの主要な消失要因は，湖沼によっても，また季節によっても，異なることが定量的に示された．

14.2.3 植物プランクトンのサイズと消失過程

個々の植物プランクトン種の消失要因は，その細胞サイズによって異なる傾向にある．それは植物プランクトンの細胞サイズが，成長速度や沈降速度，動物プランクトンに捕食されやすさなど，生理的・生態的特性に大きく影響するからである．一般に，植物プランクトンの成長速度は細胞サイズが大きくなるほど低くなる（Reynolds, 1984）．また，細胞サイズが小さいほど，容積に対する表面積（表面体積比，S/V）が大きくなるため，栄養塩の取り込み速度が高くなり，栄養塩を巡る競争に有利であるともいわれる．

細胞サイズによって，捕食される動物プランクトンの種類や，捕食されやすさも異なる．直径20 μm以下の小さな植物プランクトン（ナノプランクトン）は，ミジンコのような濾過食性の甲殻類動物プランクトンに捕食されやすい（Sommer, 1989；Lampert & Sommer, 1997）．それよりも小型の植物プランクトン（＜2 μm，ピコプランクトン）は，甲殻類動物プランクトンに直接捕食されるよりも，鞭毛虫や繊毛虫などの原生動物に捕食される（Azam et al., 1983, 第13章参照）．大型の植物プランクトン（＞20 μm，マイクロプランクトン）は動物プランクトンには直接食べられにくい．

植物プランクトンの沈む速度（沈降速度）もサイズによって異なる．球状物質の沈降速度に関する法則（ストークの法則）に従い，細胞の大きい植物プランクトンは小さいものに比べて容易に沈む傾向にある（Smayda, 1970；Kiørboe, 1993）．

このように捕食者や沈降速度が植物プランクトンのサイズに依存するため，植物プランクトンのサイズによって消失過程が異なり，食物網での位置づけも変わ

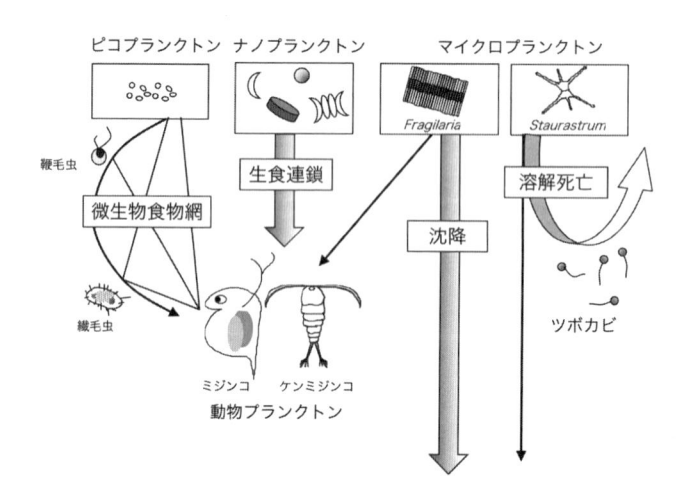

図14.2 琵琶湖のプランクトン食物網
　植物プランクトンサイズによって消失過程が異なり，食物網での位置づけに違いがある．大型の植物プランクトン（マイクロプランクトン）は食物網には組み込まれず，沈降すると考えられてきた．しかし，琵琶湖では，同じ大型の植物プランクトン（マイクロプランクトン）でも，緑藻 Staurastrum は，沈降するのではなく，表層中でツボカビにより溶解死亡することが明らかとなった（Kagami et al., 2006）．また，珪藻 Fragilaria は沈降するが，一部，ケンミジンコには捕食されていた．

ってくる（Kiørboe, 1993）．ナノプランクトンは生食連鎖（Grazing chain）に組み込まれ，動物プランクトンや魚などの上位捕食者の成長を支える（図14.2）．さらに小型のピコプランクトンは，鞭毛虫や繊毛虫などの原生動物に捕食され，微生物食物網（Microbial food web）を介して動物プランクトンに捕食される．大型のマイクロプランクトンは動物プランクトンには食べられにくいため，植食性の魚類が少ない沖帯では，ほとんど食物網には組み込まれないと考えられている．さらに，大型の植物プランクトンは沈みやすいため，表水層から沈降により速やかに消失し，一部は底生生物に捕食されるといわれている（Fitzgerald & Gardner, 1993）．一方，溶解死亡のしやすさと植物プランクトンサイズとの間には現段階では明確な関係は認められていない．ただし，大きい植物プランクトンのほうがツボカビに寄生されやすい傾向にある（鏡味，2008）．

14.2.4 琵琶湖の謎

琵琶湖では大型の植物プランクトンが多く出現し，植物プランクトン全体に占める割合は50％以上にも達する．優占種である大型の珪藻 *Fragilaria* や大型の緑藻 *Staurastrum* は動物プランクトンには捕食されにくい（Kagami et al., 2002）．このような種組成から，動物プランクトンは餌不足となり，湖底への沈降量が増加すると予想される．しかし，琵琶湖の場合，大型緑藻が卓越的に出現している夏においても，動物プランクトンは比較的多く出現し，沈降量は一次生産量の10％にすぎない（Nakanishi et al., 1992）．このような植物プランクトン種組成から推定される物質の流れと，実測値との不一致が「琵琶湖の謎」であった．大型植物プランクトンは何らかの要因によって表水層中で消費されていると考えられる．

大型植物プランクトンの個体群動態を追った研究から，春に優占種となる珪藻 *Fragilaria* はミジンコには捕食されにくく沈降するが，一部，ケンミジンコには捕食されることが判明した（図14.2）．また，夏の優占種である緑藻 *Staurastrum* については，動物プランクトンによる捕食ではなく，沈降する前にツボカビに寄生され，表水層中で溶解死亡している事が明らかとなった（Kagami et al., 2006）．緑藻 *Staurastrum* の90％以上の細胞がツボカビに感染しており，植物プランクトン全体の一次生産量（炭素量）の約25％がツボカビに消費されている計算となった．さらに，ツボカビの一部（遊走子）が動物プランクトンの餌となる

ため，間接的に動物プランクトンの成長も支えられていると考えられる（14.3.2にて詳細に解説）．よって，大型植物プランクトンが卓越している時期にも沈降量は低く抑えられ，動物プランクトンが多く出現できるのだろう．

14.2.5 溶解死亡の重要性の認識

1990年代に入り，琵琶湖だけでなく，海洋においても，植物プランクトンの多くが動物プランクトンに捕食されずに表層中で溶解死亡していることが，明らかとなった．その背景には，生理学的手法を用いた死亡量の定量化が可能となったことがある（Box14.1参照）．それまでは，植物プランクトンの「溶解死亡」量は，直接測定されることはなかった（14.2.2）．全体の消失量のうち，説明できない量を死亡によると仮定されていた（Jassby & Goldman, 1974）．しかし，エステラーゼという植物プランクトンが特に多く持つ細胞内酵素を指標とした方法の開発・適用により，海洋で植物プランクトンの溶解死亡による消失量が実際に測定された（van Boekel *et al.*, 1992；Agustí *et al.*, 1998）．その結果，海洋では，捕食によらない植物プランクトンの溶解死亡が光合成生産の最大75％の規模で起こっている事が報告された（Brussaard *et al.*, 1995）．この発見は，植物プランクトンの溶解死亡を考慮にいれると，物質循環が変わりうる可能性を示唆しており，現在も研究が進んでいる（Kirchman, 1999）．

14.3 植物プランクトンの溶解死亡が物質循環におよぼす影響

捕食によらない表層での溶解死亡を考慮に入れると，植物プランクトンの物質循環の中での位置づけはどのように変わってくるのだろうか．溶解死亡によって，植物プランクトンの細胞内物質が水中にふたたび溶ける事で，バクテリアの成長が促進され，微生物食物網に影響が与えられるだろう（van Boekel *et al.*, 1992；Brussaard *et al.*, 1995）．

ただし，溶解死亡が寄生によるか，生理的死亡によるかによって，水中に放出される物質の量や組成が変わってくることが予想される．環境悪化に伴う生理的死亡の場合，細胞内物質は衰弱する間に消費され，水中に放出される細胞内物質（溶存態有機物DOM）は少なく栄養物質も少ないかもしれない．一方，寄生によ

Box 14.1

植物プランクトンの生死判別法

植物プランクトンの生死を判別するには，細胞構造や光合成／呼吸活性，酵素など様々な指標が用いられる．

最も単純な方法として，原形質の有無を指標にするものがある．この方法は，死亡後に細胞壁が残りやすい種類（珪藻や緑藻，渦鞭毛藻）にのみ適用できるが，ラン藻には適用が困難である．ツボカビの寄生による死亡の場合には，原形質の有無と同時に，ツボカビの遊走子嚢が細胞壁に付着しているかを確認することで検出できる（鏡味，2008）．

光合成や呼吸などの代謝活性の有無で生死を判別する方法もある．光合成活性の有無は，同位体（C13, C14）の取り込みを指標にする．呼吸活性を特定の発色基質（CTC, INT）を用いて調べることもできる．ただし，これらの活性評価には培養を必要とするため，培養条件次第で誤った結論を導く可能性がある．

1990年代，エステラーゼという酵素を指標とした方法が海洋において多く適用された（van Boekel *et al.*, 1992；Agustí *et al.*, 1998）．湖沼においても適用されている（Berman & Wynne, 2005）．エステラーゼを用いた方法では，細胞外に放出されたエステラーゼ量を，細胞あたりのエステラーゼ含有量で割る事で死亡率を定量的に見積もる事ができる．しかし，エステラーゼ含有量やエステラーゼ活性の減衰速度など，重要なパラメーターが種や成長段階によってことなるため，適用にはもう少し考慮が必要である（Berman & Wynne, 2005）．

酵素として，プロテアーゼを用いる方法もある．窒素欠乏などでストレスを受けるとプロテアーゼ活性が上がることを指標に，死亡率が求まる（Berges & Falkowski, 1998）．

細胞が死亡すると，細胞膜透過性が上がることを指標にした細胞消化法（Cell digestion assay）も適用されている（Agustí *et al.*, 2006）．この方法は，染色が不要な点は長所であるが，これも培養を必要とするため，培養条件は慎重に選ぶ必要がある．

死亡に伴うDNA断片化を蛍光顕微鏡観察によって検出するTUNEL法（Terminal d-UTP nick-end labeling）は，キットも販売されており，植物プランクトンにも適用されている（Berman-Frank *et al.*, 2004）．

他にも，様々な生化学／生理学的手法の適用が可能であろう．しかし，培養や染色条件，パラメーターの推定方法など様々な問題点は残る．殻の残る種類であるならば，最も古典的な殻の計数から見積もる方法が安価で確実かもしれない．

る死亡の場合，細胞内物質は寄生生物体と溶存態有機物として水中に放出される．

寄生者がウイルスかツボカビかによっても，放出される物質の質や量は大きく変わってくることが明らかになりつつある．次に，ウイルスとツボカビに分けて，植物プランクトンの死亡からはじまる物質循環について解説する．

14.3.1 ウイルスを介した物質の流れ Viral shunt

シアノバクテリアをはじめ様々な植物プランクトンがウイルス（Phycovirus, cyanophages）の寄生により死亡する（Fuhrman, 1999 ; Suttle, 2005）．ウイルスは植物プランクトン細胞内に自らのDNAを注入したのち，細胞内で増殖する．ウイルスに寄生されると，植物プランクトン細胞内の物質の一部はウイルス体に変換され，残りは細胞溶解とともに水中に放出され溶存態有機物（DOM）となる（図14.3）．この一連の過程により，本来，生食連鎖を通じて動物プランクトンに流れる粒子状有機物（POC）は，溶存態有機物（DOM）に変換され，一部はバクテリアに利用されて微生物食物網に組み込まれる．このウイルスを介した物質の流れは，生食連鎖から脇道にそれるという意味から Viral shunt と呼ばれている

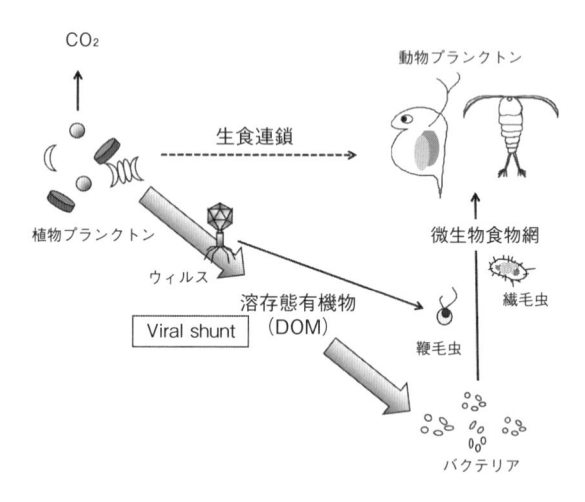

図14.3 ウイルスを介した物質の流れ Viral shunt
ウイルスが植物プランクトンに寄生することにより，本来，生食連鎖に組み込まれるはずであった栄養やエネルギーが溶存の状態に変換される．その溶存態有機物をバクテリアが利用することにより，微生物食物網に物質が流れる．

(Suttle, 2005)．また，炭素や栄養素が微生物食物網の中で循環するという意味から，Viral loop とも呼ばれる（Fuhrman, 1999）．

ウィルス体の一部は鞭毛虫に捕食される（Gonzalez & Suttle, 1993）．ウィルスはおもに核酸で構成されるためリンを多く含むと考えられる．ウィルスの密度は水 1 ℓ 中に 10^9 粒子と非常に多く，リンを多く含むため，鞭毛虫にとっては良い餌源となりうる．

14.3.2 ツボカビを介した物質の流れ　Mycoloop

ラン藻や緑藻，珪藻類，渦鞭毛藻類など，ほとんどの植物プランクトンが寄生性の真菌類ツボカビに寄生される（鏡味, 2008）．ツボカビは植物プランクトンに付着（潜入）し，細胞内にある栄養素を吸い取ることで増殖し，新しい遊走子を水中に放出する（図 14.4）．ツボカビに寄生されると，植物プランクトンの細胞内物質はほとんど遊走子となり，細胞壁は利用されず殻として残る．ツボカビ遊走子は，大きさ 2〜5 μm，良質な栄養素（不飽和脂肪酸・コレステロール）を豊富に含むため，ミジンコやケンミジンコなど甲殻類動物プランクトンにとって良質な餌となる（Kagami et al., 2007）．

大型の植物プランクトンがツボカビに寄生された場合，直接は動物プランクト

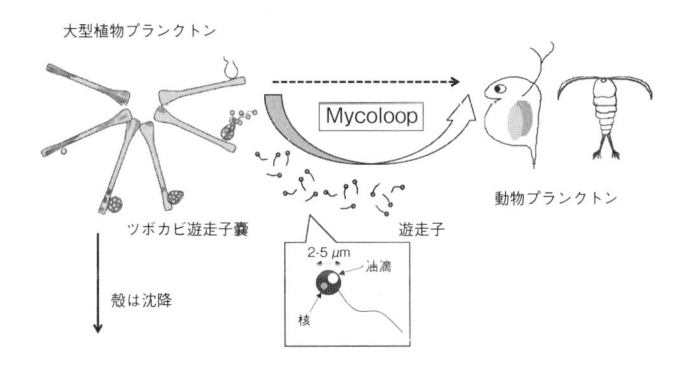

図 14.4　ツボカビを介した物質の流れ　Mycoloop
　　ツボカビは植物プランクトンに付着（潜入）し，細胞内にある栄養素を吸い取る．成長すると遊走子嚢（胞子体）を形成し，中に新しい遊走子が作られる．遊走子嚢が十分に成長すると，新しい遊走子を水中に放出する．この遊走子はミジンコなど動物プランクトンの餌となるサイズである（2〜5 μm）．また大きな油滴があり，動物プランクトンの成長に必須な栄養素（不飽和脂肪酸・コレステロール）が豊富に含まれる．大型植物プランクトンは動物プランクトンには直接捕食されないが，ツボカビを介してミジンコに捕食される（鏡味, 2008）．

ンには捕食されないが，細胞内物質がツボカビ遊走子として水中に放出され，その遊走子がミジンコに食べられるため，ツボカビを介して間接的に食物網に組み込まれる．すなわち，ツボカビは利用されないと思われてきた大型植物プランクトンを，遊走子として小型化しミジンコに運ぶという物質の流れを駆動していることになる（図14.4）．このツボカビを介した物質の流れは，菌（myco-）を介して食物網に戻る，という意味からマイコループ（Mycoloop）と呼ばれている（鏡味, 2010）．琵琶湖では，マイコループの存在により，大型植物プランクトンが大発生している状況でも，沈降量は低く抑えられ，ミジンコは成長できるのであろう．

　植物プランクトンに寄生するツボカビの生物量は，1 ml あたり 10^3 から 10^5 胞子にもなり，鞭毛虫の平均的な密度に匹敵する．近年，分子生物学的解析（DNA解析）により，従属栄養鞭毛虫（HNF）として数えられてきたうちの25％近くがツボカビの遊走子である可能性が浮かび上がってきた（Lefèvre *et al.*, 2007）．従属栄養鞭毛虫はその形態（2～5 μm，2本の鞭毛）がツボカビの遊走子と酷似しているため，蛍光染色して観察しただけでは見分けにくい．もし従属栄養鞭毛虫の多くがツボカビの遊走子であるならば，微生物食物網よりもマイコループによって植物プランクトンから動物プランクトンに物質が流れていることになる．

　ツボカビを介したマイコループと，微生物食物網やウィルスを介した連鎖（Viral shunt）との大きな違いは，植物プランクトンから動物プランクトンへの物質転換効率の高さかもしれない．微生物食物網は，植物プランクトンが排出した溶存態有機物（DOM）から細菌，鞭毛虫，繊毛虫と多くの段階を踏んで動物プランクトンに消費されるため，その栄養転換効率はマイコループ（植物プランクトン―ツボカビ―動物プランクトン）よりも低いと考えられる．植物プランクトンがウィルスに感染し死亡した場合，植物プランクトンの有機物は溶存態有機物（DOM）に変換された後，微生物食物網に組み込まれるため（Fuhrman, 1999），さらに栄養転換効率が落ちる．ツボカビはウィルスに比べ細胞サイズ自体が大きいこと，仮根を用いて寄主細胞に入り込むことにより細胞内物質（特に栄養分）を100％近く吸収・利用できることから，植物プランクトンからツボカビ体へと転換される効率はウィルスよりも高いだろう．

14.4 物質循環の予測

　近年，地球温暖化に伴い，二酸化炭素の貯蔵庫としての植物プランクトンの生産と沈降に注目が集まっている．海洋では，植物プランクトンの沈降に伴う深層での炭素貯蔵量（Biological pump）は，年間3ギガトンと地球上の炭素循環の中で大きな割合をしめている（Suttle, 2005）．もし沈降すると見積もられてきたものの多くが表層中で溶解死亡しているのであれば，炭素のシンクとしての植物プランクトンの機能を見直す必要がある．植物プランクトンがウィルスやツボカビに寄生されると，深層に沈降する炭素量は減少し，呼吸によって空気中に放出される二酸化炭素量が増えるだろう．また，植物プランクトンの溶解死亡によって，炭素は空気中に放出されるが，細胞内に含まれる窒素やリンなどの栄養塩は水中にふたたび溶出する．植物プランクトンの死に方によって，炭素と栄養塩類（窒素やリン）とで異なる循環パタンを生む可能性がある．

　地球温暖化や富栄養化，外来種の侵入や生息地の改変といった環境変動に伴い，寄生生物が増加することも予想されている（Lafferty & Kuris, 2005）．こういった環境変動によって，植物プランクトンの死に方も変わりうるかもしれない．死亡とは，生命活動の終わりではあるが，新たな物質の流れの始まりとも捉えることができる．今後，植物プランクトンの溶解死亡も含め，消失過程を詳細に検討していくことで，物質循環をより詳細に把握することができ，環境変動に伴う生態系の応答の予測性を上げることができるだろう．

第15章 湖沼における底生動物の生態と役割

中里亮治

15.1 はじめに

　底生生物（ベントス）とは，生物を生活型で区分した場合，湖沼や河川，湿地などの水体において，水底の底質中や表面，底質の表面近くで生活する生物を指すが，広い意味で固体と流体の間に生活する生物を含めて言う場合もある．底生生物は大きく底生植物と底生動物に二分されるが普通はベントスといった場合，底生動物を指すことが多い（日本陸水学会，2006）．底生動物には，実に多くの分類群が含まれ，その生息場所も多岐にわたる．ベントスの中でも最大の種数と個体数を示すのはトビケラ，カワゲラ，カゲロウ，ユスリカ類をはじめとする水生昆虫のグループであろう．そのため，底生動物研究において水生昆虫に関する分類学的研究あるいは生態学的研究の事例はきわめて多く，テーマも多岐にわたる．特に近年は環境保全や生物多様性の観点からの研究事例が多い．河川に生息する底生動物の分類や生態については優れた書籍がすでに出版されているので（例えば，近藤ほか，2001；川合・谷田，2005；日本ユスリカ研究会，2010；大串，2011），引用文献を参照していただきたい．

　本章では，底生動物群集の中でも湖沼に生息するマクロベントス（メッシュサイズが 1～4 mm 程度の網で採集できる大きさの底生動物）に焦点を当て，主として食物網や物質循環における役割や，それらの現存量に影響する要因について，最新の知見を含めて概説する．なお本章では深底帯の底生動物を中心に紹介する．その理由として，湖沼の大部分の面積を占め，ほぼ均一な環境が保たれている深底帯での物質循環に関する研究事例が，水生植物帯，砂礫帯，砂質帯など複雑な底質環境で構成される沿岸帯のそれよりも多いためである．逆にいえば，沿岸帯はこのような環境の複雑性・不均一性のため，生物多様性の観点からは非常に興味深い「場」ではあるが，「沿岸帯の底生動物」として食物網や物質循環に関する一般化した情報を限られた紙面下で提供することが非常に難しい．湖沼沿

岸域における沈水植物帯に生息する生物群集の構造や役割については Jeppesen et al. (1998) を参考にされたい.

15.2 湖沼の物質循環・食物網における底生動物の役割

図 15.1 に湖沼の沖帯およびその深底帯における食物網の概念図を示した. 食物網は大きく3つに分けられる. 1つめは一般的に昔から知られている生食連鎖・腐食連鎖, 2つめは 1980 年以降に蛍光顕微鏡の普及や細胞の染色技術の進歩に伴って研究が発展した微生物連鎖 (詳細は第 13 章を参照), そして 3つめは近年注目されているメタン酸化細菌 (methane-oxdizing bacteria：MOB) が関与するメタン食物連鎖である. この中で底生動物が大きくかかわるのは, 生食連鎖・腐食連鎖とメタン食物連鎖である (メタン食物連鎖については 15.2.2 を参照).

湖沼深底帯における底生動物のおもな構成員はユスリカ幼虫, 貧毛類, 貝類, ヨコエビなどであるが, ユスリカ幼虫と貧毛類は個体数および現存量ともに優占する動物群となる. これらの底生動物は, 比較的未分解のままで堆積物上に沈降した植物プランクトン (新生沈殿物) や堆積物上で分解過程にあるこれらのプラ

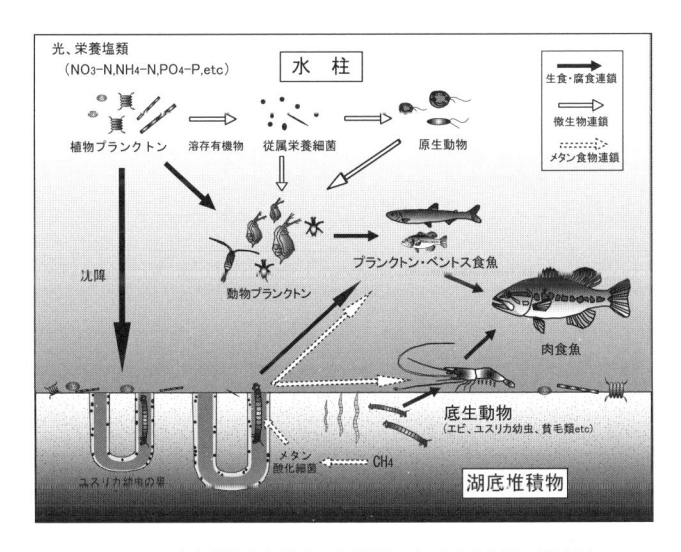

図 15.1　底生動物を主体とした湖沼における食物網の概念図

ンクトン，あるいは堆積物中のデトリタス（食物残渣）や細菌類を食物源にしているため，生食連鎖と腐食連鎖の区別は難しい．

また，ユスリカの仲間であるカユスリカ属（*Procladius*）のような肉食性の底生動物の場合は，動物プランクトンや他のユスリカ種を餌資源としている．その一方で，底生動物は肉食性の魚類や昆虫類などの捕食者に餌資源として利用されている．

15.2.1 底生動物による水および栄養塩の交換

沈降する植物プランクトンを摂食する底生動物は，通常濾過摂食者（filter feeder）と呼ばれ，湖沼の深底帯ではユスリカ幼虫がその代表である．特に大型のユスリカ種であるオオユスリカ（*Chironomus plumosus*）やスミイロユスリカ（*C. anthracinus*）については多くの研究例がある（Armitage *et al.*, 1995）．幼虫は底泥中に自分の唾液と堆積物粒子でU字あるいはJ字型の巣管を作り，巣間中で蠕動運動（排出活動）をしながら水流を起こし，堆積物直上にある植物プランクトンを含んだ湖水を巣内に取り込む（Morad *et al.*, 2010；Roskosch *et al.*, 2010）．Roskosch *et al.* (2010) による室内実験では，体長20 mm程度のオオユスリカ4齢幼虫の場合，巣内に流れ込む湖水の速度（流速）は15 mm/s，また体積換算で40 μl/sと計算された．また運動能力の乏しい蛹の場合は，それらの値が低下し，それぞれ5.1 mm/sおよび11 μl/sであった．さらに彼らはこれらの値を用いて，ドイツのベルリンにあるMüggelsee湖に生息するオオユスリカ幼虫の密度（4齢幼虫：745個体/m^2）を基に当該幼虫によって堆積物直上の湖水が巣管内に運ばれる水量を見積もったところ1.3 m^3/m^2/dayとなった．この値は，オオユスリカ幼虫が起す水流によってMüggelsee湖全体の水（36.5×10^6 m^3）が4.8日ごとに堆積物内の巣管を通過することを意味する．このことからRoskosch *et al.* (2010) は，ユスリカ幼虫による水柱と巣穴間の水交換や濾過摂食は湖沼の物質循環の観点からも重要であると主張している．

ユスリカ幼虫は上記のような摂餌や排出活動を通じて，堆積物の環境を変化させたり，営巣基質とその直上水との間で酸素やアンモニア態窒素およびリン酸態リンなどの栄養塩類の交換を促進する役割を担っている（Frouz, *et al.*, 2004；Nogaro *et al.*, 2008）．またユスリカ幼虫によるこのような活動は，堆積物中の微生物活動を活性化させることも知られている（Kajan & Frenzel, 1999；Stief &

Beer, 2002).

　Henry & Santo（2008）はブラジルのサンパウロにある富栄養の貯水池の内部負荷に対するユスリカ幼虫 *Chironomus* sp. による排出活動の重要性を明らかにするため，*Chironomus* sp. 幼虫によるアンモニア態窒素とリン酸態リンの排出量を調べた．ユスリカ幼虫によるこれらの栄養塩類の排出量の測定は，堆積物がない状態で湖水のみをビーカーに満たした状態で行われた．その結果，幼虫の単位重量あたりのアンモニア態窒素とリン酸態リンの排出速度は，幼虫サイズが大型個体（11〜16 mm）や中型（9〜11 mm）のそれと比較して，小型個体（6〜10 mm）ほど有意に高くなること，またそれらの排出速度は温度依存的（15℃，20℃および25℃では25℃が最も高い）であること報告した．さらに，Henry & Santo（2008）はこれらのデータと貯水池内の 33 サイトの平均幼虫現存量（34 ± 94 mg DW/m^2）から，*Chironomus* sp. によるアンモニア態窒素およびリン酸態リンの排出量をそれぞれ $1,643\pm3,974\,\mu g/m^2/day$ および $2,014\pm5,134\,\mu g/m^2/day$ と見積もった．加えて，貯水池の面積，これらの排出速度および幼虫の平均現存量からユスリカ幼虫によるアンモニア態窒素およびリン酸態リンの栄養塩類の排泄量は，貯水池の外部負荷量のそれぞれ 5 ％および 33％と推定した．これらのことから，この貯水池の場合では，特にリン負荷に対する寄与度が高いことが明らかになった．Nogaro *et al.*（2008）は，有機物含有量の異なる複数の底質で U 字の巣管を形成するドブユスリカ（*Chironomus riparius*）を飼育したところ，当該幼虫による巣管形成や巣管内での蠕動運動およびそれらによって引き起こされる堆積物の撹乱，いわゆる生物撹乱作用は底質によって変化しないこと，またドブユスリカによる撹乱作用によって堆積物中のバクテリアの活性が高められることを示した．

15.2.2　湖沼深底帯の底生動物の食物源

　先述のように，湖沼深底帯の底生動物の中で肉食性の底生動物を除いた濾過摂食者や表層堆積物食者（deposit feeder）の主たる食物源は沈降有機物や堆積物中のデトリタス，原生動物や細菌類である．特に，沈降有機物の主体である植物プランクトンは食物源としてきわめて重要で，後述するようにその量と質は底生動物の成長速度，個体数密度や世代数を制限する要因の 1 つになる（例えば Jónasson, 1972；Nakazato & Hirabayashi, 1998）．底生動物の中でも主要構成員

となるユスリカ幼虫の餌資源については Berg (1995) に詳細に整理されている．

 ユスリカ幼虫の食物源の推定は，従来はおもに2つの手法で行われてきた．1つめは内容物を直接観察する方法である．これはユスリカ幼虫を実体顕微鏡下で解剖して消化管内容物を取り出し，プレパラートに直接内容物をのせて光学顕微鏡で観察するか，あるいは内容物を試験管内に入れて，超音波処理をして十分に分散させ，アクリジンオレンジやDAPIなどの染色剤を加えた後に，フィルター上にろ集し，蛍光顕微鏡を用いて藻類の自家蛍光や染色された細菌類を直接観察・計数する手法である．Johnson (1987) は，スウェーデンのErken湖の深底帯に同所的に生息する2種のユスリカ幼虫，オオユスリカとスミイロユスリカについて顕微鏡レベルでの消化管内容物分析を行い，2種のユスリカ間で餌資源が異なること（前者は植物プランクトンを，後者はデトリタスを摂食），またこれらの食物源の違いから，2種のユスリカは摂食様式が異なる（前者は濾過摂食者，後者は表層堆積物食者）と結論した．

 顕微鏡下で内容物を直接観察するこの方法は，おおよその食物源を目視によって推定できるメリットはあるが，「消化管内容物」イコール「利用可能な餌資源」ではない．なぜならば珪藻などの殻の固い藻類は消化管内で細かく分解されることはほとんどないが，一方で，細菌や原生動物などは速やかに吸収・分解されてしまう可能性があるためである．

 2つめは，ユスリカ幼虫の個体群動態，すなわち個体数（密度）や平均体重・体長の季節変化から成長速度や二次生産量を算出したり，羽化パターンの変化などから，これらの動態に影響する要因を探っていく方法である．Jónasson (1972) は，Esrom湖のスミイロユスリカの成長速度と植物プランクトンによる一次生産量の間に強い相関を見出した．また，Nakazato & Hirabayashi (1998) は，諏訪湖のオオユスリカ幼虫の密度，体長推移および1年間あたりの羽化回数の年次変動から，6～7月の成長速度は水温や溶存酸素量ではなく利用可能な植物プランクトンの量に大きく影響しているとした．これらの研究では，深底帯に生息する大型のユスリカ幼虫の場合，植物プランクトンの中でも「珪藻類」が重要な食物資源であることが指摘されている．

 近年は，脂肪酸の分析や安定同位体比分析を用いた研究により底生動物の食物源や食物網の動態が明らかになってきた（例えば Kiyashko *et al.*, 2004；Goedokoop *et al.*, 1998）．特に不飽和脂肪酸組成や炭素安定同位体比については，これ

らの値が餌となる生物とそれを餌とする生物の間でほぼ一致するという経験則を利用して，底生動物の利用可能な餌資源の推定にしばしば用いられている．なお炭素安定同位体を含めた同位体を利用した食物網解析については第11章で詳しく述べられているのでそちらを参照していただきたい．

　Goedokoop et al. (1998) は，先述した Erken 湖で同所的に生息する2種のユスリカについて，利用可能な食物源や2種のユスリカ間での不飽和脂肪酸組成の違いを調べた．その結果，オオユスリカ幼虫のなかでも春から夏に成長する世代の場合には，植物プランクトンの中では珪藻類に特異的であるパルミトオレイン酸という不飽和脂肪酸が当該幼虫の体に多く含まれることがわかり，食物源として珪藻類がきわめて重要であることを指摘した．またスミイロユスリカの体には細菌類に多いセプタデカン酸の含有量が多いことを見出し，2種のユスリカ幼虫で餌資源が異なることを示唆した．この Goedokoop et al. (1998) の研究は，Johnson (1987) が消化管内容物の研究から結論した2種のユスリカ間での餌資源の違いと，それに関係した摂餌様式の違いを脂肪酸分析の結果から裏付けた．

　近年，安定同位体比を用いた研究により，メタン起源と考えられるきわめて低い炭素安定同位体比を示すユスリカ幼虫の事例が世界の様々な湖から報告されており (Kiyashko et al., 2001; Grey et al., 2004; Jones et al., 2008)，メタンをエネルギー源および炭素源とするメタン酸化細菌 (MOB) がユスリカ幼虫の重要な食物源になっていることが明らかになっている．このメタンを基盤とした，メタン→メタン酸化細菌→原生生物やユスリカ幼虫などの無脊椎動物→魚という食物連鎖の流れは，生食（腐食）食物網や微生物連鎖以外のもう1つの食物連鎖として，また，メタン由来の炭素フラックスを考える上でも，湖沼の生態系において重要な役割を果たす可能性が強く指摘されている (Jones et al., 2008)．Jones et al. (2008) は，世界の87湖沼のユスリカ幼虫の炭素同位体比のデータをまとめた．その結果，特に際立って低い炭素同位体比 ($\delta ^{13}C$) を示した種は富栄養湖や腐食栄養湖に生息するオオユスリカ，スミイロユスリカおよび *Chironomus tenuistylus* の3種であり，これらのユスリカがいる湖は，晩夏の堆積物表面付近の酸素濃度が2〜4 mg O_2/l 以下であった．また彼らは2ソースモデルでユスリカ幼虫への食物資源の寄与度を計算したところ，晩夏の酸素濃度が2 mg O_2/l 以下になった時に MOB が深底帯のユスリカ幼虫の成長に最大限寄与することを明らかにし，最大で幼虫の炭素源の70%をメタン経由で摂取していると見積もった．

貧栄養湖の場合についても研究事例がある．Hershey et al.（2006）は北極域の貧栄養湖では底生動物の二次生産と沖帯の一次生産量の結びつきは強くないという仮説をたて，アラスカにある 20 の貧栄養湖の沿岸帯および深底帯に生息するユスリカ幼虫（Chironomus sp. と Stictochironomus sp.）の安定同位体比を調べた．その結果，沿岸帯のユスリカと比較して，深底帯のユスリカ幼虫の炭素安定同位体比が著しく低いことがわかった．沿岸帯に生息するユスリカ幼虫は付着藻類や陸上由来のデトリタスを食べていることを示す比較的高い炭素安定同位体比を示していたが，深底帯のユスリカはメタン由来の炭素を摂食していることを示唆するような低い同位体比を示した．それらの事実から，Hershey et al.（2006）は北極の貧栄養湖においても，底生動物の重要な食物源は MOB に依存しているケースがあることを示唆した．

15.2.3 餌としての底生動物

一次消費者（二次生産者）に位置づけられる底生動物や他の無脊椎動物を捕食する肉食性の底生動物は，魚類や捕食性の大型無脊椎動物などの高次消費者にとって主要な食物源となる．特に湖沼や河川の河底に生息する底生動物の中でも，ユスリカ幼虫は捕食者の消化管内容物から頻繁に観察される最も重要な餌資源の1つである（例えば Ravinet et al., 2010；Figuero et al., 2010）．

捕食者と被食者となる底生動物との関係については，捕食者の食物源としての底生動物の寄与，捕食者が底生動物の行動，種構成，個体群密度などのダイナミクスに及ぼす直接・間接的影響，底生動物の捕食者からの回避機構など多くの研究事例がある（例えば Armitage, 1995；Ravinet et al., 2010）．

Harrod & Grey（2006）はドイツの Plusharpsee 湖に生息するブリームと呼ばれるコイ科の淡水魚 Abramis brama について，その炭素源としてのユスリカ幼虫の寄与度を見積もった．その結果，ブリームに対するオオユスリカおよびスミイロユスリカによる炭素源の寄与度は最大でそれぞれ 10% および 21% となり，同所的に存在するユスリカでも寄与度に違いがあること示した．

Ravinet et al.（2010）はフィンランド湖水地方にある富栄養の Jyväsjärvi 湖において，魚の炭素源としてユスリカ幼虫を経由したメタン由来の炭素の寄与度を調べた．この湖は最大水深 27 m で夏期に成層し 12 m 以深で溶存酸素濃度がほぼ 0 mg/l になる．深底帯の幼虫はオオユスリカと Propsiloserus jacticus の 2 種

のみで MOB の摂食を示唆する低い炭素安定同位体比を示した．また，深底帯で捕獲したパーチ科の魚 *Gymnocephalus cernuus* はこれらの幼虫を捕食していた．Ravinet *et al.*（2010）は，ユスリカ幼虫を経由した *G. cernuus* におけるメタン由来の炭素の寄与度は最大で 27％，また湖全体で 17％と見積もり，魚の炭素源として深底帯のユスリカ幼虫経由のメタン由来炭素の重要性を指摘した．

15.2.4 捕食者に対する底生動物の回避行動

いくつかの小型無脊椎動物では捕食者に対する何らかの防御戦略をはたらかせる場合がある（第 3 章参照）．例えば，ある種のオタマジャクシは捕食者であるトンボのヤゴがいると体色を黒くし，幅広の尾を発達させる（McCollum & Leimberger, 1997）．また，ユスリカの一種であるヨドミツヤユスリカ（*Cricotopus sylvestris*）幼虫の場合には，捕食者であるヒドラの密度が高くなると体毛が長くなり，若齢幼虫ほど体の大きさに対する体毛の長さが相対的に長くなる（Hershey & Dobson, 1987）．また底生動物の中には，捕食者の匂いがキューとなって，捕食回避行動を示す例も知られている（Kulmann *et al.*, 2008）．Kulmann *et al.*（2008）はヨコエビの一種 *Gammarus pulex* について，彼らの捕食者である魚トゲウオの匂いがある条件とない条件で *G. pulex* を飼育し，行動の違いを調べた．その結果，トゲウオの匂いをつけた水で飼育した場合にのみ，ヨコエビどうしが集合して分布する傾向が見られた．この集団行動はトゲウオからの捕食を回避する行動と解釈されたが，トゲウオによる直接的な捕食行為ではなく匂いのみでこのような行動を示した点は非常に興味深い．

堆積物中で営巣するユスリカ幼虫においても，捕食者の匂いの有無によって摂餌行動が変化する．Hölker & Stief（2005）は流れの弱い小河川，湖沼や池の底泥に生息するドブユスリカが，捕食者の匂いの有無や強弱，利用可能な餌の多寡によって，巣穴の深さや摂食行動を変化させることを実験的に明らかにした．この実験では魚の個体数に対応させた匂いの濃さを 3 段階に，また，餌量を低レベルと高レベルの 2 段階に設定し，幼虫の巣穴の深さおよび幼虫が餌を探索する頻度を観察した．その結果，魚の匂いが濃いときに，最も深い巣穴を形成した．また，魚の匂いが濃いときと餌量が多いときは，餌を探索する頻度が低下した．これは餌を探索する行動が，捕食者の密度あるいは餌量とトレードオフの関係にあることを示すものである．つまり利用可能な餌量が少ないときは，捕食のリスクを犯

してでも摂食行動を優先させるということを意味している.

15.3 湖沼における底生動物の個体数と現存量を制限する要因

　これまで述べてきたように，湖沼の食物連鎖の中で一次消費者に位置する底生動物の場合，その個体数や現存量を制限する生物的要因はおもに利用可能な餌資源の質と量，および捕食圧の強弱である．また非生物要因（環境要因）としては成層の有無とそれに起因する堆積物表層の酸素濃度の高低である．水温や栄養塩濃度は一次生産量と密接に関係するので重要な環境因子になるかもしれないが，これらが湖沼の底生動物の個体数と現存量に直接的な影響を与えていることを示す事例はあまりない.

　一般的に，底生動物の種数は沿岸帯で多く，逆に現存量と個体数は沿岸帯よりも沿岸帯と深底帯の境界付近で最も多くなる．さらに夏期に成層し湖底が嫌気的環境になる状態が数ヶ月続くような湖では，水深に伴って底生動物の現存量と個体数は減少する (Kajak, 1988)．例えば，日光の湯ノ湖は，最大水深 12 m，平均水深 8 m の富栄養湖であるが，6月から約2ヶ月間，8 m 以深で溶存酸素濃度が1 mg/l 以下の状態が続く (Iwakuma et al., 1993)．この湖の深底帯ではヤマトユスリカ (*Chironomus nipponensis*) が優占底生動物となる．石川ほか (2011) の最新の調査により，当該種が最も高い密度と現存量（年平均でそれぞれ約 2000～3000 個体/m^2 および 3000～5000 mg DW/m^2）をもって採集された場所は，夏期でも 2 mg/l 前後の溶存酸素濃度が維持されている水深 8 m 前後の底泥であることがわかった．その水深より浅くてもあるいは深くてもヤマトユスリカの密度と現存量は低かった．さらに石川ほか (2011) は過去の同湖での研究事例から，高密度になる水深のピークに 2 m 前後の年次変化はあるものの，この現象は少なくとも 1930 年頃から現在まで継続している現象であることを見出した．この現象は以下のように解釈できるであろう．(1)水深が浅い場所は酸素が豊富なため，魚が生息できる範囲であることから捕食圧が高くなり，ヤマトユスリカ幼虫の密度が低下する．(2) 9 m 以深になると底泥表層の溶存酸素量が 1 mg/l 以下となるため，捕食圧は低いがヤマトユスリカ自体も代謝に必要な酸素を十分確保できず密度が低下する．(3)溶存酸素量が 2 mg/l 前後の場所は，貧酸素耐性のあるユス

リカ属の仲間であるヤマトユスリカの成長にとっては十分な酸素濃度が提供される場所であり，なおかつ，一般的に魚は溶存酸素量が2〜3 mg/l以上になる場所で生活するため，この場所での捕食圧が低くなり，高い密度と現存量の維持が可能となる．したがって，湯ノ湖の8 m水深前後の領域はヤマトユスリカにとってのサンクチュアリが形成されている場所ともいえる．

このような深底帯におけるサンクチュアリの存在は，豊かな生物多様性や生物量を内包している水草帯のそれに近いものと考えられる．深底帯の底生動物にとってのサンクチュアリについて，その有無やその規模を知ることは，湖全体での底生動物個体群の維持機構を明らかにする上でも，また，食物連鎖および物質循環の一端を解明する上でも重要であるに違いない．

なお，湯ノ湖のように湖沼深底帯に生息するユスリカ幼虫にとってのサンクチュアリが提供されている湖は日本にはほとんどないかもしれない．なぜなら，湯ノ湖のようにある程度の広い面積を持ち，2ヶ月以上にわたって底層での酸素欠乏が続き，かつ深底帯の底生動物にとって利用可能な餌資源が豊富に提供される一次生産量の多い湖は日本ではきわめて稀なためである．

15.4 最後に

本章で述べてきた湖沼の物質循環や食物連鎖における底生動物の役割は，それぞれの湖の栄養状態や優占する底生動物の種組成や現存量の違いに応じて，その貢献度合いが大きく異なる．さらに，同じ湖の場合でも，湖の栄養状態や生物群集の変化に伴う食物網構造の変化によって，当該湖における現在の底生動物の寄与度は過去に知られていたものとは自ずと異なったものになる．例えば，現在の霞ヶ浦や諏訪湖ではユスリカ幼虫の現存量が過去と比べて大幅に減少しており（例えば，中里ほか，2005），ワカサギやハゼ類などの魚類の餌資源としての底生動物の寄与度に関する量的・質的評価の再検討が必要と思われる．

湖沼における食物網の中で一次消費者となる深底帯の底生動物は，一次生産者である藻類の動態に大きな影響を受け，逆に魚類をはじめとする二次消費者の動態にも多大な影響を及ぼす．それゆえに底生動物群集の動態を把握し，これらに影響する要因を解明することは，湖沼環境の変化や環境撹乱に対する生物群集の

応答パターンの一端を理解する上でも必要不可欠なものとなる．残念ながら，今現在モニタリング項目の1つとして継続的な底生動物調査が行われている湖は多くない．今後，日本各地の湖沼で底生動物の調査・研究が進展することを期待する．

第16章 湖沼のレジームシフト

加藤元海

16.1 はじめに

　系がある状態から別の状態へ突然変化する現象は物理学では古くから研究が行われてきており，カタストロフ理論として知られている（Thom, 1972）．また，カタストロフ理論の生態学への応用は比較的早くに提唱されている（Jones, 1975；May, 1977）．一方で，実際には生態系は気候など少しずつ変化する環境に応じて，ほとんどの場合，徐々に変化すると考えられてきた．ところが近年，湖沼を含めた様々な生態系において，ある状態からまったく異なった別の状態へ突然変化するレジームシフト（regime shift）が実際にありうることが具体的にわかってきた（Scheffer *et al.*, 2001；加藤，2005；Genkai-Kato, 2007a）．湖沼は，他の生態系との境界（湖岸）やつながり（流入・流出河川）が明確な半閉鎖系であるため，食物カスケード理論（trophic cascade; Carpenter & Kitchell, 1993）の検証などを例として，淡水生態学においてはしばしばモデル生態系として扱われてきた（Vadeboncoeur *et al.*, 2002）．また小規模な湖沼では，エネルギー収支の見積もりや生態系全体を使った実験が可能であることも淡水生態学の研究を推し進めてきた理由といえる．そのため，湖沼生態系は，一般的なレジームシフトの研究における1つの有力なモデルとなっている（Carpenter, 2003）．湖沼におけるレジームシフトとしては，富栄養化（eutrophication）が起こる際，アオコに代表される植物プランクトンが大発生し，それまで澄んで良好だった水質が突然，汚れた湖になってしまうことが挙げられる．こうした突発的かつ不連続的なレジームシフトがいったん起きてしまうとほとんどの場合，水質の改善は難しい（図16.1）．時には，富栄養化の原因であるリンなどの負荷量を抑制しても，回復が不可能なことさえある．

　湖沼の富栄養化とは，植物プランクトンが増殖する資源となるリンや窒素などの栄養塩が増えることが要因で，もともとは植物プランクトンをはじめとする生

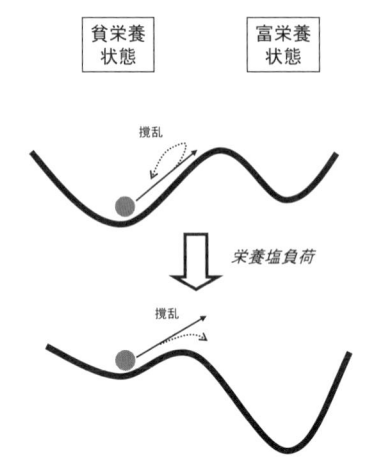

図 16.1 栄養塩負荷などゆっくりとした変化によって，系状態の安定性の地形図が変化し，異なった状態へレジームシフトが起こりうることを表した概念図

この図では，左側ほど好適な系状態（貧栄養）で，右側ほど富栄養化した状態に相当する．平面上の谷がその系状態の安定度を表し，深いほどより安定．平面上に描かれている球が，現在の系状態を示す．同程度の撹乱（撹乱を表す実線矢印が同じ長さ）でも安定状態の谷が深ければふたたび貧栄養状態に戻り（上図の点線矢印），浅ければ右隣の富栄養状態へレジームシフトが起こりやすい（下図の点線矢印）．レジームシフト後の回復過程では，上図に比べて下図では富栄養状態の谷は深いため，貧栄養状態へ戻すのは非常に困難となる．

物生産が高い湖へとゆっくり移行していく自然現象だった．しかし，1960年代の高度経済成長期以降，人間活動の増大により都市や工場・農業からの排水が増えるに伴い，湖沼への栄養塩流入が増加した．湖沼は急速に富栄養化して植物プランクトンが異常繁殖し，水質汚染や低酸素化による魚類の大量死，赤潮やアオコの発生などを引き起こすようになった．琵琶湖では，1977年5月に赤潮が，1983年9月にアオコが初めて確認されている．それ以来，毎年のように発生が続いており，滋賀県では1979年に全国に先駆けて，栄養塩流入の規制を目的とした琵琶湖の富栄養化防止に関する条例を制定している．琵琶湖での富栄養化はレジームシフトであったかは断言できないが，アオコの発生が続いたことから，その可能性も否定することはできない．

　突発的に植物プランクトンが大発生するレジームシフトは，湖沼生態系（lake ecosystem）を管理するにあたり，次に挙げる4つの点で重大な問題となる．①系の変化は徐々に進行するのではなく，突然，不連続的に変化すること．②予兆に乏しくレジームシフトの予測は困難であること．③変化後は以前とはまったく

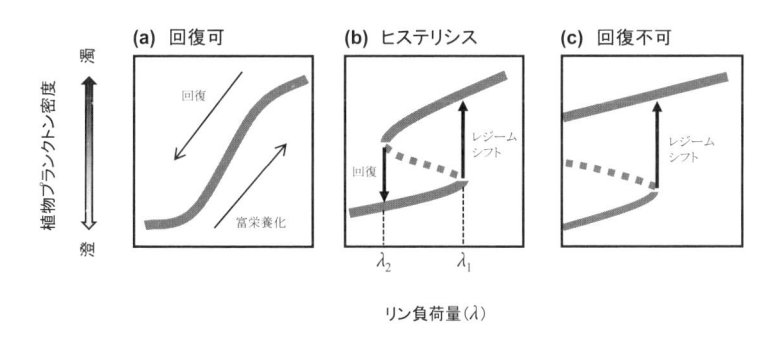

図 16.2 湖沼生態系における水質に関する 3 つの回復可能性
　曲線は，数理モデルから得られた解を表し，実線部が安定解，破線部が不安定解．(a)回復可：富栄養化は連続的に起こり，リン負荷量の減少とともに水質も回復する．(b)ヒステリシスを伴う回復．水質の回復は可能だがヒステリシスを伴う．リン負荷量（横軸）が少ない時には，植物プランクトン密度（縦軸）も少なく，比較的水の澄んだ状態となる（沿岸帯植物は繁茂）．リン負荷量が徐々に増加し，ある臨界量（λ_1）を超えると系の状態は突然上の曲線へと飛躍し，この時，突発的で不連続的な富栄養化（レジームシフト）が起きる（沿岸帯植物は激減）．水質を回復させるためにはかなり厳しいリン負荷量の削減（λ_2）が必要．(c)回復不可：レジームシフトが起こり，富栄養化後はリン抑制のみでは水質の回復は不可能．ヒステリシスの曲線を左側へ平行移動させた場合に相当．

異なった状態になっていること，④変化前の状態への回復が非常に困難なこと．レジームシフトは，リン負荷量が徐々に増加し，ある臨界量（λ_1）を超えると起こる（図16.2b）．いったん富栄養化が起きてしまうと，リン負荷量をレジームシフトが起きた負荷量（λ_1）まで戻しても水質は回復せず，さらに低い（λ_2）まで引き下げると水の澄んだ状態が回復する．系状態（水質）が不連続的に変化する臨界値が，富栄養化する過程（λ_1）と回復する過程（λ_2）で異なる現象はヒステリシス（履歴現象，hysteresis）と呼ばれている．栄養塩が多量に流入しても，すべての湖沼でヒステリシスを伴うレジームシフトが起こるわけではない．リン負荷量の増加と減少に対する湖沼生態系の反応には，①ヒステリシスを伴わずに回復が可能（リン負荷量の減少とともに水質は回復：図16.2a），②ヒステリシスを伴う回復（図16.2b），③回復不可（図16.2c），の3つに分類される（Carpenter *et al.*, 1999）．これら3つのうち，②と③はレジームシフトが起こる．

16.2 レジームシフトの起こる要因

　湖沼において，リン負荷量の「連続的」な増加が，「不連続」な水質の変化を引き起こす要因にはいくつか考えられている．その中でも，沿岸帯植物（macrophytes）の影響が大きい（Jeppesen et al., 1998；Scheffer, 1998）．実際に，沿岸帯植物の有無が湖沼の水質にきれいに現れている例が，栄養塩を豊富に含んだ河川を流入水として共有しているイギリスの2湖沼で示されている（Timms & Moss, 1984）．これらイギリスの2湖沼のうち，一方の湖（Hadsons Bay）では沿岸帯植物のスイレン（water lily）が繁殖し澄んだ水質となっている一方で，他方の湖（Hoventon Great Broad）では沿岸帯植物はなく植物プランクトン密度の指標であるクロロフィル濃度がHadsons Bayよりも1桁ほど高い．一般に，光合成を行うために必要な光をめぐる競争において，湖底から生息する沿岸帯植物よりも，水中に浮遊する植物プランクトンの方が有利となる．貧栄養状態の時には，光をさえぎる植物プランクトンが少ないため，沿岸帯植物は比較的深いところまで分布することができる．沿岸帯植物は湖底に根をはって安定化させることでリンの再循環（recycling）を抑える．また，植物プランクトンの消費者である動物プランクトンにとっては魚の捕食から逃れる隠れ家となる．したがって，貧栄養状態の時には湖底からのリンの再循環が少なく，かつ，動物プランクトンによる捕食圧も高いため，植物プランクトン密度は低く抑えられる．一方，富栄養状態では，高密度な植物プランクトンが光をさえぎることから，沿岸帯植物は比較的浅いところまで分布が狭められる．その結果，比較的広い範囲の湖底からリンの再循環が起こり，動物プランクトンも少ないため，植物プランクトン密度は高いまま保たれる．このように，図16.1で表されたような「貧栄養」と「富栄養」のそれぞれの状態において，その状態を安定化させるフィードバックが存在する．湖沼のレジームシフトでは，おもに沖帯の植物プランクトンと沿岸帯の沈水植物との相互作用の強さが関係しているため，湖沼における沿岸帯の割合が重要な鍵となる．この割合は水深と面積，つまり湖沼の規模に大きな影響を受けると考えられる．

16.3 レジームシフトが起こる可能性

　レジームシフトなどの人為的攪乱に対する生態系の反応に関する研究は，研究費や時間的・空間的なサンプリング頻度などの制限から，実験系や比較的小規模な生態系を用いた操作実験に限られている．しかし，実際には様々な規模の生態系があり，生態系を保全する上では規模にかかわらず研究が行われるべきである．この1つの方法として，実験や小規模生態系から得られた知見を基に数理モデルを用いて予測を行う理論的研究がある．

　Genkai-Kato & Carpenter (2005) は数理モデルを用いて (Box 16.1)，レジームシフトの可能性を湖沼の規模 (面積，水深)，沿岸帯植物の有無，水温と関連付けて調べている．それによると，レジームシフトが起こりやすいのは，面積に関係なく平均水深が中程度の湖沼である (図 16.3)．浅い湖沼では，中心部近くまで沿岸帯植物に覆われるため，リンの再循環を抑制する効果が大きく，結果としてレジームシフトは起きにくくなる．一方，深い湖では，その巨大な深水層によるリンの希釈効果が大きくはたらいて，やはりレジームシフトは起きにくい．中程度の規模の湖沼は，沿岸帯植物の効果がはたらくには深すぎ，希釈効果がはたらくには浅すぎ，貧栄養と富栄養のそれぞれの状態を安定化させるフィードバックがあるためレジームシフトが起こってしまう．また，水温が高いほど生物の活動が高まるのと同様に，湖底から再循環するリンの量も水温とともに高まるため，レジームシフトが引き起こされやすくなる．

　Genkai-Kato & Carpenter (2005) は，沿岸帯植物が湖底に根をはることで湖底

Box 16.1

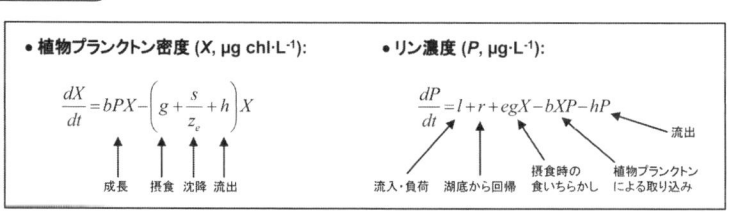

- 植物プランクトン密度 (*X*, µg chl·L^{-1}):

$$\frac{dX}{dt} = bPX - \left(g + \frac{s}{z_e} + h\right)X$$

　　　　　　↑　↑　↑　↑
　　　　　成長 摂食 沈降 流出

- リン濃度 (*P*, µg·L^{-1}):

$$\frac{dP}{dt} = l + r + egX - bXP - hP$$

　　　↑　　↑　　↑　　　↑　　↑
　流入・負荷 湖底から回帰 摂食時の 植物プランクトン 流出
　　　　　　　　　　　食いちらかし による取り込み

湖沼におけるレジームシフトを予測する骨格モデル (Genkai-Kato & Carpenter, 2005 より)

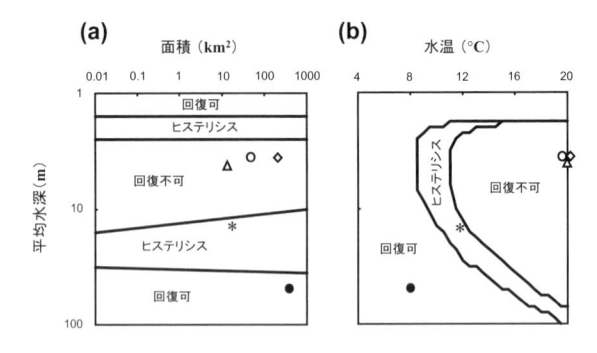

図 16.3 数理モデルによる予測結果
(a)面積と平均水深の影響．(b)夏期における深層水温と平均水深の影響．●＝琵琶湖北湖，○＝琵琶湖南湖，△＝諏訪湖，◇＝霞ヶ浦，＊＝メンドータ湖．

を安定化し，リンの再循環を防ぐ効果に着目している．もう1つの沿岸帯植物のはたらきとして，動物プランクトンに住み場所を提供して，植物プランクトンの増殖を抑える効果もある．動物プランクトンはおもに小魚に捕食されるが，小魚も大型魚食魚からの捕食回避のため沿岸帯植物を隠れ家として利用することが考えられる．したがって，動物プランクトンを介した効果では，動物プランクトンと小魚の間で隠れ家をめぐる駆け引きがあるため，解析が少し複雑になりここでは触れない．詳しくは，Genkai-Kato（2007b）を参照されたい．動物プランクトンが泳いで移動できる距離に制限があるため，ため池や沼など非常に小さな湖沼を除けば，レジームシフトの可能性にはリンの再循環による効果のほうがより強くはたらいていると考えられる．

16.4 実際の湖沼への予測の適用

　この数理モデルは，適用する湖沼の面積，平均水深，夏期における深水層の水温がわかれば，レジームシフトの可能性を予測することができる．日本の代表的な湖である，琵琶湖の北湖と南湖（滋賀県），諏訪湖（長野県），霞ヶ浦（茨城県），古くからアメリカで陸水学的研究が盛んに行われてきたメンドータ湖（ウィスコンシン州）に適用したものを，図 16.3 に重ねて示した（各湖沼の陸水学的なパラメータ値は表 16.1 を参照）．琵琶湖の北湖だけは，レジームシフトの可能性は低

表 16.1　各湖沼の陸水学的なパラメータ値

湖　沼	面積(km^2)	平均水深(m)	深層水温(℃)
琵琶湖北湖	613	43	7
琵琶湖南湖	57	4	>20
諏訪湖	13.3	4.7	20
霞ヶ浦	219.9	4	>20
メンドータ湖	40	12.7	12

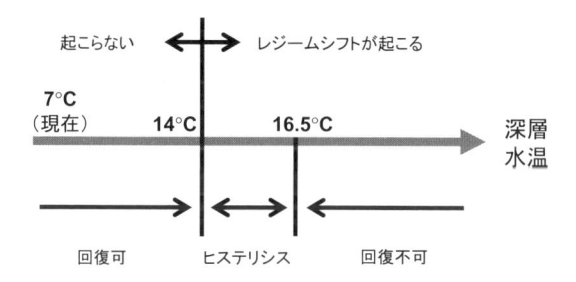

図 16.4　琵琶湖北湖における，夏期における深層水温とレジームシフトとの関係予測

い．メンドータ湖では，レジームシフトは起こるが水質の回復はリン負荷量を大幅に削減すれば可能である．その他の湖沼では，レジームシフトが起こり，水質回復は不可能との予測となった．回復不可となった湖沼はすべて，中程度の平均水深を持ち，水温が高いという特徴がある．

現状では，琵琶湖北湖はレジームシフトの可能性はないと予測されたが，温暖化により仮に深水層水温が現在の7℃より上昇するとレジームシフトが起こる可能性も出てくる（図16.4）．水温が14℃を超えると，ヒステリシスを伴うレジームシフトが起こる．16.5℃以上の場合は，リン負荷量を減らしてもレジームシフト後の水質回復は不可能と予測される．

16.5　おわりに

過去のデータから，レジームシフトが実際に起こったかどうかを判断するには，植物プランクトン密度やクロロフィル濃度の変化が不連続的であったかどうかを検証する必要があり，非常に難しい．Jackson (2003) や Bayley et al. (2007)

は，複数の湖沼の陸水学的データを用いた統計解析から，レジームシフトの存在を検証している．湖底の沈殿物を解析する古生態学的手法を用いて，過去に起きたレジームシフトの検証も行われている（McGowan et al., 2005；Sayer et al., 2010）．また，レジームシフトの前兆をとらえようと試みている研究もある．その中には，生態系構造のパターン形成に着目したレジームシフトの予測（Rietkerk et al., 2004）や，レジームシフトが起こる前の状態変数の変動をとらえる研究（Carpenter & Brock, 2006）などがある．

　ここで紹介した湖沼のレジームシフトに関する数理モデルの予測では，水深が中程度であり夏場の深層水の水温が高いほど，レジームシフトが起こりやすく，かつ，富栄養化後の水質回復は困難であることがわかった．我々が湖沼生態系から受ける飲料水，漁業，娯楽などのサービスは，湖沼の規模に比例して大きくなると考えられる．一方，湖沼の数は小さなものほど多く存在する．したがって，中程度の湖沼は，比較的価値が高く，また身近でもあるため，我々にとっては最も重要な湖沼だといえる．実際，ここで取り上げた日本の湖沼の例では，日本最大の湖である琵琶湖北湖を除いて，レジームシフトが起こりやすく，リン負荷量を減らしても水質の回復が困難であった．

　リン負荷量の削減以外に水質を改善する方法として，植物プランクトンの発生を促進するパラメータ（リン濃度）に対する操作と，状態変数（植物プランクトン密度）に対する操作がある．リン濃度に対する操作としては，湖底にたまったリンなどの栄養塩を浚渫(しゅんせつ)によって取り去ることや，薬剤を投入して湖底に酸素を供給することなどの方法が考えられている．植物プランクトン密度に対する操作としては，食物カスケード効果を期待した大型の魚食魚の導入による食物網の操作（Carpenter & Kitchell, 1993）がある．しかし，いずれの方法も生態系への影響が大きいため，レジームシフトが起こらないように排水規制を強化して，栄養塩流入を抑える方策を取るべきであろう．ただ，工場や農場からの栄養塩排水を完全にストップさせてしまうと，今度は経済の発展が抑えられてしまう．経済や工学，そして生態学の研究者が連携して，栄養塩をできるだけ除去する浄化方法や排水を増やすことなく経済活動が続けられる手段などを開発していく必要がある．日本にはレジームシフトが起こりやすい平均水深が中規模の湖沼が多いため，湖沼管理には，まずは多くの湖沼に適用できるこの数理モデルを活用し，その危険性が高いかどうかを予測することが第一歩となる．レジームシフトでは生

態系構造の大きな変化（例えば，沿岸帯植物優占→植物プランクトン優占）が起こるため，レジームシフトに伴う生態系機能の変化に着目した研究もこれからは重要となってくる（Genkai-Kato *et al.*, 2012）.

　多くの湖沼は河川とつながっており，これら2つの生態系の影響は相互作用している．河川においても，山の手入れをしなくなったのが原因と思われる水質の悪化がみられる．河川上流の渓流部でも洗濯の泡のようなものが浮いて流れていたり，透明から澄んだ青色を保っていた水質が，年々，緑色に変色していく傾向がよく見受けられる．淡水生態系でレジームシフトが起こるとすれば，こうした河川の汚れも湖沼の富栄養化もいったん悪い方向にいってしまえば，容易には元に戻せないことを是非認識してほしい.

第17章 外来生態系エンジニアによる淡水生態系のレジームシフト

西川 潮

17.1 はじめに

　生物の移動・分散を通じた新天地への侵入は，これまでの生物の進化的歴史背景のなかで自然に見られてきた現象の1つである．しかしながら，19世紀以降，文明の発展や貿易の増加，人々の移動手段の多様化に伴い，動植物の意図的，もしくは非意図的導入が劇的に増加し（Jeschke & Strayer, 2005），今や地球規模で生物相の均質化（biotic homogenization）が進んでいる（Olden et al., 2004）．このように，意図の有無にかかわらず，本来の生息域を越えて移入・導入された生物は，"外来種（外来生物）（alien species, non-indigenous species）"と呼ばれ，生態系や人間社会への被害が大きいものは，"侵略的外来種（侵入種）（invasive species, invasive alien species）"と呼ばれる．

　外来種は，交雑，競争，捕食，病気の媒介などを通じて，遺伝子から景観レベルの生物多様性を喪失させることがある．例えば，タイリクバラタナゴ（*Rhodeus ocellatus ocellatus*）は，ニッポンバラタナゴ（*Rhodeus ocellatus kurumeus*）と浸透交雑することにより，在来亜種の遺伝的固有性を喪失させる（河村ほか，2009）．アフリカ・ビクトリア湖に導入された捕食魚ナイルパーチ（*Lates niloticus*）は，導入されて数十年後には，300種以上の在来カワスズメ科魚類の大半を絶滅に追いやってしまった（Goldschmidt et al., 1993）．また，通称「ザリガニ・ペスト」の名で知られるアファノマイシス菌（*Aphanomyces astaci*）は，1860年にイタリアでその存在が確認された後，100年の間にヨーロッパ全土に拡散し，各国で在来ザリガニの大量死を引き起こしている（Ackefors, 1999）．

　自然界には，生態系エンジニア（ecosystem engineer）と呼ばれる，直接的もしくは間接的に環境の物理化学構造を改変し，結果，他生物の餌や棲み場といった資源利用様式を変化させる生物が多く知られている（Jones et al., 1994）．水生植物のように，その存在が他生物の棲み場や餌を提供する生物は"自成型の生態系

エンジニア (autogenic ecosystem engineer)" と呼ばれるのに対し，ゴカイのように，自身の採餌活動に伴う底泥の撹拌（生物撹拌，bioturbation）が他生物の分布様式に影響を与える生物は "生成型の生態系エンジニア (allogenic ecosystem engineer)" と呼ばれる．ときに，外来種は，生態系エンジニアとして，土壌や植生などの環境構造を改変し，生態系の構造や機能に思わぬ波及効果を与えることがある (Crooks, 2002)．本章では，外来生態系エンジニアの侵入・消失が淡水生態系の安定平衡状態を変化させるといった，まだ事例の少ない最新のトピックを紹介し，その波及効果やメカニズムについて論じる．

17.2 外来生態系エンジニアと淡水生態系のレジームシフト

　平均水深が3～6m以下の浅い湖沼や池，湿地には2つの安定平衡状態がある．一方は，水草の優占する透明な水の系（状態Ⅰ），もう一方はアオコに代表される植物プランクトンの優占する濁った水の系（状態Ⅱ）である．従来，状態ⅠからⅡへの移行は，リンや窒素の過剰供給に伴う富栄養化や，農薬による動物プランクトンの死滅，水位の上昇などが，そして状態ⅡからⅠへの移行は，プランクトン食魚の死滅や水位の低下などが駆動因となることが知られてきた (Scheffer et al., 2001)．このような，生態系の安定平衡状態の変化はレジームシフト (regime shift) と呼ばれる（第16章参照）．近年の研究からは，外来種の侵入や消失が双方向へのレジームシフトを誘発しうることが示唆されている（表17.1）．この節では，外来性の水草，巻貝，二枚貝，ザリガニ，魚類の侵入に伴う浅い湖沼，ため池，もしくは湿地のレジームシフトの事例を取りあげる．

17.2.1 外来水草の侵入・消失に伴うレジームシフト（Ⅰ→Ⅱ）

　浅い湖沼池や湿地において，水草は透明な水の系の指標種となるが，外来水草が侵入することにより，透明な水の系から濁った水の系へのレジームシフトが起こることがある．ニュージーランド北島のオマペレ湖 (Lake Omapere) では，外来種オオカナダモ (Egeria densa) が侵入し大繁殖した結果，在来水草種を完全に駆逐してしまった (Schallenberg & Sorrell, 2009)．その後もオオカナダモは大繁殖を続けたが，突如としてこれらが枯死し，オマペレ湖は，外来水草の優占する

表 17.1 淡水生態系のレジームシフトを誘発する外来生態系エンジニア，およびそのメカニズム

和名（科）	学名	レジームシフト (I：透明な水の系, II：濁った水の系)	想定されるメカニズム	国	生態系	出典
水草						
オオカナダモ（トチカガミ科）	Egeria densa	I → II	大繁殖後の大量死	チリ, ニュージーランド	湿地, 湖	Marin et al. (2009), Schallenberg & Sorrell (2009)
魚類						
ブラウンブルヘッド（アメリカナマズ科）	Ameiurus nebulosus	I → II	底生動物の捕食, 生物攪拌	ニュージーランド	湖	Schallenberg & Sorrell (2009)
キンギョ（コイ科）	Carassius auratus	I → II	水草の摂食	ニュージーランド	湖	Schallenberg & Sorrell (2009)
ラッド（コイ科）	Scardinius erythrophthalmus	I → II	水草の摂食	ニュージーランド	湖	Schallenberg & Sorrell (2009)
テンチ（コイ科）	Tinca tinca	I → II	水草の摂食	ニュージーランド	湖	Schallenberg & Sorrell (2009)
コイ（コイ科）	Cyprinus carpio	I → II	水草の摂食, 栄養塩の排泄, 生物攪拌	ニュージーランド, アメリカ合衆国	湖, ダム湖	Cahn (1929), Matsuzaki et al. (2007), Schallenberg & Sorrell (2009)
甲殻類						
アメリカザリガニ（アメリカザリガニ科）	Procambarus clarkii	I → II	水草の摂食・破壊, 生物攪拌	スペイン, 日本	湖, ため池	Rodriguez et al. (2003, 2005), Yamamoto (2010), Maezono & Miyashita (2004)
ラスティーザリガニ（アメリカザリガニ科）	Orconectes rusticus	I → II	水草の摂食・破壊	アメリカ合衆国	湖	Lodge et al. (1994), Roth et al. (2007)
シグナルザリガニ（ザリガニ科）	Pacifastacus leniusculus	I → II	水草の摂食・破壊	日本	湿地	高村ほか (2005), Usio et al. (2009)
貝類						
ゼブラガイ（カワホトトギスガイ科）	Dreissena polymorpha	II → I	水中の微細有機物・栄養塩のろ過吸収	アメリカ合衆国	湖	Zhu et al. (2006)
クワッガガイ（カワホトトギスガイ科）	D. bugensis					
スクミリンゴガイ（リンゴガイ科）	Pomacea canaliculata	I → II	水草の摂食, 栄養塩の排泄	タイ	湿地	Carlsson et al. (2004)

透明な水の系から植物プランクトンの優占する濁った系へと変化した．大量の枯死した植物体に含まれる栄養塩，ならびにこれまで水草に吸収されていた底泥中の栄養塩が水中に回帰するようになったことにより，レジームシフトが起きたものと考えられる．水草の大量死の原因については，はっきりしたことはわかっていないが，ニュージーランド北島は比較的水温や気温が高く，底泥の貧酸素化が促進されやすい条件にあったことがその一因としてあげられている．

一方，チリのリオ・クルーセス湿地（río Cruces Wetland）では，外来水草の消失が湿地生態系のレジームシフトをもたらしたことが報告されている（Marín et al., 2009）（図17.1）．リオ・クルーセス湿地は，面積が4877 haに及ぶ広大なラムサール条約（特に水鳥の生息地として国際的に重要な湿地に関する条約）の登録湿地であり，97種あまりの鳥類が湿地を棲み場や産卵場，採餌場として利用する．なかでも水草を主食として利用しているクロエリハクチョウ（*Cygnus melancoryphus*）は象徴的な存在である．このリオ・クルーセス湿地で，2004年の異常気象に伴い生態系に異変が起きた．2004年以前には湿地全体の47%を占有していた外来種オオカナダモが，2004年の低温・少雨に伴い消失し，水中の全リン濃度が2003年9月の0.04 mg/lから2年後には約2倍の0.07 mg/lに増加した．さらに，オオカナダモの消失に伴い，1999～2004年前期には，平均5000羽のクロエリハクチョウがリオ・クルーセス湿地で目撃されていたのに対し，異常気象後の2005年2月には，その個体数が289羽にまで減少した．リオ・クルーセス湿地では，気候変動に伴う湿地の水位の低下と乾燥化の影響を受けて，湿地の優占種である外来種オオカナダモが消失し，レジームシフトを誘発したのである．

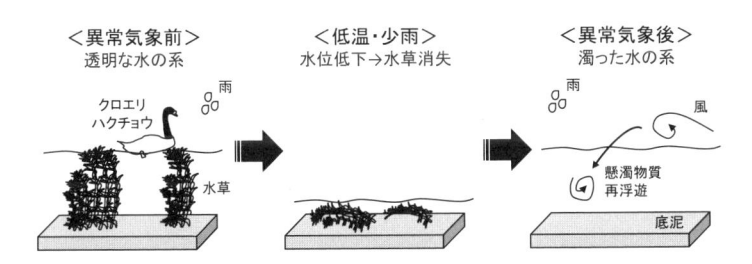

図17.1 チリのリオ・クルーセス湿地（río Cruces Wetland）におけるレジームシフトの概念図
2004年の異常気象に伴い，湿地の水位が低下し，乾燥化して外来種オオカナダモ（*Egeria densa*）が消失し，透明な水の系から濁った水の系へと変化した．Marín *et al.* (2009) をもとに作図．

17.2.2 外来巻貝の侵入に伴うレジームシフト（Ⅰ→Ⅱ）

スクミリンゴガイ（*Pomacea canaliculata*）は，最大殻長 80 mm，湿重量 120 g になる大型の巻貝で，水草を摂食することが知られる．タイのクロン・チョンプラタン（Klong Chonprathan）流域で行われた野外調査の結果から，外来種スクミリンゴガイの生息密度が高い湿地では，水生植物がほとんど認められず，また，スクミリンゴガイの個体数密度と，全窒素濃度，全リン濃度，ならびに植物プランクトンの現存量（クロロフィル a 量）との間に高い正の相関が認められた（Carlsson *et al.*, 2004）．エンクロージャー（囲い込み；水の移動や小型水生生物の移出入を妨げないよう，網で水域の一部を囲い込んだ実験設備）を用いた野外実験から，スクミリンゴガイが導入された処理区では，対照区と比べて，水草の現存量が 40% 以下を示し，植物プランクトンの現存量は 1.6～3.8 倍も高い値を示した．スクミリンゴガイが湿地に侵入し，高密度・高バイオマスになると，水草が摂食されつくされ，また，これら外来貝が多量の栄養塩を排泄することにより，富栄養化が促進される．タイの湿地では，スクミリンゴガイが湿地のレジームシフトの駆動因となっている．

17.2.3 外来二枚貝の侵入に伴うレジームシフト（Ⅱ→Ⅰ）

外来種の侵入に伴い，濁った水の系から透明な水の系へのレジームシフトが起こることもある．アメリカ東海岸のオニイダ湖（Lake Oneida）では，1991 年に初めてゼブラガイ（*Dreissena polymorpha*）が目撃され，1992 年には，ゼブラガイ，および同属の外来種クアッガガイ（*D. bugensis*）あわせて，湖全体の生息密度が 44000 個体/m^2，平均殻長が 2.8 mm を記録した（Zhu *et al.*, 2006）．その後，1997 年にはこれら外来二枚貝の生息密度は，礫帯で 45000 個体/m^2，砂帯で 10000 個体/m^2，泥帯で 3000 個体/m^2 を記録し，平均殻長が 5 年間で約 3 倍の 8.7 mm にまで増加した．

オニイダ湖では，外来二枚貝の侵入・成長に伴い，水質に大きな変化が認められた．外来二枚貝侵入前（1975～1990 年）と比べ，侵入後（1991～2002 年）には，平均透明度が 2.6 m から 3.5 m に上昇し，全リン濃度が 0.35 mg/l から 0.20 mg/l にまで減少した．また，水質の浄化に伴い，水草の生育可能な水深（水面の 1% の光が到達する深さ）が侵入前後で 6.7 m から 7.8 m に上昇し，水草の生育可能な面積が湖全体で 23% 増加した．潜水および水中音波調査の結果から，外来

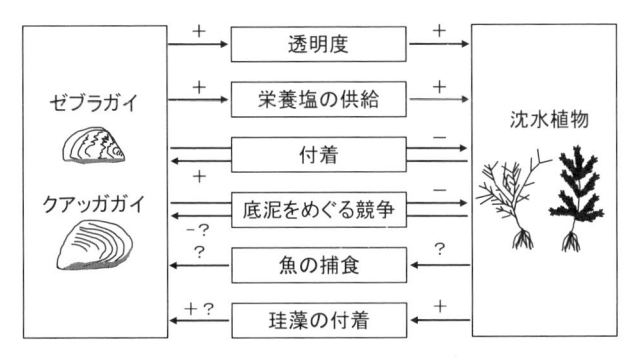

図17.2 ゼブラガイ（*Dreissena polymorpha*），クアッガガイ（*D. bugensis*）と沈水植物の関係
＋は正の効果，－は負の効果，？は効果が不明．Zhu *et al.*（2006）をもとに改図．

二枚貝侵入前は，水草が認められる最大水深が3.0 mであったのに対し，侵入後は5.1 mになった．さらに，外来二枚貝侵入後は湖内の水草の種多様度および出現頻度が増加し，侵入前は暗い場所で生育する水草種が優占していたのに対し，侵入後は，より明るい場所で生育する水草種も認められるようになった．

外来二枚貝と沈水植物の間には，様々な相互作用が想定される（図17.2）．外来二枚貝は，懸濁物質や植物プランクトンを濾過摂食することにより湖水の透明度を増加させ，また，偽糞や糞の排泄を通じて，水中から吸収した栄養塩を底泥に再配置させる．その際，底泥に排泄された栄養塩は水草の生育に直接利用される．一方で，外来二枚貝は，水草に付着することにより，水草の生育・成長を阻害する．通常，水草は泥帯に多く認められるのに対し，外来二枚貝は礫帯で高密度になるため，好適な生息・生育場所が両者で異なることが，水草に対して正の効果を与えることに繋がったのであろう．水草と外来二枚貝間には，両者の底泥をめぐる競争や，隠れ家の提供（水草）を介した外来二枚貝への魚の捕食圧の減少，さらには，水草への珪藻の付着に伴う外来二枚貝への餌資源の供給といった相互作用も想定されるが，これらの効果は実証されていない．

17.2.4 外来ザリガニの侵入に伴うレジームシフト（Ⅰ→Ⅱ）

ザリガニ類は，水草の摂食・破壊を通じて，水草の現存量を著しく減少させる．外来・在来ザリガニともに水草を摂食・破壊するが，なかでも，外来ザリガニが，摂食の際に水草の茎を食いちぎったり，植物体を細分化させたりするエンジニア

効果は甚大である (Lodge *et al.*, 1994；Usio *et al.*, 2009). これは, 水草が, 共進化の歴史を持たない外来植食者に対して, 対捕食者戦略となる形質 (植物体の硬さ, 化学物質など) を十分に発達させていないことによるものであろう. この節では, 外来ザリガニによる浅い湖沼, ため池, 湿地のレジームシフトの事例を紹介する.

浅い中栄養湖では, 透明な水の系を維持する上で, 水草は欠かせない存在である. スペインのチョザス湖 (Lake Chozas) では, 1995～1996 年にアメリカザリガニ (*Procambarus clarkii*) が侵入した結果, 95～97％の湖面を覆っていた水生植物が 2％未満にまで減少し, クロロフィル a 量および全リン濃度が約 6 倍増加して中栄養湖から過栄養湖に変化したことが報告されている (Rodríguez *et al.*, 2003, 2005). 水生植物の著しい減少に伴い, 巻貝綱やトビケラ目幼虫を含む 7 分類群の底生無脊椎動物が消失するとともに, カエル類の産卵が認められなくなり, 採餌, 産卵, 越冬に訪れる鳥類の種類は, ザリガニ侵入前と比べて侵入後に 25～64％減少した.

釧路湿原の湿地湖沼でも, 過去にレジームシフトが起きている. 釧路町の達古武湖 (達古武沼とも呼ばれる) では, 1982 年には, 全リン濃度が 0.03 mg/l, 全窒素濃度が 0.7 mg/l, クロロフィル a 量が 10 mg/l であったのが, 2001 年には, 全リン濃度が 0.09 mg/l (約 3 倍増), 全窒素濃度が 1.5 mg/l (約 2 倍増), クロロフィル a 量が 100 mg/l (約 10 倍増) になった. また, 水草種は, 1975～76 年および 1991 年には 24 種が記録されていたが, 2005 年には 16 種 (約 67％) となり, 水草の被度も激減した (高村ほか, 2005；角野, 2007) (図 17.3). 達古武湖流域における生物調査および水質調査から, 達古武湖におけるレジームシフトは, 地下水を介した周囲からの栄養塩の過剰流入, 釧路川からの富栄養化した逆流水の流入, そして外来種シグナルザリガニ (ウチダザリガニ) (*Pacifastacus leniusculus*) の侵入などの影響を受けていると考えられた. シグナルザリガニの侵入とレジームシフトとの因果関係を調べる目的で, 近隣のシラルトロ湖においてエンクロージャーを 20 基設置し, 野外操作実験を行ったところ, ザリガニを導入したエンクロージャーでは, 導入後 18 日以内に沈水植物が摂食・破壊され, 消失した (Usio *et al.*, 2009). 達古武湖では, 前述のゼブラガイの例とは逆の現象が起きた可能性が高い. すなわち, 達古武湖の富栄養化が進むことにより, 湖水の透明度が低下して水草の生育可能面積が縮小し, 水深の浅い場所に局所的に残された水

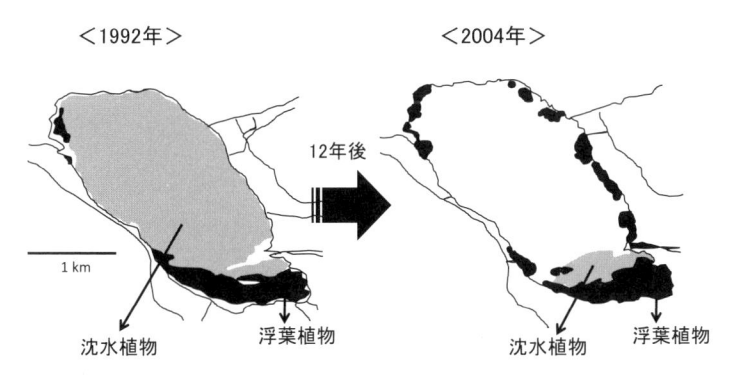

図 17.3 釧路湿原達古武湖（達古武沼）で起こった透明な水の系から濁った水の系へのレジームシフト
1992 年に湖面を覆っていた沈水植物の大部分が, 2004 年までに消失した. 1992 年の図は国土地理院の達古武沼湖沼地図 1：25000 より, 2004 年の地図は高村ほか (2005) より引用.

草が, おもに湖岸に生息するシグナルザリガニ (Usio *et al.*, 2006) によって摂食・破壊され, 水草の衰退に追い討ちをかけたのであろう. シグナルザリガニはまた, 水草の摂食・破壊を介したエンジニア効果や捕食を通じて, 他の底生無脊椎動物の棲み場や隠れ家, 餌資源を消失させ, 大型の底生無脊椎動物（アカンコツブムシ (*Gnorimosphaeroma akanense*), トビケラ目幼虫, ヤゴなど）の生息個体数を著しく減少させた（対照区と比べザリガニ区で 31～81％）. それに伴い, 直接ザリガニの捕食を受けにくい小型の底生無脊椎動物（ヒゲユスリカ族 (Tanytarsini) など）は, 大型の底生無脊椎動物の捕食圧や競合圧から開放されたことを受けて, その生息個体数が増加した（対照区と比べてザリガニ区で 180～270％）. ザリガニの侵入に伴い, 底生動物の群集構造も完全に変化してしまったのである.

外来種どうしの生物間相互作用の変化が生態系のレジームシフトを誘発した事例もある. 埼玉県のため池には外来魚（オオクチバス (*Micropterus salmoides*), ブルーギル (*Lepomis macrochirus*)) と外来ザリガニ（アメリカザリガニ）が生息するが, 外来魚の多い池ではアメリカザリガニの生息個体数が少なく, 反対に, 外来魚の少ない池ではアメリカザリガニの生息個体数が非常に多い (Maezono & Miyashita, 2003). Maezono & Miyashita (2004) は, 池のサイズや池周囲の土地利用などの環境条件が似ている 6 つのため池を選定し, うち 3 池を干して, オオクチバスとブルーギルを除去した. その結果, 外来魚除去後 1 年目には, 除去池

において，在来魚や一部の底生動物の個体数が増加したが，そこにアメリカザリガニが次々と移住したことにより，池面の約80%を覆っていた浮葉植物（ヒシ）が消失した．アメリカザリガニの移住とヒシの消失に伴い，外来魚除去前はヤゴが約10種認められていたのに対し，外来魚除去後は，約半分の5～6種に減少した．したがって，埼玉県のため池では，アメリカザリガニが外来魚の捕食圧から解放され（中位捕食者の解放, mesopredator release）(Soulé et al., 1988)，ザリガニの摂食活動が活発になって水草が消失したことにより，ため池生態系のレジームシフトを誘発したのである．

アメリカ合州国ウィスコンシン州の湖では，外来種ラスティーザリガニ（Orconectes rusticus）の侵入が湖沼生態系の安定状態の変化と密接な関係にある（Roth et al., 2007）（図17.4）．ラスティーザリガニが，在来のサンフィッシュ科魚類（ブルーギル，パンプキンシード・サンフィッシュ（L. gibbosus））の生息密度が高い湖に侵入すると，稚ザリガニがサンフィッシュ（科魚類）の著しい捕食を受けるため，成体に達するザリガニの数が少なくなる．その結果，水草がザリガニの摂食から守られ，サンフィッシュ稚魚の餌や隠れ家が増えるため，サンフィッシュの生息密度が高く保たれる．一方，ラスティーザリガニがサンフィッシュの生息密度の少ない湖に侵入すると，稚ザリガニに対するサンフィッシュの捕食圧が低いために，多くのザリガニが成体に達するようになる．その結果，ザリガニの摂食を受けて水草が消失し，サンフィッシュ稚魚の餌や隠れ場が喪失する

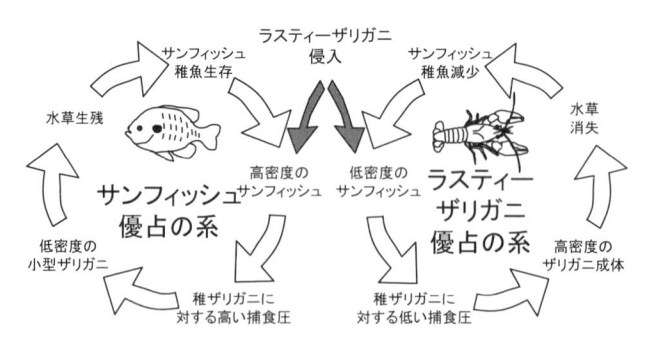

図17.4 ウィスコンシンの湖における双安定系
　在来のサンフィッシュ科魚類（ブルーギル（Lepomis macrochirus），パンプキンシード・サンフィッシュ（L. gibbosus））の優占系（左），および外来種ラスティーザリガニ（Orconectes rusticus）の優占系（右）は，それぞれが内性的なフィードバックを通じて安定状態が維持されている．Roth et al.（2007）をもとに改図．

のでサンフィッシュの生息密度が低く保たれる．したがって，ウィスコンシンの湖では，サンフィッシュが優占する系，そしてラスティーザリガニが優占する系の双安定系が存在し，それぞれが内生的なフィードバックによって維持されている．

17.2.5 外来魚類の侵入に伴うレジームシフト（Ⅰ→Ⅱ）

　コイ類やナマズ類といった底生魚もまた，レジームシフトを引き起こすことが示されている．Schallenberg & Sorrell（2009）は，文献収集，ならびに聞き取り調査を通じて，ニュージーランドの95の湖の安定状態を調査したところ，37の湖において，過去にレジームシフトが起こっていることが明らかになった．レジームシフト湖は，非レジームシフト湖と比べ，周囲の牧草地の面積が多く，ブラウンブルヘッド（*Ameiurus nebulosus*）やキンギョ（*Carassius auratus*），ラッド（*Scardinius erythrophthalmus*），テンチ（*Tinca tinca*），コイ（*Cyprinus carpio*）といった外来底生魚の出現頻度・種数が多い傾向にあった．また，アメリカ合州国中西部のダム湖では，釣り人が生き餌として使ったコイがダム湖で増殖し，繁茂していた水草が一掃された（Cahn, 1929）．その後，水が引いたダム湖の湖底に無数のコイの採餌痕が残されていたことから，コイが水草を摂食しつくしたものと考えられている．隔離水界（水の移動や小型水生生物の移出入を制限するため，強化ポリエチレンなどのシートで水域の一部を囲い込んだ実験設備）を用いた操作実験からは，コイは，栄養塩の排泄，および生物撹拌を介した底泥からの栄養塩の回帰によって水中の栄養塩濃度を上昇させ，結果，植物プランクトンの大発生を引き起こすことが示されている（Matsuzaki *et al.*, 2007）．このように，底生魚は，底泥の撹拌，ならびに水草の現存量を直接的・間接的に減少させることにより，生態系のレジームシフトを引き起こす．

17.3 今後の課題

　本章では，外来生態系エンジニアの侵入や消失が双方向のレジームシフトの駆動因となりうることを示した．外来種の侵入・消失に伴う淡水生態系のレジームシフトの事例は世界的にみても少ない．それを実証するためには，多くの場合，

長期的モニタリングを通じて，外来種の移入・消失前後の水質や生物の変動を明らかにする必要があるためである．また，外来生態系エンジニアの侵入を予測することはきわめて困難であることに加え，これらの影響は環境や生物の種構成によってその強度が異なるため，必ずしもある湖沼池でレジームシフトを引き起こした外来生態系エンジニアが他の湖沼池でレジームシフトを引き起こすとは限らない．外来種の侵入は，多くの場合，気候変動や乱獲，他の外来種の侵入といった複数の環境ストレス要因と相互作用を示すため，これらの相対的重要性を明らかにすることも重要となる．

　今後，上記を視野に入れ，レジームシフト誘発のメカニズムを明らかにすると同時に，外来生態系エンジニアが淡水生態系のレジームシフトを誘発する際の閾値（threshold）や，劣化した生態系を修復する際の閾値を明らかにすることは，生態系管理の面で有用な情報を提供するであろう．この目的のためには，長期的な水質や生物のモニタリングをはじめとして，空間パタンの解明を目的とした広域野外調査，因果関係の解明を目的とした野外操作実験，外来種の順応的管理を目的とした野外調査，さらには要因解析や順応的管理の検証を目的とした理論研究といった様々な研究アプローチを併用し，多角的に調査研究を進めていくことが望ましい．

第18章 古陸水学的手法による近過去の湖沼生態系変動の解析

槻木玲美

18.1 はじめに

　数十年～数千年スケールでの気候変動に加え，近年の人間活動の高まりにより，生態系が様々な点で変容してきた．将来を見据え生態系を再生させていく上で，変容前の生態系の姿とその変容過程を明らかにすることは，目指すべきゴールを明確にするために不可欠な情報である．しかし，定期的な観測は，変容の深刻さが問題となった1970年代以降に始まることが多く，変容前の，いわば，生態系のリファレンスコンディション（reference condition）を観測データから知ることは一般に困難なことが多い．一方，生物は環境変化に対して，素早く適応し進化していることが近年，明らかにされつつある（Hairston *et al.*, 1999）．従来の野外調査や室内実験を駆使した生態学的アプローチでは，その進化過程を数十年

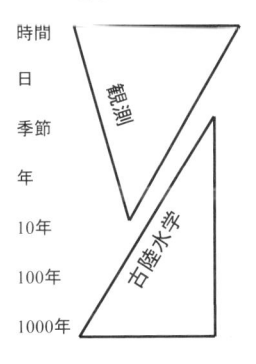

図18.1　様々な時間スケールの生態系モニタリング
　　　　水域生態系のモニタリングは，数時間から数日にわたる実験，ある季節・数年にわたる野外調査に加え，数十年から数百年，数千年と過去にさかのぼって，モニタリングできる古陸水学的手法を含めた様々な時間スケールの手法を合わせて活用することで，生態系の状態を連続的に評価することが可能となる．Smol（1992）より．

以上の長期にわたって追跡していくことは困難であった．しかし，古陸水学（Paleolimnology）では，数十年以上の長い時間スケールで，環境変化に対する生物の進化的応答や，定期観測以前の生態系の姿とその変容過程を再現することが可能である（図18.1：Smol, 1992）．本章では，近年，急速に進展しつつある，過去100年程の近過去復元のための古陸水学を紹介し，近年の環境変化が湖沼生物群集に及ぼしてきた影響や，生態学・進化生物学の理論そのものの検証に堆積物中の休眠卵やシストが解析対象として用いられた事例を紹介する．

18.2 古陸水学とは

湖沼生態系の多くは閉鎖性水域であり，環境変化の影響を敏感に受け，その履歴は湖底の堆積物へ年代順に，年輪のように記録されていく．従来の古陸水学（Paleolimnology）は，比較的長い時間スケール（1000年から10万年）を対象に，火山灰や^{14}Cなど放射性同位体で年代測定を行い，堆積物に残る珪藻遺骸や花粉などの指標（プロキシ）を用いて，数千年スケールでの過去の気候変動，集水域の植生の変遷や湖沼の内部生産，水質環境を復元することに主眼を置いてきた．しかし，近年は，人間活動の影響が顕在化する近過去（10年から100年）の生態系の変遷について，分子生物学や安定同位体科学，分析化学などの最新の手法や生態学的な知見を取り入れ，数年あるいは一年単位の高い時間解像度で，様々なプロキシを駆使した精度良い復元が可能となっている（Jeppesen et al., 2001；Smol & Douglas, 2007b；Neff et al., 2008）．

古陸水学では，湖の堆積物は，生物群集や湖沼生態系，その周辺環境に関する情報を時系列に沿って収蔵している標本庫であり，いかにこの標本庫から有益な情報を抽出するかが，研究を進展させる鍵を握っている．現在，広く利用されているプロキシ（間接指標）から得られる情報は，気候・大気降下物などの広域的なものから，湖沼の水質や生物種の進化・移入などの局所的ものまで広範囲にわたる（図18.2：槻木・占部, 2009）．湖底堆積物に残された生物・化学情報から湖沼生物群集を復元する方法は，種レベルで復元できるものと，群集レベルで復元可能なものがある．例えば，藻類の一種である珪藻類は殻全体が残り，動物プランクトンのミジンコ類は，各種の殻の一部が遺骸として残存するため，これらの

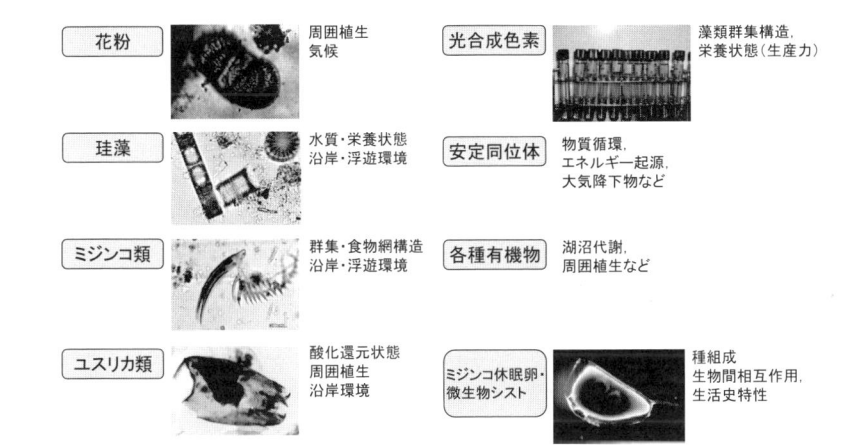

図 18.2　古陸水学で用いられる湖底堆積物の生物・化学情報
　古陸水学では，各種プロキシ（間接指標）を用いて，過去の湖沼環境に関する情報を得る．例えば，花粉や珪藻遺骸，各種有機物のプロキシデータからは，気候や集水域の植生，湖沼の栄養状態に関する情報が得られ，安定同位体分析からは，物質循環や大気降下物の影響に関する情報を得ることが可能である．槻木・占部（2009）より．

遺骸を顕微鏡下で計測していくことで種レベルでの復元が可能となる（Jeppesen et al., 2001；Smol & Douglas, 2007b）．一方，珪藻類や大型緑藻類以外の藻類は，遺骸がほとんど残らないため，種レベルでは復元できないが，各分類群に特有の光合成色素を定量分析することで，ラン藻や緑藻類といった分類群レベルでの復元が可能である（Leavitt et al., 1989）．このように，復元可能な対象生物に限界はあるものの，古陸水学的視点からの研究は，過去にさかのぼって，観測が実施されていなかった時代からの湖沼生物群集の復元を可能にし，さらに，分析化学や分子生物学などの発展と合わせることで，生態系モニタリング手法として，今後，有効性が増していくと期待される．さらに，堆積物中の休眠卵やシストは，タイムカプセルのように過去の遺伝情報を保持したまま，保存されており，しかも環境変化に対する生物の進化的応答の解明にも役立つので，解析対象として重要性が増すと考えられる．

18.3 休眠卵やシストを使った進化生物学的視点からの研究

多くの淡水プランクトンは，栄養塩・餌不足など生存に不適な環境条件下になると，その不利な期間を生き延びるために，休眠卵やシスト（休眠期細胞・囊子）を作る．例えば，動物プランクトンのミジンコ類（Cladocera）は，通常，環境条件が良好であれば，メスがメスを産む単為生殖により繁殖しているが，環境条件が悪化するとオスが生まれ，有性生殖によって，卵鞘という耐久性のある鞘につつまれた休眠卵を産卵する．一部の休眠卵は孵化することなく，遺伝情報を保持したまま，堆積物中に休眠状態で保存される．言い換えれば，休眠卵やシストは，堆積層の中で「眠った」状態で保存されている．そこでこれらを「よみがえらせる」ことができれば，過去の長期間にわたる遺伝情報や各生物の生態学的特性に関する情報を引き出すことが可能である．こういった観点から，休眠卵やシストは，環境変化に対する生物の進化的応答を検証する解析対象として利用されている（Cousyn et al., 2001；Hairston et al., 1999；Decaestecker et al., 2007）．ドイツ，スイス・オーストリアに面しているコンスタンツ湖では，かつて1960年代後半から70年代まで富栄養化によりアオコ（Microcystis：しばしば毒性を持つ）の繁茂が著しかった（図18.3(a)：Hairston et al., 1999）．アオコ発生前後の富栄養化し始めた時期の堆積層から，カブトミジンコ（Daphnia galeata）の休眠卵を採集し，休眠卵からの孵化個体を用いて実験を行ったところ，アオコに対する抵抗性が弱かった．しかし，富栄養化が著しく進行した1978～1980年のカブトミジンコはアオコに対する抵抗性が強くなっていたという（図18.3(b)）．これは，カブトミジンコがアオコの繁殖する環境下に何年もさらされ，自然淘汰により，湖水中にアオコが多少含まれていても増殖速度が低下しにくい遺伝子組成へと変化した，迅速な進化の例である．

一方，捕食圧の変化に対する餌生物の適応進化について，Cousyn et al.（2001）は，ベルギーの湖の堆積物に保存された休眠卵を用いて検証した．休眠卵からオオミジンコ（Daphnia magna）をよみがえらせ，これらオオミジンコの行動（走光性）が捕食者の魚が放流された前後で，どのように変化するのかを調べた．彼らは，遺伝的に同一なクローンが20クローン以上得られるまで1000個以上の休眠卵を孵化させて実験を行った．実験の結果，魚が放流され捕食圧が高まった1970

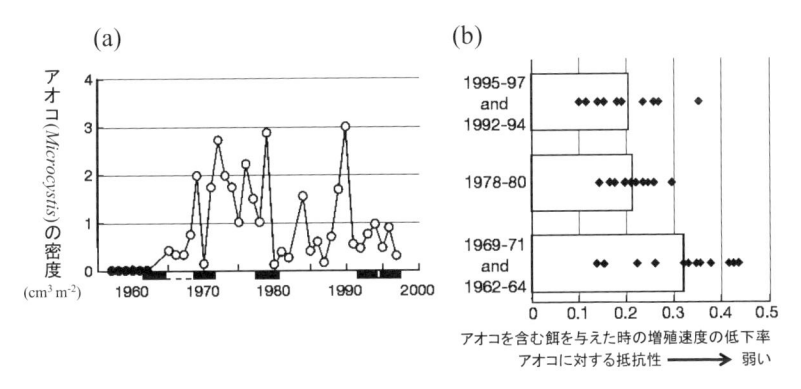

図 18.3 コンスタンツ湖におけるカブトミジンコ (*Daphnia galeata*) のアオコ (*Microcystis*) に対する抵抗性の変化

(a) 観測データに基づく夏季におけるアオコ (*Microcystis*) の密度変化．1960 年頃はアオコの密度が極端に低い．黒の太線は実験で用いた堆積物中の *Daphnia* 休眠卵を孵化させた時期に相当する．

(b) 3つの時期 (アオコ発生前の 1962〜64 年・発生直後の 1969〜71 年と，富栄養化の進行によりアオコの繁茂が著しかった 1978〜80 年，富栄養化が収束した 1992〜94 年・1995〜97 年) でのカブトミジンコ (*D. galeata*) のアオコに対する抵抗性の違い．アオコに対する抵抗性が弱いとは，*Microcystis* を含む餌を与えた時に増殖速度が大きく低下することを意味する．増殖速度の低下率は，カブトミジンコに緑藻類 (*Scenedesmus*) のみの良質な餌を与えた時の増殖速度 ($g_{j,good}$) とアオコを 2 割混ぜた餌を与えて培養した時の増殖速度 ($g_{j,poor}$) の差を反映 ($R=(g_{j,good}-g_{j,poor})/g_{j,good}$)．各種の点と棒は実験に用いたカブトミジンコの各クローンの低下率とその平均値を表す．Hairston *et al.* (1999) より．

年代後半は，放流前の時期と比べ，多くのクローンが捕食者の存在を知らせる物質 (カイロモン) にさらされると捕食回避の行動，すなわち光から遠ざかる行動を示した．放流後，ふたたび魚が減少した時期は，カイロモンにさらされても，反応が鈍いもの，逆に光のある方向へ近づくものがあった．こういった行動の変化は捕食圧による自然選択が餌生物の適応進化を促している証拠だといえよう．

さらに宿主と寄生者間での共進化について，Decaestecker *et al.* (2007) は，同じく，ベルギーの 2 つの湖の堆積物から休眠状態にあった宿主のオオミジンコとその寄生性細菌 (*Pasteuria ramos*) を休眠卵とシストからよみがえらせ，宿主—寄生者間の感染率の変化を時系列で明らかにした．その結果，寄生者の胞子数は時間とともに増加し，宿主の繁殖率は減少するが，宿主の抵抗力はわずか数年のうちに増加した．さらに，この宿主の側の抵抗力の強化が，寄生者側の対抗する手段の発達を促すことになる．その結果，宿主と寄生者間の感染率は，昔のそれとほとんど変わらず，両者の関係は，"軍拡競争[1]" による膠着状態が続いている

18.4 環境変化とミジンコの生活史

前述したように，動物プランクトンのミジンコ類 (Cladocera) は，環境条件が悪化するとオスが生まれ，有性生殖を行うことが知られている．有性生殖によって産まれた卵は，卵鞘という鞘につつまれた休眠卵であり，湖底に堆積する．休眠卵から個体が孵化した後でも，卵鞘は湖底堆積物に保存されるため，堆積物の卵鞘数を調べることで，休眠卵生成量の増減，いわば過去の有性生殖の頻度を知る重要な手掛かりとなる．

コンスタンツ湖において過去100年にわたるミジンコ類の休眠卵量とそれらの

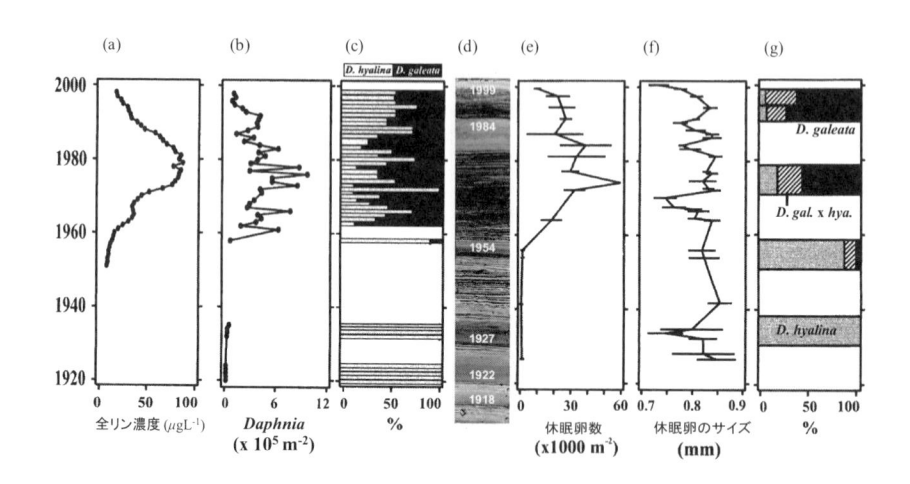

図 18.4 コンスタンツ湖における観測データ (a-c) と湖底堆積物から得られた長期データ (e-g)
(a) 冬季の全リン濃度．(b) ミジンコの年平均密度．(c) ウスカワハリナガミジンコ (*Daphnia hyalina*) とカブトミジンコ (*D. galeata*) の割合．(d) 堆積物断面の写真．(e) 卵鞘数に基づく休眠卵数 (平均値と標準誤差)．(f) 休眠卵のサイズ (平均値と標準誤差)．(g) 休眠卵の形態から推定される *D. hyaline*, *D. galeata*, および両種の雑種 *D. galeata hyalina* の割合．a-c, e-g：Jankowski & Straile. (2003)．d：Brede *et al.* (2009) より．

---

1) 軍拡競争：植物と草食動物，捕食者と被食者，寄生者と宿主など，一方が他方に悪影響を与える種間関係において，攻撃される側が防御機構を発達させれば，攻撃する側もそれを打破する方策を進化させ，さらにより良い防御機構，それに対応する攻撃方法を発達させるといった，生き残るための両者の終わりなき戦いのこと．

遺伝情報を調べた結果，20世紀初頭，本湖には在来種のウスカワハリナガミジンコ（*Daphnia hyalina*）しか生息していなかったが（Jankowski & Straile, 2003），1950年代以降，富栄養化が進行し，カブトミジンコ（*D. galeata*）の侵入と定着が顕著となったことが明らかとなった．カブトミジンコの侵入後，両種の雑種（*D. galeata hyalina*）が形成されるようになり，産みだされた休眠卵数は劇的に増加したものの，それらの多くはカブトミジンコや雑種によるもので，在来種のウスカワハリナガミジンコは休眠卵をほとんど産まなくなったという（図18.4：Jankowski & Straile, 2003；Brede *et al.*, 2009）．

18.5 琵琶湖の過去100年にわたるモニタリング

日本最大の湖である琵琶湖では，わが国の中でも早くから生物の定期調査が実施されてきている湖沼である．それでも，データが公開されている系統だった定期調査は，京都大学（大津臨湖実験所：現生態学研究センター）での1965年から（Mori *et al.*, 1967），滋賀県では1979年からの実施である．琵琶湖集水域は，戦後の高度経済成長とともに1960年頃より大きな変貌を遂げ，その結果として富栄養化が進行した（Nakanishi & Sekino, 1996；Ogawa *et al.*, 2001）．かつて，琵琶湖は貧栄養湖であったと言われているが，上記したように定期調査を開始したのは，富栄養化の進行途上であるため，富栄養化する前の琵琶湖の生物群集は，科学データの上ではきわめて断片的な知見しかなかった．

古陸水学的手法により，富栄養化以前からの琵琶湖の生物群集を復元する試みを行ったところ，緑藻類や珪藻類，ラン藻類といったほとんどの植物プランクトン分類群で1960年頃より現存量が大幅に増加し，80年代前半に減少あるいは増加が頭打ちとなり（図18.5），富栄養化がほぼ収束していることが明らかとなった（Hyodo *et al.*, 2008；Tsugeki *et al.*, 2010）．

1980年以降，富栄養化の進行は収まったが，植物プランクトンを種レベルでみると，引き続き変化が生じている（図18.5：Tsugeki *et al.*, 2010）．例えば，琵琶湖固有種である大型珪藻のアウラコセイラ・ニッポニカ（*Aulacoseira nipponica*）は，琵琶湖の冬季を代表する植物プランクトンであったが，1980年代以降，急速に減少し，代わりに鞭毛を持ち自由遊泳することが可能なクリプト藻など小型藻

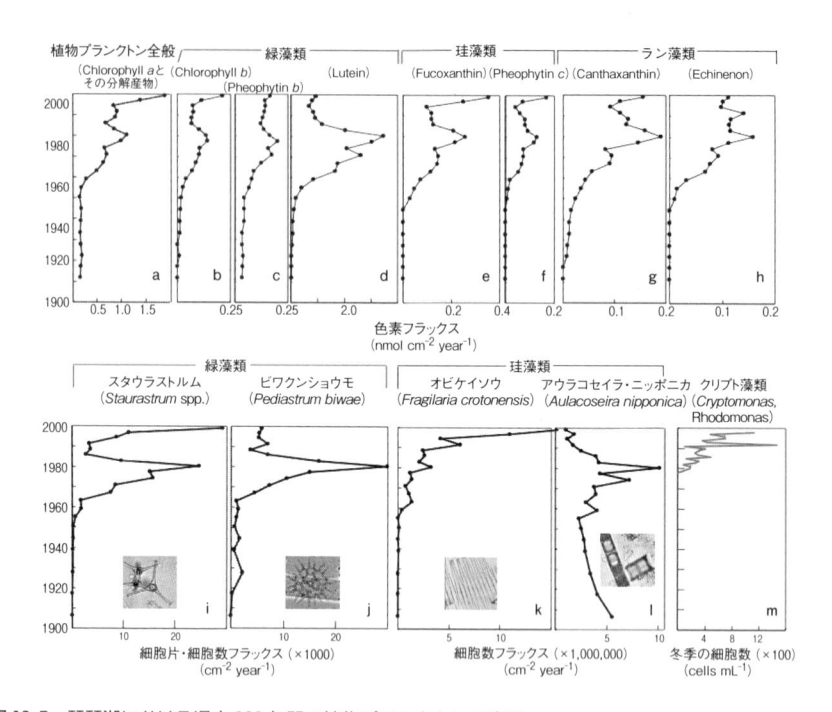

図18.5　琵琶湖における過去100年間の植物プランクトンの変遷
a-h：堆積物の色素分析による各植物プランクトン分類群の変遷，i-l：堆積物の遺骸から復元した緑藻と珪藻種の変遷，m：1979年より開始した観測データ．Tsugeki et al. (2009, 2010) より．

類が卓越するようになった（図18.5(ℓ), (m)）．さらに，初春には，汎存種であるオビケイソウ（*Fragilaria crotonensis*）が増加するようになっている（図18.5(k)：Kagami et al., 2006）．アウラコセイラからクリプト藻への置き換わりは，栄養環境の変化では説明がつかない．ガラス質の厚い殻を持つアウラコセイラ・ニッポニカは，湖の表層から底まで混合する鉛直循環が起きる冬の時期に優占する（例えば Kawabata, 1987）．一般に，アウラコセイラは重たい殻を有するため，鉛直循環が起きにくい条件下は，光の届かない無光層に沈みやすく，不利である（Reynolds, 1984）．逆に，鞭毛によって自由遊泳し自身の鉛直位置を定位できるクリプト藻類は，湖水が鉛直循環しないほうが有利である．一方，アウラコセイラ・ニッポニカの減少に伴い，冬季に珪酸が消費されず春季の珪酸濃度が枯渇しなくなるため，同じ珪藻のオビケイソウの増加には有利となる．しかも，オビケイソウは珪酸とともに，窒素濃度が豊富な条件下で卓越するようである

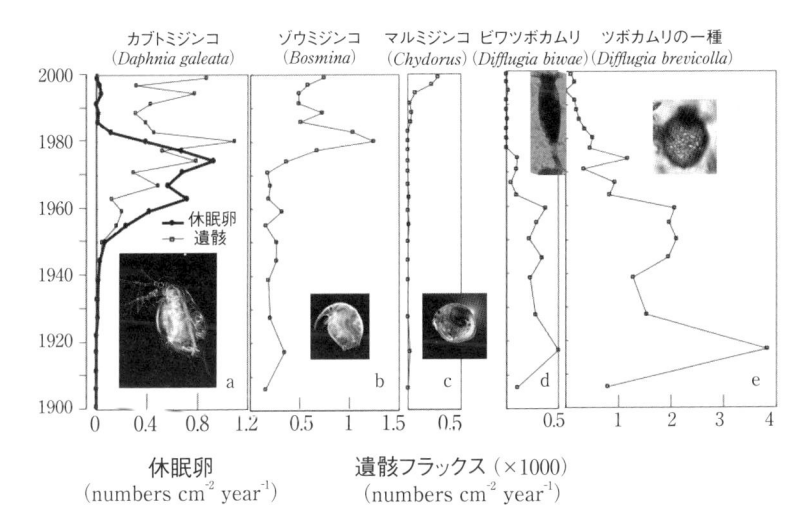

図 18.6 琵琶湖における*Daphnia galeata*(カブトミジンコ)の浮遊個体数・休眠卵数と小型動物の変遷
a-c：ミジンコ類，d-e：ツボカムリ類．いずれも湖底堆積物の遺骸分析から復元．カブトミジンコの浮遊個体数は堆積物中の遺骸（尾爪）から，休眠卵数は卵鞘数から復元．Tsugeki *et al.* (2003, 2009) より．

(Interlandi *et al.*, 1999)．したがって，このような各藻類種の成長特性を勘案すると，近年，琵琶湖でみられる冬季から春季の植物プランクトン群集の変化は，栄養塩負荷の増加に加え，温暖化に伴う湖水の冬季鉛直循環強度の低下により生じた現象と考えられる (Tsugeki *et al.*, 2010)．琵琶湖 40 万年の歴史の中で，珪藻群集においてオビケイソウが優占することは，かつてなかった (Mori & Horie, 1975；Kuwae *et al.*, 2004)．現在の藻類群集は，琵琶湖の環境がこれまで経験したことのない状況になっていることを示唆している．

一方，動物プランクトンに関しては，興味深いことに，現在，主要な優占種の1つであるカブトミジンコは，1960 年以前はきわめて少なく，富栄養化が進行した 1960～1970 年代に劇的に増加していた（図 18.6）．しかし，ミジンコ類とは対象的に，琵琶湖固有種であるビワツボカムリ (*Difflugia biwae*) など，有殻アメーバ類である底生性のツボカムリ類は，1960 年以前は多くみられたが，1960～1970 年代に激減し，特にビワツボカムリは，80 年以降，ほとんど確認されておらず，近年は絶滅状態にあることが判明した．このことは富栄養化が進行した 1960 年代に，湖底への有機物供給量が大きく増加し，湖底環境が急激に悪化したことを

示唆している（Tsugeki et al., 2003）．

　さらに1980年以降は，プランクトン種の組成が変化するだけでなく，ミジンコの生活史も変化していることが判明した（図18.6）．琵琶湖の堆積物中の休眠卵とミジンコの個体数を反映する遺骸（尾爪）を詳細に調べたところ，現在，優占するカブトミジンコ（*D. galeata*）の個体数は，富栄養化が進行した1960～1970年代に増加し，1980年以降も高い現存量が維持されている（Tsugeki et al., 2003）．しかし，驚くべきことに1980年以後，休眠卵の産卵はほとんど行われなくなっていることがわかった（図18.6：Tsugeki et al., 2009）．琵琶湖のカブトミジンコにとって，1年を通じて最も厳しい季節は，水温が低く，餌（藻類）が欠乏する冬である．しかしながら，休眠卵を産卵しないにもかかわらず，変わらず高い現存量を維持していることは，カブトミジンコにとって冬が厳しくなくなったことを意味している．実際，冬に動物プランクトンとして採集されるカブトミジンコ個体は近年増えつつある（Tsugeki et al., 2009）．それでは，なぜカブトミジンコにとって，冬が厳しくなくなったのだろうか．琵琶湖では，1980年頃より，冬季の水温が顕著に上昇していることが明らかとなっている（遠藤ほか，1999；速水・藤原，1999）．しかし，近年みられる冬期の水温上昇は1～2℃程度であり，カブトミジンコの生残を劇的に改善したとは考えにくく，むしろ，冬季の温暖化が餌環境を好転させ，ミジンコの生活史をも変化させたようである．前述したように，1980年代以前は，琵琶湖固有種で大型珪藻のアウラコセイラ・ニッポニカ（*Aulacoseira nipponica*）が，冬季を代表する植物プランクトンであった（図18.5(ℓ)：Tsugeki et al., 2010）．ミジンコは，水中の粒子を濾し集めて食べる濾過摂食であり，その体の大きさに依存して捕食できる餌サイズが異なる．1980年代頃まで冬期に優占していた大型のアウラコセイラはミジンコにとって摂食しにくいサイズの藻類である．一方，80年代以降，大型のアウラコセイラは急速に減少し，代わりに，鞭毛を持ち自由遊泳することが可能なクリプト藻などの小型藻類が卓越するようになった（図18.5(m)）．クリプト藻はミジンコにとって摂食しやすいサイズで質的に良い餌であり，このような冬季温暖化に起因する餌環境の変化がミジンコの浮遊越冬を可能にしたと考えられる．

18.6 湖沼生態系の保全目標設定への適用

　湖沼生態系は我々の生活に欠かせない飲み水を提供する貴重な水資源であり，人為的な攪乱によって生態系が劣化した場合，劣化前の状態を取り戻そうとする取り組みがこれまで様々な形で実施されてきた．だが，劣化した湖沼生態系を再生させる際には，目指すべきゴールを明確にしておく必要がある．2000年に採択されたEUによる水政策枠組み指令（the European Council Water Framework Directive; WFD；European Union, 2000）では，2015年までにEU水域のすべての湖を「生態学的に健全」な状況にすることを目的としている．「生態学的に健全」な状況を定義するためには，まず現在の状況が過去の人為的影響の少なかった時代の状況と比べ，どのように異なるのかを評価する必要がある（European Union, 2000；Barbour et al., 2000）．しかし，前述のように，定期的な観測は人間活動の影響が顕在化した後に実施されることが多く，人為的な影響が少なかった頃の生態系の状態を知る手がかりはきわめて少ない．トランスファーファンクション法（変換関数法）は，生態系再生の目標設定にかかせない，生態系が変容する前の状態を定量的に数値化できる評価手法として，世界では，ここ20年の間に数多くの研究が実施されている（例えばBennion et al., 2004）．

　トランスファーファンクション法は，ある程度広い環境傾度を持つ湖沼群で得られた環境変数（pH・全リン濃度など）と各湖沼の堆積物表層の生物群集組成（過去数年分の平均的な出現率や個体数）のデータセットから構築された各種の最適な環境変数値と変換関数を使って，堆積物コアの遺骸群集組成を変換関数に与えることで，堆積当時の環境を推定する方法である．これは，各湖沼での各種の環境変数に対する生態的特性や応答（例えば出現率）が時間を経ても変化しないことを前提としている．変換関数には，加重平均（weighted averaging：WA）法，部分最小二乗（partial least squares：PLS）法，これらを組み合わせたWA-PLS法などいくつかのキャリブレーションモデルが考案されている．例えば，加重平均（weighted averaging：WA）法は，データセットから得られた各種最適値の出現率による加重平均を環境変数の推定値とするモデル（図18.7(a)）であり，得られた推定値は観測値に近づく（図18.7(b)）．こうした手法を用いて過去の環境変化を連続的かつ定量的に再現する研究がヨーロッパを中心に数多く行われて

(a)

$$\hat{x}_i = \sum_{k=1}^{m} y_{ik} \hat{u}_k / \sum_{k=1}^{m} y_{ik}$$

種 k の出現率

湖沼 i あるいは柱状試料サンプル i の推定値

種 k の最適環境値

(b)

表層遺骸群集各湖沼の全リン濃度を用いて得られた推定値 (μg L^{-1})

$R^2 = 0.91$

各湖沼で観測された全リン濃度 (μg L^{-1})

(c)

WA Annual mean TP Data AD

・1991
・1987
・1983
・1979
・1972
・1960
・1943
・1927
・1911
・1900

堆積物コアの遺骸群集組成から復元された全リン濃度 (μg L^{-1})

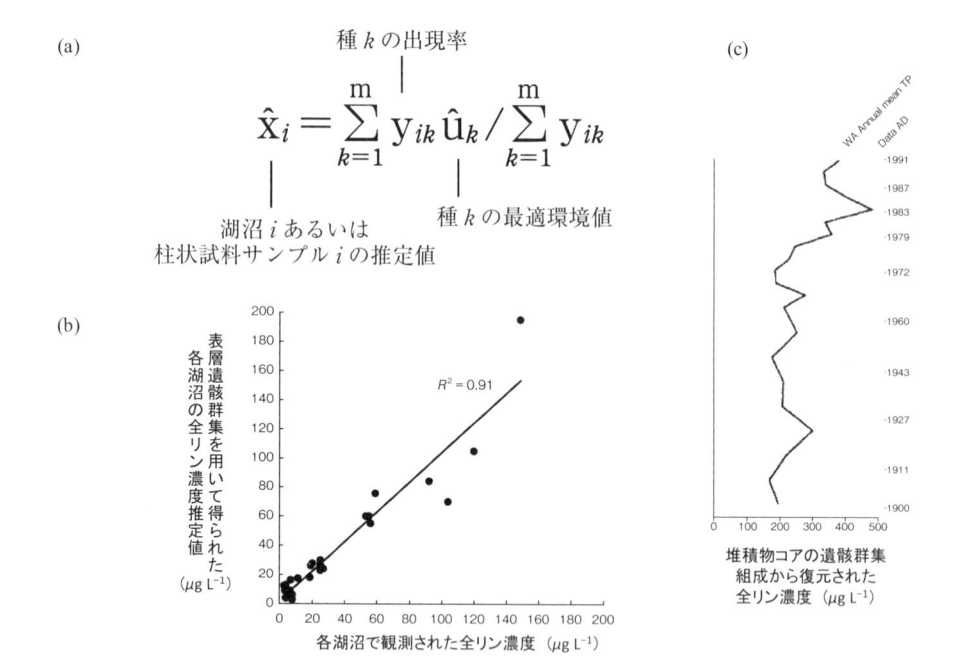

図 18.7 トランスファーファンクション法

(a)：変換関数．加重平均（WA）法の計算式．加重平均とは各種の最適条件値を出現率で重み付けした平均値を指し，得られた平均値が環境変数の推定値となる．(b)：各湖沼の表層遺骸群集組成を変換関数に与えて得られた全リン濃度推定値と観測値との関係．(c)：堆積物コアの遺骸群集組成から復元されたイギリス，マーズワース地方にある湖沼の全リン濃度の変遷．b：Bennion *et al.* (2004)．c：Bennion (1994) より．

きた．イギリス，マーズワース地方にある湖沼では，珪藻群集組成から過去100年にわたる湖水中の全リン濃度（年平均値）が再現され，1900年代初頭でリン濃度が200 μg L^{-1}程度の富栄養状態であったことが明らかにされた（図18.7(c)）．1970年代以降，1980年代半ばにかけてさらに富栄養化が進行し，下水道が整備されたが，濃度の減少はさほど見られず現在に至ることが判明した．これら推定値の変遷は，断片的な観測結果とも一致していたという．このようにトランスファーファンクション法は過去の環境条件を定量的に可視化できる有効なツールである．しかし，この手法を用いるためには，少なくとも30以上の多様な湖沼で，表層堆積物中の生物遺骸の各種頻度と化学・物理環境（栄養塩濃度，pH，透明度など）を調査したデータセットを作り上げることが不可欠である．残念ながら，わ

が国の湖沼では，いまだトランスファーファンクション法は確立されておらず，生態系再生のゴールをどのように設定するのか，その方向性と数値目標を具体化するための科学的知見は限られており，今後，迅速に開発を進めていく必要があるだろう．

18.7 おわりに

　これまでわが国の湖沼の環境政策は，集水域からの栄養塩負荷への対策を主眼としてきたが，生態系に及ぼす環境要因は，集水域での局所的な要因から，地球温暖化や大気降下物など広域的な要因まで多岐にわたる．例えば，高山湖沼のような集水域に人間活動による撹乱を伴わない湖沼でも，近年，温暖化や大気降下物の負荷などの脅威にさらされていることが明らかにされつつある（Smol et al., 2005；Smol & Douglas 2007a；Neff et al., 2008；Elser et al., 2009；Reche et al., 2009）．こうした人為撹乱の影響を評価するためには，長期にわたる生態系の実態把握が不可欠である．しかしながら，わが国のモニタリング事業で長期的に観測が実施されている湖沼は，例えば，環境省モニタリング1000では，20箇所が対象となっているだけで，事実上，人為撹乱に対する生態系の影響評価は，多くの湖沼で放置されている．古陸水学的手法は，このような過去の情報がまったくない湖沼でも，湖底堆積物に残された生物・化学情報から生物群集や集水域環境の復元を可能にし，生態系への影響を事後的に，かつ迅速に把握できるという大きな利点を備えている．今後，過去の環境条件を定量的に数値化できるトランスファーファンクション法の開発や，休眠卵・シストを用いた実験・分子生物学的解析，機器分析の進展に伴うバイオマーカーの探索など，検出できる情報や精度を高度化する技術を開発していくことで，環境変化の影響を精度よく評価できる生態系モニタリング手法として，さらに本手法の有効性が増していくだろう．

第19章 湖沼における沈水植物の再生

西廣 淳

19.1 沈水植物を再生する意義

19.1.1 沈水植物とは

　沈水植物とは，湖底や川底に根を張り，水中に茎や葉を展開して生育する植物である．維管束植物だけでなく，水中生活をするコケ植物の一部や車軸藻類も含める場合がある．維管束植物，コケ植物，車軸藻植物を含む緑色植物（光合成色素としてクロロフィル a と b を持ちデンプンで炭水化物を貯蔵する植物）の起源は水中生活者だが，維管束植物はそのうち陸上環境に適応したグループである．維管束植物の沈水植物は，そのグループの一部から，ふたたび水中に適応するように進化した植物といえる．

　水中の環境は様々な面で陸上とは異なるので，沈水植物は独特の性質を進化させている．水中は，陸上に比べて光合成に必要な炭素が不足しやすい．水中では，炭素は二酸化炭素などの状態で溶存しているが，空気中に比べて分子の拡散が遅いため，植物体に取り込まれにくいからである．多くの沈水植物が有する薄い葉や細かく分かれた形状の葉は，水と接する表面積を広くし，炭素の取り込みに寄与すると考えられる．この他にも，葉に気孔やクチクラ層を発達させないことや，水による花粉媒介など独特の送粉様式を発達させている種があることなど，水中生活に適応した様々な形質が知られている．沈水植物は維管束植物の複数の科で知られており，陸上植物から沈水植物への進化は，植物の多様化の歴史の中で独立に多数回生じたものと考えられる．

19.1.2 沈水植物の生態系機能

　植物プランクトンと沈水植物はともに光合成する生物であり，両者の間には光や栄養塩をめぐる競争が生じるため，1つの湖沼の中では一方が増えると他方が減る関係がある．植物プランクトンが卓越する湖沼の水は透明度が低くなるが，

沈水植物が卓越する湖沼では高い透明度が維持される．この機構としては，沈水植物が光や栄養塩を吸収することで植物プランクトンの増殖を抑制するという直接的な効果だけでなく，植物プランクトンを食べる動物プランクトン（ミジンコなど）が沈水植物を生息場所（プランクトン食性の魚類からの避難場所）として増殖しやすくなることを通した間接的な効果が重要であることが知られている．沈水植物はこの他にも，濾過食性の付着性動物や栄養塩吸収効果の高い付着性藻類などへの生息基盤の提供，アレロパシー作用（allelopathy；化学物質により他の植物の抑制する作用）による植物プランクトンの抑制，繁茂した葉や茎による波浪の緩和を通した浮遊物質の沈降促進，根による底質の安定化・巻上げの抑制などの機能を通して，高い透明度の維持に寄与する．沈水植物が減少・消失した湖沼では，これらの機能が発揮されなくなり，アオコのような植物プランクトンの大発生がしばしば生じる．

19.1.3 沈水植物の消失と生態系の不健全化

　沈水植物が卓越し水の透明度が高い湖沼の生態系と比べ，植物プランクトンが卓越し透明度の低い湖沼の生態系では，生物多様性が低いだけでなく，飲料水や水産資源の供給源としての価値，水草利用の文化など，様々な生態系サービスのレベルが低下する．一般に，多数の生態系サービスをバランスよく持続的に供給する生態系は，便宜的に「健全な生態系」と呼ばれ，そうではない生態系は「不健全な生態系」と呼ばれる．沈水植物が消失し，植物プランクトンが卓越する生態系に変化することは，生態系の不健全化ということができる．湖沼生態系の不健全化は，世界各地で 1960 年代頃から急速に進んでいる（Sand-Jensen et al., 2000；Blindow et al., 1993）．これには様々な人間活動が関係している．

　沈水植物喪失の最大の要因は，湖沼への栄養塩の流入負荷の増加，すなわち富栄養化である．湖沼への窒素やリンの流入量の増加は，一般に，沈水植物よりも増殖効率の良い植物プランクトンに有利に作用する．化学肥料の製造技術が発達した 1950 年代以来，生態系の物質循環に取り込まれる窒素量は急増した．さらに化石燃料由来の窒素なども増加した結果，21 世紀に入ってからは 1950 年代以前と比べると倍以上の窒素が生態系を循環するようになっていると推定されている（Millennium Ecosystem Assessment, 2005）．農地などに投入された過剰な窒素は地表・地下水を通って河川に流出し，下流の湖沼に集積する．また窒素とと

もに植物プランクトンの増殖をもたらす栄養塩であるリンについても，農地へのリン酸肥料の投入に加え，人口増加とそれを支える家畜の増加に伴い，世界各地の湖沼で流入量が増加した．地球上の様々な生態系が富栄養化する中で，湖沼はその影響を最も強く受けている生態系の1つである．

さらに，湖沼集水域の農地で使用された除草剤が沈水植物の衰退を招いた可能性も考えられる．特に昭和30年代前半に生じた沈水植物の減少の原因として，その頃使用されるようになった強力な除草剤が影響している可能性が指摘されている（平塚ほか，2006）．

これら集水域からの影響だけでなく，人間活動のグローバル化に伴って意図的・非意図的に導入された外来種も，各地で沈水植物の消失を招いている．進化の歴史を共有していない生物どうしの遭遇は，一方の極端な卓越と他方の絶滅を招きやすい．日本でも，外来種アメリカザリガニによる切断やソウギョによる捕食のため，それらに耐性をもたない在来の沈水植物が消失する場合があることが知られている（Matsuzaki *et al.*, 2009）．

19.1.4 沈水植物種の絶滅リスク

現在，沈水植物の多くは絶滅が危惧される状況に陥っている．日本在来の沈水植物（環境によって別の生活形をとり得る種も含む）は約90種あるが，その約半数にあたる46種が全国版のレッドリストに掲載されている（図19.1）．水生植物は全体として絶滅危惧種が多いグループではあるが，沈水植物は特に絶滅のリスクの高いグループである．

沈水植物の地域絶滅はすでに各地で進んでいる．例えば霞ヶ浦ではほんの50年前（1950年代後半）には，ムジナモ，ムサシモ，ヒメバイカモなど，特に清浄な水域を生育地とする植物が生育していた（茨城県，1959）．1980年代に入っても，リュウノヒゲモ，セキショウモ，ヒロハノエビモなどの沈水植物が，多数の地点で確認されている（桜井，1981）．しかし現在の霞ヶ浦では，これらの沈水植物はすべて消失した．

それほど都市化が進んでおらず「豊かな自然」が残されているというイメージがある地域の湖沼でも，沈水植物の消失が進んでいる．釧路湿原の中にあるシラルトロ湖で2007年に行った調査では，過去に記録があった多くの沈水植物が消失し，富栄養条件に強い浮葉植物であるヒシが広範囲で繁茂するようになってい

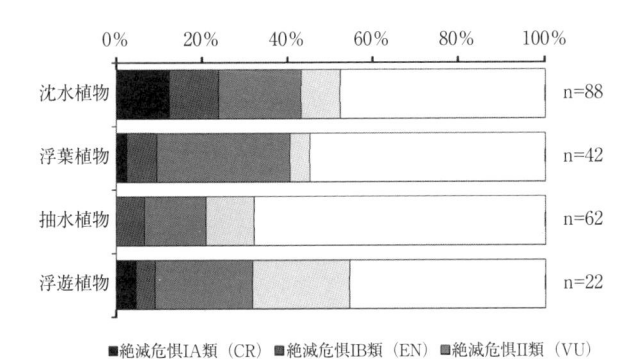

図 19.1　日本に分布する水生植物に占める絶滅危惧種の割合
『日本水草図鑑』（角野，1994）に掲載されている172分類群の在来水生植物について，文献での記述および著者の知見に基づいて生活形（沈水，浮葉，抽水，浮遊植物）を分類した．環境により複数の生活形をとり得る分類群は，可能性のあるすべての生活形で計数した．沈水性の浮遊植物（タヌキモ類など）は沈水植物と浮遊植物の両方に含めた．右端のnはそれぞれの合計分類群数を示す．絶滅危惧のカテゴリーは環境省による2007年版全国レッドリスト（環境省，2007）による．

た（西廣ほか，2009）．

　沈水植物そのものの絶滅リスクの高まりと，沈水植物が持つ重要な生態系機能を考えると，沈水植物の保全は，日本の生物多様性保全にとって特に重視すべき課題の1つである．

19.1.5 生態系の視点の重要性

　上述した通り，沈水植物は水の透明度を保つ機能を有する．しかし，透明度を失った湖沼に沈水植物を導入すれば湖沼生態系の健全化が図られるというわけではない．沈水植物が消失した原因の解決なしに導入すれば，導入した植物がすぐに消失するだけである．栄養塩過多の問題が解決しない限り植物プランクトンに有利な条件が続く．また，沈水植物の消失した湖沼で栄養塩の流入負荷を若干減らしても，底質の巻上げや，動物プランクトンによる植物プランクトンへの捕食圧の不足のため，透明度はほとんど改善されないことが多い．その結果，沈水植物が定着し難い条件が維持されやすい．逆に，沈水植物が豊富に存在する湖沼では，一時的に栄養塩の流入量が増えても，沈水植物群落の諸機能のために植物プランクトンの増殖が抑制され，高い透明度が維持されやすい．このように，生態

系は，いったんある状態（例えば「沈水植物卓越－高透明度」あるいは「植物プランクトン卓越－低透明度」）に達すると，生態系に弱い撹乱が加わっても，元の状態に引き戻される．この性質は，生態系の復帰性（レジリエンス，resilience）と呼ばれる（Scheffer *et al.*, 2001）．復帰性は生態系というシステムが持つ一種の自己修復能力であり，湖沼生態系だけでなく様々な生態系で確認されつつある．

透明度が高い湖沼への「再生」は，「沈水植物を増やして水質浄化を図る」という生態系の特定の構成要素にのみ注目したものではなく，「湖沼の生態系を植物プランクトンが卓越する状態から沈水植物が卓越する状態に移行（レジームシフト，regime shift）させる」という，生態系全体を視野に入れたアプローチで進める必要がある（Scheffer *et al.*, 2001）．このアプローチでは，沈水植物は水質改善の材料というよりは，生態系の良好な状態を表す指標的な構成要素として位置付けられる．

19.1.6 生態系再生の考え方

湖沼における栄養塩の負荷と水の透明度の間の負の関係には一般性がある．しかし，沈水植物が存在している湖沼で栄養塩濃度が上昇してきた場合と，沈水植物が消失した湖沼で栄養塩濃度が低下してきた場合では，栄養塩濃度が同じでも透明度が異なり，前者の方が高くなる．このように，生態系がたどってきた前歴によって構成要素間の関係が変化する性質は，生態系の経路効果（ヒステリシス，hysteresis）と呼ばれる（Scheffer *et al.*, 2001）．

生態系の経路効果，レジームシフト，復帰性の概念は仮説的なものだが，生態系の再生や管理を考える上で有効である．これらの概念をイメージ図として表すと図19.2のようになる．図19.2の下のグラフの x 軸は湖水の栄養塩の濃度，y 軸は濁度（低いほど透明度が高い）を示している．二本の曲線の内，黒色の線は沈水植物が卓越する湖沼での栄養塩濃度と濁度の関係，灰色の線は沈水植物がなく植物プランクトンが卓越する湖沼での関係を表している．

栄養塩濃度がAより低い条件およびBより高い条件では，それぞれ沈水植物卓越および植物プランクトン卓越の場合しか成立せず，栄養塩濃度と濁度の間には1対1で対応する関係が成立する．しかし，AとBの間では2つの曲線が存在し，沈水植物が存続しているか（図の黒色線），あるいはすでに消失してしまっているか（灰色線）という前歴によって，栄養塩濃度に対する濁度の値が異なる．

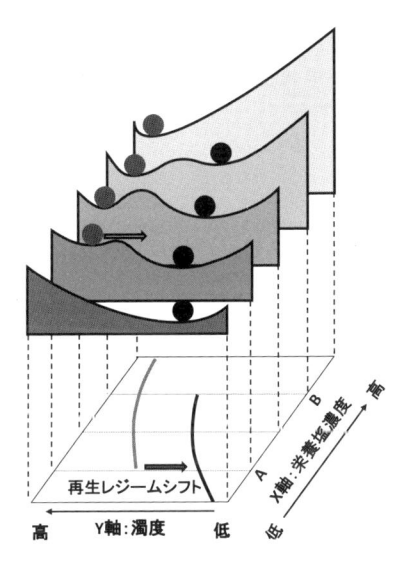

図19.2 沈水植物の有無による湖の栄養塩濃度と濁度の関係（下のグラフ）と，それぞれの状態における生態系のレジームシフトの生じやすさ（上の図）
詳細は本文を参照．Scheffer *et al.*（2001）より改図．

これが経路効果である．

　図19.2の上のイラストは，生態系の状態を，山や谷がある地形の上を動く球の位置で表している．生態系のレジームシフトは，この球を，ある谷から別の谷へと移動させることである．谷の深さや幅は，生態系の復帰性の強さを表しており，これらが深く，広いと球は別の谷に移動し難くなる．山・谷の地形は栄養塩濃度に応じて変化し，それに応じて球の移動しやすさも変化する．

　植物プランクトンが卓越する状態から沈水植物が卓越する状態へのレジームシフト（図中の太い矢印）が起きるためには，栄養塩濃度がA近くまで十分低下していることが必要条件である．さらに，生態系の状態変化の引き金になる外力が加わると，レジームシフトが生じると考えられている．

　図19.2に表した関係性は仮説であり，実際の湖沼での研究や再生に向けた実践を通して検証されるべきものである．再生の引き金となる外力についても，不明な点が多い．しかし，世界各地での再生の試みでは，ヒントになる知見が得られている．次に，国内外の事例をもとに，沈水植物再生に有効と考えられる措置について解説する．

19.2 沈水植物の再生手法

19.2.1 再生の必要条件
A. 流入負荷の軽減

　湖沼への栄養塩負荷の削減は，沈水植物再生の必要条件であり，これが実現しないと，以下に述べる様々な措置を講じても自律した生態系の再生は実現しない (Hilt et al., 2006). 流入負荷の削減は，海外のいくつかの湖沼ではすでに成功事例が知られている. 例えばドイツ・スイス・オーストリアの国境に位置するボーデン湖では，流域や湖岸の開発・都市化が進んだが，1960年頃からの負荷削減努力が1980年代から効果を示し始め，現在では近代化以前のレベルに近付きつつある (Schmieder, 2004；図19.3).

　ボーデン湖の例もそうだが，流入負荷が削減されるようになってから実際に湖水の栄養塩濃度が低下しはじめるには，時間的な遅れがある. この遅れは，底質からの溶脱の影響があるリンにおいて特に顕著で，流入負荷削減から効果が現れるまで10年以上の年月が必要とも言われている (Jeppessen et al., 2005). 流入負荷削減の努力は，すぐに効果が出なくても「あきらめずに」継続する必要がある.

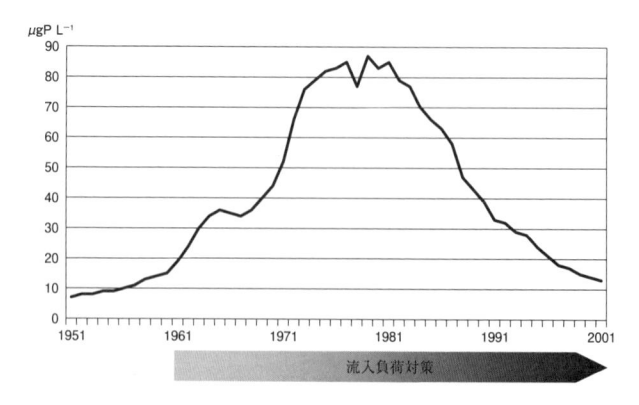

図19.3　ボーデン湖における1951年から現在までの湖水のリン濃度の変化
　　　　Schmieder (2004) より改図.

B．植物の散布体

　沈水植物再生のもう1つの重要な条件は，沈水植物の散布体（種子・殖芽・胞子など）が，湖底に残存していることである．種子や胞子は，数十年から時には100年を超えて生存力を維持する場合があることが知られている．しかし，それは集団中の散布体の寿命の上限であり，散布体の密度は時間とともに指数関数的に減少する．したがって，種子や胞子を生産していた沈水植物が消失してからの時間が長いほど，またもともとの散布量が少ないほど散布体密度が低くなり，再生は困難になる．

　2000年代の霞ヶ浦の底質に含まれる散布体バンク（propagule bank；土壌中に含まれる生存した散布体の集団）の種組成を調べた研究では，現在の霞ヶ浦からは「絶滅した」植物が数多く見出された（Nishihiro et al., 2006；黒田ほか，2009）．しかし，1970年代より前にすでに地域絶滅していた種についてはほとんど検出されなかった．これらの種の種子は多くがすでに死亡し，きわめて低密度になっているものと推測される．森林や草地の植物を対象に土壌中の種子の生存率を調べた研究からは，種子生産から20〜50年程度の間に生存種子が大幅に失われることが示唆されている（Telewski & Zeevaart, 2002）．湖沼においても，生態系の修復がさらに先延ばしになると，現在では湖底中に残存している種子や胞子も，生存力を失ってしまう可能性が高い．

　湖沼生態系再生の長期的な取り組みを確実に進める上では，いざ環境が改善されたときに植物の回復源が失われないよう，域外保全（湖沼の近傍に造った池での育成など）による系統維持や，「散布体バンクの保全」が重要である．散布体バンクの保全は，良好な環境で散布体を発芽させ，新たな散布体を生産させることで実現する．

19.2.2 再生のための措置

　栄養塩負荷の削減が実現することと散布体バンクが残存していることは，沈水植物再生の必要条件ではあるが，十分ではない．図19.2のイメージ図における，球（生態系）を隣の谷に移動させる措置が必要である．ここで有効となる措置は湖沼によって様々だが，実践事例から有効性が報告されている手法としては以下のものがある．

A. 水位低下

　湖沼の水位を大幅に低下させることは，湖底に到達する光量の増加と底質の好気化を通して，沈水植物の再生を促進しうる．琵琶湖の南湖では，1994 年の記録的な少雨により夏場の水位が 1 m 以上低下し，その後，沈水植物群落の面積が急増した（浜端，2003）．その効果は水深が平均 3.5 m と浅い琵琶湖の南湖（琵琶湖大橋より南側の部分）において顕著だった．

　利水を目的とした管理のため水位が昔よりも高くなった印旛沼（千葉県）では，湖岸の一部を鋼矢板で囲み，その中の表層の泥を除去した上で過去の水位変動を再現する実験が行われており，そこでは絶滅危惧 IA 類であるムサシモをはじめ，11 種の沈水植物が湖底の散布体バンクから再生したことが確認されている（図19.4，河川環境管理財団・河川環境総合研究所，2011）．

　水位の低下は，光と酸素濃度に関しては，沈水植物の生育環境を好転させるが，底質の物理的な安定性については逆方向に作用する可能性がある．すなわち，水位が大幅に低下すると，風波のエネルギーが底質まで到達するようになり，底質が不安定になるのである（Hamilton & Mitchell, 1996）．底質の巻上げや，生育基盤の不安定化は，沈水植物の再生を困難にする（Schutten et al., 2005）．ただし，

図19.4　印旛沼の湖岸で行われている沈水植物再生実験→口絵4参照
　　　湖岸の一部を矢板で区切り，堆積した軟泥を除去した上で春に水位が大幅に低下する過去の水位条件を再現したところ，沈水植物が再生した．左下はコウツカイモ，右下はオオトリゲモ．

粒径が粗い底質は風浪に対して移動しにくい．水深，波浪の強さ，水の透明度，底質の粒径のバランスの中で，沈水植物が定着できる条件を順応的な管理を通して見出すことが重要だろう．

　水位低下は，沈水植物だけでなく，浮葉植物や抽水植物の生育も促進する．これらの植物が繁茂すると，光を巡る競争において沈水植物は不利になり，長期的には衰退する．一方，水深が深い条件では，浮葉植物や抽水植物は生育できないが，沈水植物は透明度が維持されていれば生育できる．沈水植物の再生と長期的な維持のためには，季節的・一時的な水位低下の後，水位がふたたび上昇し，高い透明度が維持されることが必要と考えられる．

B．底質改善

　アオコが発生するなど，植物プランクトンの大発生が長年続いた湖沼では，湖底に有機物を多く含んだ軟泥が貯まりやすい．浮泥と呼ばれる含水率のきわめて高い泥が，湖底に層を形成する場合も多い．このような軟泥・浮泥は，物理的に不安定なうえ，有機物の分解で酸素が消費されるため嫌気条件になりやすく，地中に根を張る沈水植物の定着に不適である（Moss *et al.*, 1996）．酸性化と富栄養化が問題となったオランダの湖沼では，底質の軟泥・浮泥の除去による植生回復が実現した例がある（Brouwer *et al.*, 2002）．

　ただし底質の除去では，残存している散布体をいっしょに除去してしまうリスクに注意が必要である．そのため散布体の分布を事前に把握することが重要である．実際には実生発生法（西廣・西廣，2010）などにより散布体の分布を調べる必要があるが，その際，散布体の分布と相関する可能性のある要因，すなわち過去の植生分布や土砂の粒径組成との関係を分析することで，予測につながる知見が得られる．

C．バイオマニピュレーション

　ナマズのような魚食魚が多い湖沼では，ワカサギやモツゴなどの動物プランクトン食魚の増殖が抑制され，動物プランクトンが増加しやすい．動物プランクトンが増加すると，捕食により植物プランクトンの増殖が抑制される．このような食物連鎖の関係を活用し，魚食魚の導入やプランクトン食魚の除去により湖水の透明度を上昇させる手法は，バイオマニピュレーション（生物操作）と呼ばれる

手法の1つである．バイオマニピュレーションによる透明度の上昇はすでに複数の湖沼で実証されており（Meijer et al., 1999），リン負荷の低減との組み合わせにより沈水植物の再生に成功した例もある（Annadotter et al., 1999）．

しかし，生物多様性の保全と生態系サービスの持続的な供給という点からは，注意が必要である（Eby et al., 2006）．特に外来魚食魚や異なる水系の動物プランクトンの導入は，生態系に与える影響が予測し難く，また悪影響が判明しても元にもどすことは極めて困難になるため，避けるべきである．

D．外来植食者の除去

水質や底質の条件は良好でも，動物による摂食や破壊が沈水植物の再生を妨げる場合がある．特に外来の植食者は，数が多くなりやすいこと，植物側が防御機構を持たない場合が多いことなどから，甚大な影響をもたらしやすい．日本で沈水植物に対して悪影響を及ぼすことが懸念される代表的な外来植食者としては，ソウギョ，コイ，アメリカザリガニ，ウシガエル，コブハクチョウが挙げられる．日本には在来のコイも存在するが，大部分は性質の異なる外来系統であることが知られている（Mabuchi et al., 2008）．

野尻湖では，野生絶滅種とされる車軸藻類ホシツリモの湖内系統維持のため，網を設置してソウギョをはじめとする魚類を排除する試みが効果をあげている．また自然再生推進法に基づく協議会である「久保川イーハトーブ自然再生協議会」が設置されている岩手県一関市では，溜池の沈水植物や水生昆虫の保全のため，ウシガエルとアメリカザリガニの集中的な排除活動が行われている．

19.2.3 おわりに

日本のほとんどの湖沼では，再生の前提である流入負荷の削減が十分に進んでおらず，沈水植物群落の再生を含む湖沼生態系の修復はほとんどの場所で実現していない．沈水植物再生の技術研究も不十分である．しかし一部の湖沼では，沈水植物の再生に向けた実験的な事業が進められている（河川環境管理財団・河川環境総合研究所，2011；表19.1）．日本の湖沼は，沈水植物が消失してからの時間が比較的短く，まだ散布体バンクが残存している場合が多いことや，湖沼から消失した場合でも流域内の溜池などには残存している場合があることなど，再生に向けた利点を持つ．このようなポテンシャルが失われないうちに生態系修復を実

表19.1 日本の湖沼での沈水植物再生の試みの例

湖沼(県)	目標	実施内容	成果	備考
伊豆沼 (宮城県)	湖沼生態系の保全と回復，賢明な利用	クロモの移植，波浪・アメリカザリガニ対策 「浮き生け簀」方式によるクロモの増殖 埋土種子調査	経過観測中	自然再生推進法に基づく「伊豆沼・内沼自然再生協議会」が推進
佐潟 (新潟県)	佐潟とその周辺域の生物多様性保全と賢明な利用	40年以上前の水位変動を目標とした水位調節（強風と水位低下を利用した泥の排出） 集水域での環境保全型農業（肥料低投入など）の推進 湧水を活用した自然教育園や水路を活用した水草保全	自然教育園や，復元されたかつての水路で沈水植物が生育	ラムサール条約登録湿地 佐潟水鳥・湿地センターを中心に，行政・自治会・漁業協同組合・小中学校等が連携して保全活動を展開
野尻湖 (長野県)	希少種保全，水質改善と水草再生	ソウギョの排除，籠や網で囲った実験施設の設置	実験施設内でのボシツリモをはじめとする希少沈水植物の生育	野尻湖水草復元研究会を中心に保全活動を展開
諏訪湖 (長野県)	水質改善と賢明な利用	下水道の整備，下水処理水の系外放出 浮葉植物ヒシの刈り取り管理	水質改善に伴うエビモなどの沈水植物の増加	詳細は沖野・花里(2005)
印旛沼 (千葉県)	生態系サービスの回復を最終目標とした，水生植物帯の保全・再生	散布体バンクの調査 散布体バンク由来の沈水植物の系統維持（現地・博物館） 湖岸地形の修復を含む水草帯の再生，アメリカザリガニ排除実験 局所的な水位低下実験	千葉県立中央博物館と連携した系統維持 アメリカザリガニ排除区における沈水植物の定着 水位低下実験による沈水植物の再生	印旛沼を含む流域全体を視野に入れた「印旛沼流域水循環健全化会議」（千葉県）が進める計画の一環として実施
東郷池 (鳥取県)	水質浄化，物質循環の健全化，漁業を含めた地域産業の振興	下水対策などの水質改善 環境保全型農業（施肥管理や除草剤流出対策など） 森林の適正管理 持続的漁業による栄養塩，魚類の除去 シジミ保護による水質浄化 増加した沈水植物の利活用	ホザキノフサモをはじめとする沈水植物が繁茂（2007年頃） 繁茂した沈水植物は刈り取り，肥料として活用	「東郷池の水質浄化を進める会」（地域住民，事業者，町，県）の計画による水質浄化 「東郷湖活性化プロジェクト推進会議」（行政，事業者ほか）の計画による水草の肥料化・活用

河川環境管理財団・河川環境総合研究所(2011)の情報を参考に沈水植物にかかわる要点をまとめた．

現させるには，各地域において科学的根拠のある実験的事業を迅速に進めるとともに丁寧なモニタリング調査を行い，得られた知見を事業の改善に役立てるだけでなく，他の湖沼とも幅広く共有してゆくことが重要である．「レジームシフトが生じる機構の解明」のように基礎科学的な課題についても，実際の再生の取り組みを通じて理解が進むことが期待できる．

第20章 人間社会と淡水生態系：その望ましい関係の構築に向けて

田中拓弥・谷内茂雄

20.1 はじめに

　本章では，人間社会と淡水生態系の望ましい関係を考える上で，「環境史（時間スケール）」と「流域管理（空間スケール）」という2つの相補的な視点から理解を深めていく．どちらも，社会―生態システム（social-ecological system）として人間社会と淡水生態系の関係を捉える必要性，生態学と人文社会科学の連携研究の意義を，具体的な事例を通して紹介することに主眼がある．

　20.2節の「淡水生態系とかかわる人々の歴史：その解明の生態学的意義」では，人文社会的な視点から自然と人間の関係の歴史（環境史）を研究する意義や効用を具体的に説明する（湯本, 2011）．最初に紹介する例は，歴史的資料である古文書・古絵図・文学作品などを利用して過去の生態系を復元する方法である．環境史の研究において近年発達してきたこのアプローチが，淡水生態系と人間の歴史的な関係の復元や検証においても有効であることを説明する．続く内容では，ローカルな自然資源管理にかかわるコモンズ論を題材とする．長く継続可能な資源管理の方法論分析や生態系管理の実践に資する知識を，人と環境の歴史を振り返ることによって得ようとする試みである．はじめの例とは異なる観点で人文社会的データを利用する方法を説明する．

　20.3節の「淡水生態系と人間の共存関係を築く：流域ガバナンス論」では，日本の淡水生態系の現状をふまえて，流域を単位とする生態系管理（流域管理）の必要性，流域管理を実現するしくみとしての流域ガバナンス（多様な利害関係者による自治的な管理）の理念と課題を説明する（和田, 2009）．特に，流域の階層性から生まれる利害関係者間の問題意識の違い（状況の定義のズレ）の克服が，相互理解の上での大きな課題となることを説明する．その具体的事例として，琵琶湖の農業濁水問題を取り上げる．ここでは，1)流域の多様な利害関係者が採用する空間スケール（階層）の違いが，農業濁水問題を異なるタイプの問題として

認識し，状況の定義のズレを生み出す原因となること，2)対話によって利害関係者間の相互理解を促進したい場合，ファシリテータ（ワークショップなどで議論を活性化・促進する役割の人）が採用する説明の仕方によっては，必ずしもその目的が達成されない理由を説明する．

20.2 淡水生態系とかかわる人々の歴史：
　　その解明の生態学的意義

20.2.1 歴史的資料から得られる自然科学的情報

　湖にまつわる古い記録から重要な自然科学的情報を掘り起こした例を紹介しよう．冬期の諏訪湖では結氷した湖面が割れて盛り上がって連なる「お身渡り」という現象がある．神様が通った跡と考えられた「お身渡り」を観察して，人々はその年の作況を占ったという．神事である「お身渡り」の記録は地元神社で 15 世紀より現在まで継続している．これは，世界で最も長い湖氷の記録資料と考えられている．新井正は，この記録から湖面に氷が張らなかった「明海」の年と「お身渡り」の見られなかった年を温暖な冬と考え 10 年ごとに集計した（新井，2000）．その結果，1700 年以降にそうした温暖な冬の年が現れはじめ，1950 年以降に急増していることを発見した．神社に保存された記録を読み解いて，過去から現在に至る淡水域の水温変化という知見を得るとともに地球環境変動への洞察を行った研究である．

　この例のように，水域とかかわる人々が残した歴史的資料から，水域の過去の状態や変遷を復元し，自然科学的情報を得た研究は他にもある．

　第二次大戦前の東京近郊の水域における水質などの調査データは残されていない．谷口智雅は，「文学作品中の河川や植生などの自然の描写は，水環境を復元するための貴重な資料」と考え，調査データの存在していない戦前の東京近郊の水環境を復元する研究を行った（谷口，1995）．具体的には，644 点に及ぶ作品から東京在住の 57 著者による東京を舞台とした 107 作品を絞り込んだ上で，1920（大正 14）年頃と 1940（昭和 15）年頃の東京近郊の水環境にかかわる描写を抽出した．例えば，1918（大正 12）年に発行された田山花袋著『東京近郊一日の行楽』の一節から，多摩川のある地域の水質は鮎の生息できる状態であったことがわか

る．このような分析を作品ごとに行って各所の水域の科学的評価に置き換えていった．その結果，東京全体として水質汚濁が進みつつあったことを描き出している．文学作品を歴史的資料として用いて，過去の淡水生態系の状態を推定したユニークな試みである．

もう1つの例を紹介しよう．

東大寺正倉院に伝わる麻布に描かれた「近江国水沼・覇流村墾田地図」という絵図がある．751（天平勝宝3）年に作成されたこの絵図は，"官営の開墾事業"報告の地図と考えられており，東大寺領荘園の記録として保管されてきた（荘園絵図研究会，1991）．その後半部に記載されている"覇流村"は，琵琶湖沿岸の内湖の1つ曽根沼周辺を描いたものと推定されている．内湖とは，琵琶湖沿岸の陸側にある小規模な水域のことである．23箇所の内湖の総面積は $4.25\ \mathrm{km}^2$ であり，琵琶湖の $670\ \mathrm{km}^2$ と比べてもわずかな面積を占めるに過ぎない．しかし，琵琶湖全体の生態系や生物多様性の保全において重要な役割を持つことが指摘されている（西野・浜端，2005）．先ほどの絵図では，現在の曽根沼とその周辺に開発された墾田の広がる様子が描かれている．そのことから，絵図作成当時，辺りは陸地であったことがわかる．実は，曽根沼近辺は，かつて水域であったところが開墾事業を経て一度陸域化し，後年ふたたび沼地化したと考えられている（谷岡，1964）．この例のように，ある地域の水際の環境変遷を理解する上で，絵図のような歴史的資料を活用することができる．

20.2.2 淡水生態系と人々の相互作用の理解

前項では，歴史的資料に秘められた自然科学的情報を巧みに読み取って，過去の淡水生態系を復元した例を示した．この項では，自然と人間の関係の歴史（環境史）を研究する2つ目の効用について解説しよう．

「コモンズ（commons）」という言葉を耳にしたことがあるだろうか．様々な定義があるが，ここでは「自然資源の共同管理制度，および共同管理の対象である資源そのもの」（井上，2001）として進めよう．コモンズとなりえる資源は多種多様である．草原の牧草，森林の木材・きのこ・山菜，海洋沿岸の魚介類など自然界に存在する様々な更新性資源が含まれる．淡水生態系とかかわるものでは，農業用水・生活用水として利用される水そのもの，淡水魚類・淡水貝類，ヨシ・ヒシなどの水生植物，水鳥のような水辺に生息する動物が挙げられるだろう．ま

た，河川の水質浄化機能や湖沼周辺の景観といった観光資源もコモンズと捉えることが可能である．これらの広い意味での自然資源は，その利用者を排除することが難しく，同時に，ある一人が利用すると別の誰かの利用可能量が減ってしまうという性質を備えることがある．その場合には，ただ乗り（free ride）や過剰利用（over use）が起きないように管理制度の工夫が必要とされる．コモンズに関する学問的議論（コモンズ論）では，主としてローカルな空間スケールでの自然資源の持続的管理について，生態系と人々の相互作用を総体として捉えて分析してきた．

かつては「コモンズの悲劇」という概念モデルを論拠に，共有ではなく私有や国有による資源管理の有効性が唱えられた（Hardin, 1968）．だが，世界各地で行われている資源管理の事例について生態学的持続性を基準として比較すると，所有形態は一義的に資源管理の成否を決定していないことが明らかとなった（Feeney et al., 1990）．では，自然資源はどのように管理されうるのだろうか．応用生態学にかかわるこの問いについて，様々な地域での資源管理の歴史的研究が重要な知見を与えてきた．例えば，スペインのHuerta（エルタ）という灌漑システムでは，1435年にまでさかのぼる規約をはじめとした，歴史的に積み重ねられてきた制度によって，乾燥地の限られた水資源がうまく配分されてきた．また，スイスの山岳地帯アルプ地方では，1483年にさかのぼる村の合意事項や1571年に定められた規約によって牧草地・森林・灌漑システムなどの共有資源管理を維持してきた．こうした各地で継続されてきた資源管理の歴史的検証に基づいて，自然資源を利用する人間社会の持続性についての研究が深化した（室田・三俣，2004）．その代表的成果として Elinor Ostrom によるコモンズの長期存立条件がある（表20.1）（Ostrom, 1990）．コモンズの長期存立条件で示された項目は，人

表20.1　コモンズが長期に存立する条件

1）コモンズの境界・領域が明らかであること
2）コモンズに対する利用ルール・地域的条件が調和していること
3）集合的な選択についての取り決め
4）監視・観察の必要性
5）ペナルティーは段階をもってなされること
6）争い・もめごとを調整するメカニズムが存在すること
7）コモンズを組織する権利に主体性が保たれていること
8）コモンズの組織が入れ子状況になっていること

室田・三俣（2004）を基に筆者作成．

間社会と相互作用する淡水生態系を研究する上での重要な視点を与えている．例えば，コモンズが持続するために必要とされる「資源管理における主体性（条件7）」や「調整メカニズム（条件6）」といった項目は，一見すると人間社会側の制度における条件に過ぎないが，相互作用する過程で淡水生態系にも影響を及ぼしうる．いまや多くの淡水生態系が人為的影響下にあることを考えると，淡水生態系と相互作用する人間社会側の観察と理解が不可欠である．そのための具体的な着眼点をコモンズ論は提供してきたのであるが，その基礎には上述のように環境史研究による成果が存在している．

20.2.3 淡水生態系管理の実践に向けた意義

本項では，前項と同じくコモンズ論における知見を参照しながら，淡水生態系と人々のかかわりの歴史を紐解くことの，より実践的な意義について説明しよう．

コモンズ論は，自然と人間の相互作用系を理解するためのみならず，新たなコモンズ構築という実践をその射程に含んでいる．中でも，コモンズが新たに生まれる条件（生成条件）に関する議論は重要なテーマである．先述のように，Ostromは，既存の多くの資源管理の例に基づいて考察し，コモンズが長期に存立する条件を帰納的に導いた．しかし，これからの自然資源管理を模索している人々や今後ある資源を長く利用したいと希望している人々には，すぐ整えられる条件ではなかった．では，コモンズを新たに立ち上げるときには，何を実践する必要があるのだろうか．後年，Ostromらは，集団による協調行動の便益がその費用を上回ったときに，ある複数の条件を満たしていれば，その集団によるコモンズは自己組織化すると述べている．例えば，「利用者間での資源の状態に関する共通理解」という条件や「利用者間で相互に約束を守る互恵主義」という条件が満たすべき項目として挙げられている．しかし，はじめからこうした条件を揃えることはやはり難しく，まだまだコモンズが生成する条件とは成り得ていないという指摘もある（関，2005）．

また，林学者の井上真は，資源の持続的管理のための一戦略として「協治戦略」を提案した上で，理論的考察に基づいて「協治のための設計指針のプロトタイプ」という10の原則を提案している（井上，2009）．例えば，権利と義務の程度に違いを認める「段階的なメンバーシップ」（原則3），「かかわりの強さ」に応じた意

思形成の場における決定権の付与（原則 4），変革へ向けた行政による政策的イニシアティブ（原則 9），社会を構成する人々の信頼関係（原則 10）といったコモンズの外部とのかかわりに着眼した従来にない条件を挙げている．

このように，生態系管理の実践に資する様々な提案がコモンズ論の立場から為されてきた．ところで提案された条件や原則は，いかにして実際の現場での有効性が確認されるのだろうか．井上が述べるように，様々な特性を持つフィールドを対象として，適用・実現の可能性を検討して，修正を重ねるべきだろう．そして，ここでも生態系と人々のかかわりに着目した歴史研究が，検証のための立脚点を提供している．例えば，民俗学者の菅豊は近世以降の新潟県大川のサケ漁に注目し，河川流域でのコモンズの生成と歴史的過程を詳細に検討している（菅，2006）．その結果，はじめから善意に満ちた集団が「良心的に協調すべくコモンズを構築した」のではなく，普通の人々が私利我欲・独善に基づく困難な人間関係を克服するために，「止むに止まれず協調を求めてコモンズを構築した」と述べ，コモンズが葛藤の中から生みだされたと結論づけている．先の Ostrom の自己組織化条件では初期に共通理解や互恵主義といった条件が求められた．しかし，そのような「協調的様相」が初期段階に見られなかった時でも，コモンズが生まれてきた事例が存在しているのである．これは歴史を紐解いたことによって得られたコモンズ生成にかかわる新たな認識である．

同様に，コモンズの機能に関する議論でも歴史的考察が重要な視座を与えている．ある研究によると，琵琶湖流入河川のある村経営のヤナでは，村内の生活困窮者に優先的に営業させる方策が採用されたと報告されている（大槻，1984）．村のメンバーの中では，農地を所有しない者の方がヤナ漁業に従事する場合が多かったという．こうした事例に基づいて，コモンズの「弱者生活権」という機能が提唱された（鳥越，1997）．困っている人が優先的に共有地を利用できるような仕組みが，コモンズにはあるという指摘である．だが，この弱者を救済する機能に関して，歴史地理学者の佐野静代は異なる見解を示している．佐野は，琵琶湖岸の内湖で行われていたエリ漁に着目して，その漁獲を享受する者の変容過程を中世前期から近世に至る期間について明らかにした（佐野，2008）．それによると，利用者の範囲は，中世末期段階では，祭祀料などを負担できる"惣村"の成員に限られていたが，17 世紀末以降にかけて，村の居住者全員へと広がっていったという．つまり，後世「むらのみんなのもの」として認知されていた伝統的コモン

ズは，はじめは一部有力者による利益の享受に限られていたが，時を経て「村の居住者全体」での利益の享受へと変化してきたものだったのである．少なくとも，このコモンズの初期段階では，弱者の優先的権利が見られなかったことになる．重要なのは，このように歴史を振り返ることで，コモンズの機能に関する新たな見方が得られ，コモンズ論が一層深められてきたというプロセスである．

　持続的な自然資源管理の方策を模索してきたコモンズ論は，淡水生態系の管理や保全に携わる研究者や実践者にとって，有用な智恵の宝庫である．その智恵の活かし方としては，例えば，生態系の共同管理を運営するにあたって，コモンズの長期存立条件を参照しながら現場の制度を検証することなどが考えられよう．ただ，コモンズ論における諸命題は，現在一定のコンセンサスを得ているものもあるが，まだ議論の途上のものが多い．今後の議論をさらに深化させていくものの1つとして，人々と自然のかかわりの歴史（環境史）の研究成果があることを感じていただけただろうか．コモンズ論の例でみてきたように，生態系保全や自然資源管理で応用されるコンセプトは，実地での適用可能性を常に確かめていく必要がある．環境史研究による成果の意義には，そのような検証の作業を支える役割が含まれていると言えるだろう．

20.3 淡水生態系と人間の共存関係を築く：流域ガバナンス論

20.3.1 はじめに：淡水生態系の現在と流域管理の必要性

　米ソの東西冷戦が終結した1990年代以降，私たちの世界は社会経済の急速なグローバル化を経験し，2000年代に入ると，地球温暖化や生物多様性の喪失に代表される地球環境問題を肌で実感する時代に入った．このような時代背景の中，第10回生物多様性条約締約国会議（CBD-COP10）が2010年10月に名古屋で開催された．この会議開催にあわせて，日本の生物多様性の現状を初めて総合的に評価した「生物多様性総合評価報告書（Japan Biodiversity Outlook）」が公開された（環境省，2010）．評価報告書は，戦後60年間の人間活動の結果，日本のすべての生態系において生物多様性の損失が及んでおり，中でも，陸水生態系（淡水生態系）は，沿岸・海洋生態系，島嶼生態系と並んで特に損失が大きいと結論している．人間の生活と切り離せない淡水をシステムの一部分として含む淡水生態

系は，特に高度経済成長期における水資源開発などによって，河川の連続性の分断，様々な水草が繁茂する水際（移行帯）の破壊，陸域からの負荷流入による汚染などによって，大きな改変を受けてきたのである．

このCBD-COP10に先立つ2005年には，国連による「ミレニアム生態系評価報告書（Ecosystems and Human Well-Being : Synthesis）」が刊行され，生態系の状態を評価する上での国際的な指針として，生物多様性とともに生態系サービスという考え方が提示された（World Resource Institute, 2005）．このように現代の生態系管理においては，生物多様性と生態系サービスの持続的な利用が共通の課題となるが，ここに流域を空間的な単位とした流域管理が注目される理由がある．流域という空間スケールが生態系管理の上で大切となるのは，流域が水循環の単位，水に含まれる栄養塩などの物質循環の単位だからであり，特に水生生物を擁する淡水生態系においては，自然な生態系管理の単位となるからである（谷内，2009）．また，流域には，景観生態学的にも，森林，河川，湖沼，農地，都市，沿岸域といった異なるタイプの生態系（生態系レベルの多様性）が，水や生物を介したネットワークで結び付いている．したがって，過去の開発などで分断された生態系間のネットワークを再生し，陸域からの栄養塩流入を削減する上でも，流域スケールを単位とすることが不可欠となる．

一方で，流域という大きな空間スケールを考えた場合，生態系だけが単独に存在することはまずありえない．流域には，様々な形で淡水資源や生態系サービスを利用する地域社会が，歴史的に流域の水系の入れ子構造（地形的な階層性）に寄り添う形で形成されている（脇田，2009a）．つまり，地域社会は生態系とともに，階層性を持った「社会―生態システム（social-ecological system）」という不可分な複合システムを形成している．したがって，流域管理とは，必然的に流域という社会―生態システムをいかに持続可能な状態に維持（あるいは再生）していくかということであり，生態系の保全や再生と地域社会の様々な社会経済活動を両立していくことなのである．この流域管理を行う上で大きな課題が，流域の各階層に分散する利害関係者間の問題意識の違いなのである．

20.3.2 流域の階層性が生みだす課題と流域ガバナンスの理念

流域管理を行う上では，流域の階層性から生まれる利害関係者間の問題意識の違いが，様々な対立の原因となりうる．社会学では，このような状態を「状況の

定義のズレ」が生じているという（脇田，2009a）．問題意識の違いが生じる根本的な原因は，流域が水系の入れ子構造という地形的な階層性を有し，生態系や人間社会もこの階層性に制約される形で成立していること，そして各階層にはその階層固有の生態系や地域社会が成立し，固有の問題が発生することにある．つまり，流域の多様な利害関係者は，各階層に分散して生活しているが，「人々は，自らの生活や生業が直接的に関係する範囲の階層（直接的に利害が及ぶ階層）には強い関心を持ち，その階層固有の流域の問題には敏感であるが，すべての階層を含んだ流域全体に関心が及んでいるわけではない」からである（脇田，2009a）．この多様な問題意識を無視した流域管理が行われると，利害関係者の間に深刻な対立を引き起こす可能性がある．したがって，流域管理は，流域の階層性から生まれる問題意識の違いに真摯に向き合う必要があるわけだが，そのための有力な考え方が，「流域ガバナンス（river-basin or watershed governance）」なのである．

　流域ガバナンスとよく似た考え方に，国際河川の水資源管理や環境問題の解決を行う上で，ユネスコなどが国際的に推奨する「統合的流域管理（IRBM：Integrated River Basin Management）」がある（谷内，2010）．その特徴は，過去の管理の失敗の反省の上にたって，1)流域という空間スケールを管理領域にとり，2)流域のすべての利害関係者が管理に参加・参画することを不可欠とし，3)管理目的を利水や治水など特定の目的に限定しないことにある．ボトムアップ的な自治の重要性を強調する場合には，「流域ガバナンス」と同義といってよい．つまり，流域ガバナンスとは，管理の合理的な空間スケールである「流域」，管理主体である「多様な利害関係者の参加・参画」，管理目的としての「持続可能性」という3つの理念から成り立つ．具体的には，「行政，住民，事業者，NPO，研究者といった流域の多様な利害関係者が流域管理に参加・参画して，流域全体にかかわる健全な水循環や環境容量といった大局的な視点を共有した上で，地域社会のボトムアップ的・自治的な視点から，生活と環境の多面的な関係や課題を順応的に調整しながら，持続可能な流域社会を実現していくこと」といえる（谷内，2009）．このような流域ガバナンスは，個々の流域においてどのように実現していけばよいのだろうか．

20.3.3 琵琶湖の農業濁水問題のスケール依存性

　ここでは，流域ガバナンスの階層性から生まれる課題への取り組みを，総合地

球環境学研究所のプロジェクト研究「琵琶湖―淀川水系における流域管理モデルの構築」から紹介する（和田, 2009）．このプロジェクトでは，琵琶湖の農業濁水問題を事例に，学際的な環境診断によって農業濁水問題の全体像を解明するとともに，おもに対話（コミュニケーション）の視点から流域ガバナンスが促進されるしくみや条件の研究を行ってきた．以下では，まず，琵琶湖の農業濁水問題から説明しよう（脇田, 2009b）．

　琵琶湖は世界有数の古代湖であり，生物多様性の豊かさで知られている．一方で，琵琶湖流域は第二次世界大戦後の高度経済成長期以降，水資源開発などの人間活動によって大きな改変を受けてきた流域でもある．この琵琶湖の湖岸沿いに広がる水田稲作地帯から，毎年4月から5月の田植えの時期に，しろかき作業時の泥を含んだ農業排水が，湖岸の河口域から琵琶湖に流入するのが観測される（図20.1）．この現象は，琵琶湖の潤沢な水をポンプで汲みあげて各水田に送水する「逆水灌漑」と呼ばれる灌漑方法が普及した1980年代に顕在化し，「農業濁水問題」と呼ばれるようになった．農業濁水は，水田という排出源が流域の広範囲に分散する「面源負荷（non-point source）」の1つであり，法的規制や下水処理といった，工業排水や生活排水など排出源が特定できる点源負荷で有効とされる対策だけでは解決が難しい．琵琶湖流域に広く分散する農家も排水の段階から濁水管理に取り組む流域管理が不可欠となる．

図20.1　琵琶湖に流入する農業濁水（和田, 2009）
　　地域の小河川から琵琶湖に流入する農業濁水を撮影した航空写真（2004年5月7日）．

ここで注意すべきことは，流域の利害関係者すべてが農業濁水問題を最大の関心事としているわけではない，ということである．確かに琵琶湖の環境保全や水資源管理にかかわる行政関係者や研究者にとっては，農業濁水問題は大変大きな問題かもしれない．しかし，地域の農村に目を転じると，農家にとっては農業濁水問題もさることながら，農家の高齢化や後継者不足，農業や農村の将来への不安が地域社会のより差し迫った問題となっている．つまり，琵琶湖の環境を保全する上では，注意深い水管理によって農業濁水を削減する必要があるわけだが，地域の農村では営農上の深刻な課題を抱え，それが濁水を削減する上で大きな制約となっているという現実がある．これが流域の階層性から生まれる状況の定義のズレの具体的な一例である．

　さらに，「農業濁水問題」に限ってみても，農業濁水問題自体が空間スケールに応じてその性格を変えていくことがわかっている（表20.2）．流域など広域での生態学的現象を扱う場合には，空間スケールに特徴的なメカニズムに応じて，その空間スケールに固有の生態学的パタンが形成される「スケール依存性」が現れる．基準とする空間スケールを変えると，そのスケールで観測（認識）される代表的な生態学的パタンも変わるのである（Turner *et al.*, 2001）．生態学的パタンではないが，農業濁水問題という流域に広がる環境問題においても同様なスケール依存性が現れるため，注目する流域の階層をマクロ，メソ，ミクロと移行すると，濁水問題はそのタイプを変化させる．いいかえると，農業濁水問題とは，観測スケールに応じて異なるタイプの問題として認識される「複合問題」なのである（脇田，2009b）．したがって，流域内の利害関係者が，自分にかかわりの深い

表20.2　複合問題としての農業濁水問題

階　層	マクロ	メソ	ミクロ
発現する問題	富栄養化	漁業被害	生きものの消失
場　所	琵琶湖	湖岸域	水路など
原因者	農　家	農　家	農　家
被害者	湖水利用者	漁　家	農家を含む地域住民
原因物質	窒素，リン	SS（懸濁粒子）	SS，泥
空間スケールに特徴的なプロセス	湖水の栄養塩濃度の増加	河口へのSSの流入	水路への泥の堆積
問題のタイプ	地球環境問題型	加害・被害型	自己回帰型

脇田（2009b）を基に修正して作成．

階層（空間スケール）から農業濁水問題をみた場合には，それぞれが異なる農業濁水問題を認識することになり，問題認識の違い（状況の定義のズレ）が生み出されることになるのである．

　このような状況の定義のズレは，空間スケールだけでなく，時間スケールに関しても発生する．農業濁水問題の原因を現在に近い時間に限定して探る場合には，逆水灌漑システムに依存する農家の不十分な水管理という側面が強調されることになる．しかし，戦後60年の日本社会の歴史的・社会的背景まで含めて俯瞰的にみたときには，日本の農業政策の転換や琵琶湖総合開発などに翻弄されてきた地域農村の姿が浮かびあがってくる（脇田，2009b）．つまり，複雑な歴史的経緯のある農業濁水問題のような問題は，時間スケールの選択次第で，その発生機構と責任に関する問題認識の違いが生まれることになる．この場合も「複合問題」と呼んでよいだろう．それでは，このような複合問題にはどのように対処したらよいのだろうか．もしくは，どのように利害関係者間の合意形成を実現すればよいのだろうか．

20.3.4 階層間の対話の促進：階層化された流域管理

　農業濁水問題のように時間・空間的に複合的な構造を持つ複合問題に対して，観測のために選択する時間・空間スケールを「フレーム（frame）」と呼ぶ．フレームを1つ選択すれば問題の見え方は1つに定まるが，それは同時に，他のフレームを選択したときに観測される問題の見え方を排除してしまうことに注意する必要がある．流域管理における利害関係者間の対立は，往々にしてフレームの選択（フレーミング）をめぐる対立になることが多い．その場合には，相互理解はきわめて難しくなってしまう（佐藤，2002）．例えば，1990年代の日本の河川管理においては，流域全体の治水や水資源開発を重視する行政のトップダウン的な視点と，地域の水環境や生態系を保全しようとする地域住民のボトムアップ的な考え方の間で深刻な対立が発生した．特定の階層に準拠したフレームを選ぶことは，他の階層で現れている問題を隠蔽することになるからであり（脇田，2009a），複合問題の根本的な解決とはならないのである．したがって流域ガバナンスでは，流域のすべての利害関係者が特定のフレームを選択することを目指してはいない．そうではなく，流域の階層性に由来する利害関係者の多様な問題意識（状況の定義の多様性）を認めた上で，様々な方法で異なる階層間の問題意識の相互

理解を促進し，利害関係者間の信頼関係を形成しながら，特定の階層を超えて広く問題の解決方法を探るのである．このような考え方の背景には，利害関係者の社会的公正という理念があるのはもちろんだが，さらに，複合問題の解決の上で，多様な視点を持つ利害関係者の議論の可能性（豊富なアイディアと幅広い方策の選択肢）に注目していることに注意してほしい．不確実性に満ちた現代社会においては，状況の定義の多様性を維持することは，予測できない問題に対処する上での潜在的な適応能力を地域社会に蓄えるという意味を持つといってもよいだろう（脇田，2009c）．

　ここで農業濁水問題の事例に戻ろう．実際に農業濁水問題にかかわる利害関係者間の相互理解を目的としてワークショップを行う場合，ファシリテータ（議論を活性化・促進する役割の人）は，どのような情報をどのように参加者に提供するのが効果的だろうか．実際に農業濁水問題に関するワークショップを行い，その効果を社会心理学的なアンケートによって検討した結果がある（加藤，2009）．それによると，ワークショップの開催には，農業濁水が琵琶湖に与える影響に関する科学的な情報の提示だけでなく，地域住民が関心を寄せる地域固有の問題に関する情報の提示が大切であることがわかった．つまり，相互理解には，一方的に農業濁水の琵琶湖への影響の科学的理解を促すだけでは十分ではなく，地域社会が抱える農業経営や農村の将来といった問題と接点をつくる作業が必要なのである．一見客観的にみえる科学的情報の提供とは，琵琶湖の環境保全という特定の立場に立ったフレームを選択することであり，農村問題など地域固有の問題意識をワークショップの場から暗黙のうちに除外することを意味する．そのため，ワークショップに参加した農家にとっては，俯瞰的な視点から農業濁水の責任を一方的に押し付けるように感じられ，かえって反発を招く結果につながってしまったと推測される．一方，農業濁水問題の出現時期前後での農村の変容という地域社会の情報を提供した場合には，農家と同じ視点に立ったフレームを提示することで，濁水問題と農村の将来という問題を同レベルで捉えることを可能とし，農家の共感につながったのであろう．さらに，両者の情報を提供した場合には，琵琶湖スケールでの環境保全と地域の問題の関係，両者の間に橋渡しが必要なことを参加した農家が実感できたように思われる．ここで紹介した利害関係者の相互理解に関する研究は，流域ガバナンスの最初の段階に関するものではあるが，対話による信頼関係の構築という意味において，この段階はきわめて重要なので

ある.

　これまでの議論をまとめると，流域ガバナンスを実現する上では，階層間の対話を進めることで，1)流域の階層間での立場や問題認識の違いを具体的に共有すること，その上で，2)流域全体で達成すべき課題と流域を構成する多様な地域社会が直面する地域固有の問題とのギャップを共有することが大切となる．互いの信頼関係を形成しながら，次の段階として，いわゆる順応的管理（PDCAサイクル）を各階層で実践することによって流域管理を進めることになる．その際，流域の各階層でのモニタリング情報を集約し，すべての利害関係者へ公開するしくみを整えることが大切となる．このような流域の階層性から生まれる問題意識の多様性に注目した流域ガバナンスのモデルを，私たちは「階層化された流域管理」と名付けて提案している（脇田，2009a）．

　ひるがえって日本の流域管理を見てみると，流域ガバナンスに関しては，いまだに模索的・萌芽的な段階にとどまっている．世界的に見ても，流域ガバナンスや統合的流域管理という考え方は，過去の流域管理の失敗の反省を元に生まれてきた考え方ではあるが，その実現性までが自動的に保証されているわけではない．流域ガバナンスとは，各地域での実践と研究を通じて検証しながら，改良が積み重ねられていくべきものなのである．

20.4　おわりに

　本章[1]では，「環境史（時間スケール）」の視点（20.2）と「流域管理（空間スケール）」の視点（20.3）から，人間社会と淡水生態系の関係の理解を深めてきた．どちらも，淡水生態系を社会―生態システムとして捉えることの重要性を理解するために，淡水生態系そのものの記述よりも，生態系と人間社会の相互作用，生態系を管理する利害関係者の関係（ガバナンス）に重点をおいて説明している．淡水生態学のテキストの一章としては異色かもしれないが，21世紀に入ってますます重要となってきた，生態学と人文社会学との連携による学際的な研究，人文社会的な考え方の一端を伝えることができれば幸いである．

---

1)　本章の内容の一部は，総合地球環境学研究所「琵琶湖―淀川水系における流域管理モデルの構築」プロジェクトと環境省環境研究総合推進費（D-0905）の支援により実施された研究による．

引用文献

Ackefors, H. (1999) The positive effects of established crayfish introductions in Europe. In: *Crayfish in Europe as alien species: how to make the best of a bad situtation?* Gherardi, F. & Holdich, D. M. (eds.), 49-61, A. A. Balkema.

Adler, F. R. & Harvell, C. D. (1990) Inducible defenses, phenotypic variability and biotic environments. *Trends Ecol. Evol.*, **5**, 407-410.

Adrian, R., Wickham, S. A. & Butler, N. M. (2001) Trophic interactions between zooplankton and the microbial community in contrasting food webs: the epilimnion and deep chlorophyll maximum of a mesotrophic lake. *Aquat. Microb. Ecol.*, **24**, 83-97.

Agrawal, A. A. (2001) Phenotypic plasticity in the interactions and evolution of species. *Science*, **294**, 321-326.

Agrawal, A. A., Laforsch, C. & Tollrian, R. (1999) Transgenerational induction of defences in animals and plants. *Nature*, **40**, 60-63.

Agrawal, S. C. (2009) Factors affecting spore germination in algae — review. *Folia Microbiol.*, **54**, 273-302.

Agustí, S., Alou, E., Hoyer, M. V. *et al.* (2006) Cell death in lake phytoplankton communities. *Freshwat. Biol.*, **51**, 1496-1506.

Agustí, S., Satta, M. P., Mura, M. P. *et al.* (1998) Dissolved esterase activity as a tracer of phytoplankton lysis: Evidence of high phytoplankton lysis rates in the northwestern Mediterranean. *Limnol. Oceanogr.*, **43**, 1836-1849.

秋山 優・有賀祐勝・坂本 充 他 共編 (1986) 『藻類の生態』内田老鶴圃.

Allan, J. & Castillo, M. (2007) *Stream ecology: structure and function of running waters*, Springer.

Annadotter, H., Cronberg, G., Aagren, R. *et al.* (1999) Multiple techniques for lake restoration. *Hydrobiologia*, **395/396**, 77-85.

新井 正 (2000) 地球温暖化と陸水水温. 陸水学雑誌, **61(1)**, 25-34.

Armitage, P. D., Cranston, P. S. & Pinder, L. C. V. (eds.) (1995) *The Chironomidae: The biology and ecology of non-biting midges*. Chapman & Hall.

Auld, J. R., Agrawal, A. A. & Relyea, R. A. (2010) Re-evaluating the costs and limits of adaptive phenotypic plasticity. *Proc. R. Soc. B*, **277**, 503-511.

Avice, J. C. (2000) *Phylogeography: the history and formation of species*, Harvard University Press. [西田 睦・武藤文人 監訳 (2008) 『生物系統地理学—種の進化を探る』東京大学出版会]

Azam, F., Fenchel, T., Field, J. G. *et al.* (1983) The ecological role of water-column microbes in the sea. *Mar. Ecol. Prog. Ser.*, **10**, 257-263.

Barbour, M. T., Swietlik, W. F., Jackson, S. K. *et al.* (2000) Measuring theattainment of biological integrity in the USA: a criticalelement of ecological integrity. *Hydrobiologia*, **422/423**, 453-464.

Bassar, R. D., Marshall, M. C., López-Sepulcre, A. *et al.* (2010) Local adaptation in Trinidadian guppies alters ecosystem processes. *Proc. Natl. Acad. Sci. USA*, **107**, 3616-3621.

Battin, T. J., Kaplan, L. A., Findlay, S. *et al.* (2008) Biophysical controls on organic carbon fluxes in fluvial networks. *Nature Geosci.*, 1, 95-100.

Bayley, S. E., Creed, I. F., Sass, G. Z. *et al.* (2007) Frequent regime shifts in trophic states in shallow lakes on the Boreal Plain: alternative "unstable" states? *Limnol. Oceanogr.*, 52, 2002-2012.

Bennion, H. (1994) A diatom-phosphorus transfer function for shallow, eutrophic ponds in southeast England. *Hydrobiologia*, 275/6, 391-410.

Bennion, H., Fluin, J. & Gavin, S. L. (2004) Assessing eutrophication and reference conditions for Scottish freshwater lochs using subfossil diatoms. *J. Appl. Ecol.*, 41, 124-138.

Berg, M. B. (1995) Larval food and feeding behaviour. In: *The Chironomidae: The biology and ecology of non-biting midges*, Armitage, P. D., Cranston, P. S, & Pinder, L. C. V. (eds.) Chapman & Hall, 136-168.

Berges, J. A. & Falkowski, P. G. (1998) Physiological stress and cell death in marine phytoplankton: Induction of proteases in response to nitrogen or light limitation. *Limnol. Oceanogr.*, 43, 129-135.

Bergh, O., Borsheim, Y. K., Bratbak, G. *et al.* (1989) High abundance of viruses found in aquatic environments. *Nature*, 340, 467-468.

Berman, T. & Wynne, D. (2005) Assessing phytoplankton lysis in Lake Kinneret. *Limnol. Oceanogr.*, 50, 526-537.

Berman-Frank, I., Bidle, K. D., Haramaty, L. *et al.* (2004) The demise of the marine cyanobacterium, Trichodesmium spp., via an autocatalyzed cell death pathway. *Limnol. Oceanogr.*, 49, 997-1005.

Bidle, K. D. & Bender, S. J. (2008) Iron starvation and culture age activate metacaspases and programmed cell death in the marine diatom *Thalassiosira pseudonana*. *Eukaryotic Cell*, 7, 223-236.

Bjørnstad, O. N. & Falck, W. (2001) Nonparametric spatial covariance functions: estimation and testing. *Environ. Ecol. Stat.*, 8, 53-70.

Bjørnstad, O. N., Ims R. A. & Lambin, X. (1999) Spatial population dynamics: analyzing patterns and processes of population synchrony. *Trends Ecol. Evol.*, 14, 427-432.

Blindow, I., Andersson, G., Hargeby, A. *et al.* (1993) Long-term pattern of alternative stable states in two shallow eutrophic lakes. *Freshwat. Biol.*, 30, 159-167.

Boeing, W. J. & Ramcharan, C. W. (2010) Inducible defences are a stabilizing factor for predator and prey populations: a field experiment. *Freshwat. Biol.*, 55, 2332-2338.

Boenigk, J., Arndt, H. & Cleven, E. J. (2001) The problematic nature of fluorescently labeled bacteria (FLB) in *Spumella* feeding experiments — an explanation by using video microscopy. *Arch. Hydrobiol.*, 152, 329-338.

Bohannan, B. J. M. & Lenski, R. E. (2000) Linking genetic change to community evolution: insights from studies of bacteria and bacteriophage. *Ecol. Lett.*, 3, 362-377.

Boughman, J. W. (2002) How sensory drive can promote speciation. *Trends Ecol. Evol.*, 17, 571-577.

Bratbak, G., Heldal, M., Thingstad, T. F. *et al.* (1992) Incorporation of viruses into the budget of microbial C-transfer. A first approach. *Mar. Ecol. Prog. Ser.*, 83, 273-280.

Brede, N., Sandrock, C., Straile, D. *et al.* (2009) The impact of human-made ecological changes on the genetic architecture of *Daphnia* species. *Proc. Nat. Aca. Sci.*, 106, 4758-4763.

Broennimann, O., Treier, U. A., Müller-Schärer, H., *et al.* (2007) Evidence of climatic niche shift during biological invasion. *Ecol. Lett.*, 10, 701-709.

Brooks, J. L. & Dodson, S. I. (1965) Predation, body size, and competition of plankton. *Science*, 150, 28-35.

Brouwer, E., Bobbink, R. & Roelofs, J. G. M. (2002) Restoration of aquatic macrophyte vegetation in acidified and eutrophied softwater lakes; an overview. *Aquat. Bot.*, 73, 405-431.

Brown, J. H. & Lomolino, M. V. (1998) *Biogeography*, 2nd edition, Sinauer Associates.

Brussaard, C. P. D., Riegman, R., Noordeloos, A. A. M. et al. (1995) Effects of grazing, sedimentation and phytoplankton cell lysis on the structure of a coastal pelagic food web. *Mar. Ecol. Prog. Ser.*, **123**, 259-271.

Buhham, I., Turner, M. G., Desai, A. R. et al. (2011) Integrating aquatic and terrestrial components to construct a complete carbon budget for a north temperate lake disrict. *Global Change Biol.*, **17**, 1193-1211.

Cabana, G. & Rasmussen, J. B. (1996) Comparison of aquatic food chains using nitrogen isotopes. *Proc. Natl. Acad. Sci. USA*, **93**, 10844-10847.

Cahn, A. R. (1929) The effect of carp on a small lake: the carp as a dominant. *Ecology*, **10**, 271-274.

Canter-Lund, H. & Lund, J. W. G. (1997) *Freshwater Algae: Their Microscopic World Explored*, Biopress Limited.

Caraco, N., Bauer, J. E., Cole, J. J. et al. (2010) Millennial-aged organic carbon subsidies to a modern river food web. *Ecology*, **91**, 2385-2393.

Carleton, K. L. & Kocher, T. D. (2001) Cone opsin genes of african cichlid fishes: tuning spectral sensitivity by differential gene expression. *Mol. Biol. Evol.*, **18**, 1540-1550.

Carlsson, N. O. L., Brönmark, C. & Hansson L.-A. (2004) Invading herbivory: the golden apple snail alters ecosystem functioning in Asian wetlands. *Ecology*, **85**, 1575-1580.

Caron, D. A. & Countway, P. D. (2009) Hypotheses on the role of the protistan rare biosphere in a changing world. *Aquat. Microb. Ecol.*, **57**, 227-238.

Carpenter, S. R. (2003) *Regime Shifts in Lake Ecosystems: Pattern and Variation*. Vol. 15 in the Excellence in Ecology Series, Ecology Institute.

Carpenter, S. R. & Brock, W. A. (2006) Rising variance: a leading indicator of ecological transition. *Ecol. Lett.*, **9**, 311-318.

Carpenter, S. R. & Kitchell, J. F. (1993) *The trophic cascade in lakes*, Cambridge University Press.

Carpenter, S. R., Kitchell, J. F. & Hodgson, J. R. (1985) Cascading trophic interactions and lake productivity. *BioScience*, **35**, 634-639.

Carpenter, S. R., Ludwig, D. & Brock, W. A. (1999) Management of eutrophication for lakes subject to potentially irreversible change. *Ecol. Appl.*, **9**, 751-771.

Cattanéo, F., Hugueny, B. & Lamouroux, N. (2003) Synchrony in brown trout, *Salmo trutta*, population dynamics: a 'Moran effect' on early-life stages. *Oikos*, **100**, 43-54.

Chalcraft, D. R. & Resetarits Jr., W. J. (2003) Predator identity and ecological impacts: functional redundancy or functional diversity? *Ecology*, **84**, 2407-2418.

Chapra, S. C. & DiToro, D. M. (1991) Delta method for estimating primary production, respiration and reaeration in streams. *J. Environ. Eng.*, **117**, 640-655.

Chikaraishi, Y., Ogawa, N. O., Kashiyama, Y. et al. (2009) Determination of aquatic food-web structure based on compound-specific nitrogen isotopic composition of amino acids. *Limnol. Oceanogr. Methods*, **7**, 740-750.

Cole, J. J. & Caraco, N. F. (2001) Carbon in catchments: connecting terrestrial carbon losses with aquatic metabolism. *Mar. Freshwater Res.*, **52**, 101-110.

Cole, J. J., Carpenter, S. R., Pace, M. L. et al. (2006) Differential support of lake food webs by three types of terrestrial organic carbon. *Ecol. Lett.*, **9**, 558-568.

Cole, J. J., Prairie, Y. T., Caraco, N. F. et al. (2007) Plumbing the global carbon cycle: integrating inland waters into the terrestrial carbon budget. *Ecosystems*, **10**, 171-184.

Connon, S. A. & Giovannoni, S. J. (2002) High-throughput methods for culturing microorganisms in very-low-nutrient media yield diverse new marine isolates. *Appl. Environ. Microbiol.*, **68**, 3878-3885.

Coplen, T. B. (2011) Guidelines and recommended terms for expression of stable-isotope-ratio and gas-ratio measurement results. *Rapid Commun. Mass Spectrom.* **25**, 2538-2560.

Coplen, T. B., Böhlke, J. K., De Bièvre, P. *et al.* (2002) Isotope-abundance variations of selected elements. *Pure Appl. Chem.*, **74**, 1987-2017.

Countway, P. D., Gast, R. J., Dennett, M. R. *et al.* (2007) Distinct protistan assemblages characterize the euphotic zone and deep sea (2500 m) of the western North Atlantic (Sargasso Sea and Gulf Stream). *Environ. Microbiol.*, **9**, 1219-1232.

Countway, P. D., Gast, R. J., Savai, P. *et al.* (2005) Protistan diversity estimates based on 18S rDNA from seawater incubations in the Western North Atlantic. *J. Eukaryot. Microbiol.*, **52**, 95-106.

Cousyn, C., De Meester, L., Colbourne, J. K. *et al.* (2001) Rapid, local adaptation of zooplankton behavior to changes in predation pressure in the absence of neutral genetic changes. *Proc. Natl. Acad. Sci. USA*, **98**, 6256-6260.

Cousyn, C., De Meester, L., Colbourne, J. K. *et al.* (2001) Rapid, local adaptation of zooplankton behavior to changes in predation pressure in the absence of neutral genetic changes. *Proc. Nat. Acad. Sci.*, **22** (11), 6256-6260.

Coyne, J. A. & Orr, H. A. (2004) *Speciation*. *Sunderlan*, Sinauer associates.

Croisetière, L., Hare, L., Tessier, A. *et al.* (2009) Sulphur stable isotopes can distinguish trophic dependence on sediments and plankton in boreal lakes. *Freshwat. Biol.*, **54**, 1006-1015.

Crooks, J. A. (2002) Characterizing ecosystem-level consequences of biological invasions: the role of ecosystem engineers. *Oikos*, **97**, 153-166.

Cross, W. F., Benstead, J. P., Frost, P. C. *et al.* (2005) Ecological stoichiometry in freshwater benthic systems: recent progress and perspectives. *Freshwat. Biol.*, **50**, 1895-1912.

Darley, W. M. (1982) *Algal Biology: A Physiological Approach*, Blackwell Scientific Publications. [ダーリー 著, 手塚泰彦・渡辺泰徳・渡辺真利代 訳 (1987)『藻類の生理生態学』培風館]

De Meester, L., Dawidowicz, P., Gool, E. V. *et al.* (1999) Ecology and evolution of predator-induced behavior of zooplankton: Depth selection behavior and diel vertical migration. In: *The ecology and evolution of inducible defenses*, Tollrian R. & Harvell C. D. (eds.), 160-176, Princeton university press.

De Meester, L., Gómez, A., Okamura, B. *et al.* (2002) The Monopolization Hypothesis and the dispersal-gene flow paradox in aquatic organisms. *Acta Oecol.*, **23**, 121-135.

Decaestecker, E., Gaba, S., Raeymaekers, J. A. M. *et al.* (2007) Host-parasite 'Red Queen' dynamics archived in pond sediment. *Nature*, **450**, 870-873.

Deines, P. (1980) The isotopic composition of reduced organic carbon. In: *Handbook of environmental isotope geochemistry. vol. 1 The terrestrial Environment*, A. P. Fritz & J. C. Fontes (eds.), 329-406. Elsevier.

DeLong, E. F. & Karl, D. M. (2005) Genomic perspectives in microbial oceanography. *Nature*, **437**, 336-342.

Denman, K. L., Brasseur, G. A., Chidthaisong, P. *et al.* (2007) Couplings between changes in the climate system and biogeochemistry. In: *Climate Change 2007: The Physical Science Basis*, Solomon, S. *et al.*, (eds.), Cambridge University Press.

Diez, H. & Edwards, P. J. (2006) Recognition that causal process change during plant invasion helps explain conflicts in evidence. *Ecology* **87**, 1359-1367.

Dinsmore, K. J., Billett, M. F., Skiba, U. M. *et al.* (2010) Role of the aquatic pathway in the carbon and greenhouse gas budgets of a peatland catchment. *Global Change Biol.*, **16**, 2750–2762.

Dlugosch, K. M. & Parker, M. (2008) Founding events in species invasions: genetic variation, adaptive evolution, and the role of multiple introductions. *Mol. Ecol.*, **17**, 431–449.

Dodson, S. I. (1974) Adaptive change in plankton morphology in response to size-selective predation: a new hypothesis of cyclomorphosis. *Limnol. Oceanogr.*, **19**, 721–729.

Doi, H. (2009) Spatial patterns of autochthonous and allochthonous resources in aquatic food webs. *Popul. Ecol.*, **51**, 57–64.

Doi, H., Chang, K.-H., Ando, T. *et al.* (2008) Drifting plankton from a reservoir subsidize downstream food webs and alter community structure. *Oecologia*, **156**, 363–371.

Doi, H., Chang, K.-H., Ando, T. *et al.* (2009) Resource availability and ecosystem size predict food-chain length in pond ecosystems. *Oikos*, **118**, 138–144.

Doi, H., Katano, I. & Kikuchi, E. (2006) The use of algal-mat habitats by aquatic insect grazers: effects of microalgal cues. *Basic Appl. Ecol.*, **7**, 153–158.

Doi, H., Takemon, Y., Ohta, T. *et al.* (2007) Effects of reach-scale canopy cover on trophic pathways of caddisfly larvae in a Japanese mountain stream. *Mar. Freshw. Res.*, **58**, 811-817.

Duffy, M. A., Brassil, C. E., Hall, S. R. *et al.* (2008) Parasite-mediated disruptive selection in a natural *Daphnia* population. *BMC Evol. Biol.*, **8**, 80.

Duffy, M. A. & Hall, S. R. (2008) Selective predation and rapid evolution can jointly dampen effects of virulent parasites on *Daphnia* populations. *Am. Nat.*, **171**, 499–510.

Duffy, M. A., Hall, S. R., Cáceres, C. E. *et al.* (2009) Rapid evolution, seasonality, and the termination of parasite epidemics. *Ecology*, **90**, 1441–1448.

Duncan, A. B. & Little, T. J. (2007) Parasite-driven genetic change in a natural population of *Daphnia*. *Evolution*, **61**, 796–803.

Eby, L. A., Roach, W. J., Crowder, L. B. *et al.* (2006) Effects of stocking-up freshwater food webs. *Trends Ecol. and Evol.*, **21**, 576–584.

Elias, S., Short, S. K., Nelson, C. H. *et al.* (1996) Life and times of the Bering land bridge. *Nature*, **382**, 60–63.

Elmore, H. L. & West, W. F. (1961) Effect of water temperature on stream reaeration. *J. Sanitary Engin. Div. ASCE*, **87**, 59–71.

Elser, J. J., Andersen, T., Baron, J. S. *et al.* (2009) Shifts in lake N: P stoichiometry and nutrient limitation driven by atmospheric nitrogen deposition. *Science*, **326**, 835–837.

Elton, C. (1927) *Animal Ecology*. Sidgwick & Jackson London.

Elton, C. & Nicholson, M. (1942) The ten-year cycle in numbers of the lynx in Canada. *J. Anim. Ecol.*, **11**, 215–244.

Endler, J. A. (1992) Signals, Signal Conditions, and the Direction of Evolution. *Am. Nat.*, **139**, S125–S153.

遠藤修一・山下修平・川上委子 他（1999）びわ湖における近年の水温上昇について．陸水学雑誌，**60**, 223-228.

European Union (2000) Directive 2000/60/EC of the European Parliament and the Council of 23 October 2000 establishing a framework for Community action in the field of water policy. *Off. J. Eur. Commun.*, **L327**, 1–72.

Facon, B., Pointier, J.-P., Glaubrecht, M., *et al.* (2003) A molecular phylogeography approach to biological invasions of the New World by parthenogenetic Thiarid snails. *Mol. Ecol.*, **12**, 3027–3039.

Falconer, D. S. (1990) Selection in different environments: effects on environmental sensitivity (reaction norm) and on mean performance. *Genetical Research*, **56**, 57-70.

Feeny, D., Berkes, F., McCay, B. J. *et al.* (1990) The Tragedy of the Commons: Twenty-two years later. *Human Ecology*, **18(1)**, 1-19. [D・フィーニィ, F・バークス, B・J・マッケイ 他 (田村典江 訳) (1998)「コモンズの悲劇」―その22年後, エコソフィア, 1, 76-87]

Ferrari, M. C. O., Wisenden, B. D. & Chivers, D. P. (2010) Chemical ecology of predator-prey interactions in aquatic ecosystems: a review and prospectus. *Can. J. Zool.*, **88**, 698-724.

Ficetola, G. F., Bonin, A. & Miaud, C. (2008) Population genetics reveals origin and number of founders in a biological invasion. *Mol. Ecol.*, **17**, 773-782.

Figueroa, R., Ruiz, V. H., Berrios, P. *et al.* (2010) Trophic ecology of native and introduced fish species from the Chillán River, South-Central Chile. *J. Appl. Ichthyol.*, **26**, 78-83.

Figuerola, J., Green, A. J. & Michot, T. C. (2005) Invertebrate eggs can fly: evidence of waterfowl-mediated gene flow in aquatic invertebrates. *Am. Nat.*, **165**, 274-280.

Finlay, J. C., Khandwala, S. & Power, M. E. (2002) Spatial scales of carbon flow in a river food web. *Ecology*, **83**, 1845-1859.

Finlay, J. C., Power, M. E. & Cabana, G. (1999) Effects of water velocity on algal carbon isotope ratios: Implications for river food web studies. *Limnol. Oceanogr.*, **44**, 1198-1203.

Fitzgerald, S. A. & Gardner, W. S. (1993) An algal carbon budget for pelagic-benthic coupling in Lake Michigan. *Limnol. Oceanogr.*, **38**, 547-560.

Foote, C. J., Moore, K., Stenberg, K. *et al.* (1999) Genetic differentiation in gill raker number and length in sympatric anadromous and nonanadromous morphs of sockeye salmon, *Oncorhynchus nerka*. *Env. Biol. Fish.*, **54**, 263-274.

Forsberg, B. R. (1985) The fate of planktonic primary production. *Limnol. Oceanogr.*, **30**, 807-819.

France, R. L. (1995a) Differentiation between littoral and pelagic food webs in lakes using stable carbon isotopes. *Limnol. Oceanogr.*, **40**, 1310-1313.

France, R. L. (1995b) Carbon-13 enrichment in benthic compared to planktonic algae: foodweb implications. *Mar. Ecol. Prog. Ser.*, **124**, 307-312.

Frischer, M. E., Stewart, G. J. & Paul, J. H. (1994) Plasmid transfer to indigenous marine bacterial populations by natural transformation. *FEMS Microbiol. Ecol.*, **15**, 127-136.

Frouz, J., Lobinske, R. J. & Ali, A. (2004) Influence of Chironomidae (Diptera) faecal pellet accumulation on lake sediment quality and larval abundance of pestiferous midge *Glyptotendipes paripes*. *Hydrobiologia*, **518**, 169-177.

Fry, B. (2006) *Stable Isotope Ecology*, Springer.

Fry, J. D. (1992) The mixed-model analysis of variance applied to quantitative genetics: biological meaning of the parameters. *Evolution*, **46**, 540-550.

Fryer, G. & Iles, T. D. (1972) *The cichlid fishes of the great lakes of Africa*. Edinburgh, Oliver and Boyd.

Fuhrman, J. A. (1999) Marine viruses and their biogeochemical and ecological effects. *Nature*, **399**, 541-548.

藤井紀行・池田　啓・瀬戸口浩彰 (2009) 遺伝子解析からみた高山植物の起源, 『高山植物学―高山環境と植物の総合科学』(増沢武弘 編), 135-151, 共立出版.

Genereux, D. P. & Hemond, H. F. (1992) Determination of gas exchange rate constants for a small stream on Walker Branch watershed, Tennessee. *Water Resour. Res.*, **28**, 2365-2374.

Genkai-Kato, M. (2007a) Regime shifts: catastrophic responses of ecosystems to human impacts. *Ecol.*

Res., **22**, 214-219.
Genkai-Kato, M. (2007b) Macrophyte refuges, prey behaviour and trophic interactions: consequences for lake water clarity. *Ecol. Lett.*, **10**, 105-114.
Genkai-Kato, M. & Carpenter, S. R. (2005) Eutrophication due to phosphorus recycling in relation to lake morphometry, temperature, and macrophytes. *Ecology*, **86**, 210-219.
Genkai-Kato, M., Vadeboncoeur, Y., Liboriussen, L. *et al.* (2012) Benthic-planktonic coupling, regime shifts, and whole-lake primary production in shallow lakes. *Ecology*, in press.
Gilbert, J. J. (1966) Rotifer ecology and embryological induction. *Science*, **151**, 1234-1237.
Gilbert, J. J. (2009) Predator-specific inducible defenses in the rotifer *Keratella tropica*. *Freshwat. Biol.*, **54**, 1933-1946.
Gillooly, J. F., Brown, J. H., West, G. B. *et al.* (2001) Effects of size and temperature on metabolic rate. *Science*, **293**, 2248-2251.
Gingerich, P. D. (1983) Rates of evolution: effects of time and temporal scaling. *Science*, **222**, 159-161.
Giovannoni, S. J. & Stingl, U. (2005) Molecular diversity and ecology of microbial plankton. *Nature*, **437**, 343-348.
Glöckner, F. O., B. M. Fuchs & Amann, R. (1999) Bacterioplankton compositions of lakes and oceans: a first comparison based on fluorescence in situ hybridization. *Appl. Environ. Microbiol.*, **65**, 3721-3726.
Goedkoop, W., Sonesten, L., Markensten, H. *et al.* (1998) Fatty acid biomarkers show dietary differences between dominant chironomid taxa in Lake Erken. *Freswat. Biol.*, **40**, 135-143.
Goldschmidt, T., Witte, F. & Wanink J. H. (1993) Cascading effects of the introduced nile perch on the detritivorous phytoplanktivorous species in the sublittoral areas of lake Victoria. *Conserv. Biol.*, **7**, 686-700.
Gonzalez, J. M. & Suttle, C. A. (1993) Virus-sized particles: ingestion and digestion. *Mar. Ecol. Prog. Ser.*, **94**, 1-10
Grant, J. W. G. & Bayly, A. E. (1981) Predator induction of crests in morphs of the *Daphnia carinata* King complex. *Limnol. Oceanogr.*, **26**, 201-218.
Grant, P. R. & Grant, B. R. (2002) Unpredictable evolution in a 30-year study of Darwin's finches. *Science*, **296**, 707-711.
Grenouillet, G., Hugueny, B., Carrel, G. A. *et al.* (2001) Large-scale synchrony and inter-annual variability in roach recruitment in the Rhone River: the relative role of climatic factors and density-dependent processes. *Freshwat. Biol.*, **46**, 11-26.
Grey, J., Kelly, A. & Jones, R. I. (2004) High intraspecific variability in carbon and nitrogen stable isotope ratios of lake chironomid larvae. *Limnol. Oceanogr.*, **49**, 239-244.
Gross, M. R. (1991) Salmon breeding behavior and life history evolution in changing environments. *Ecology*, **72**, 1180-1186.
Gross, M. R. (1996) Alternative reproductive strategies and tactics: diversity within sexes. *Trends Ecol. Evol.*, **11**, 92-98.
Gyllström, M. & Hansson, L. A. (2004) Dormancy in freshwater zooplankton: Induction, termination and the importance of benthic-pelagic coupling. *Aquat. Sci.*, **66**, 274-295.
Hadfield, J. D., Wilson, A. J., Garand, D. *et al.* (2010) The misuse of BLUP in ecology and evolution. *Am. Nat.* **175**, 116-125.
Hairston Jr, N. G., Ellner, S. P., Geber, M. A. *et al.* (2005) Rapid evolution and the convergence of ecological and evolutionary time. *Ecol. Letter.*, **8**, 1114-1127.

Hairston, N. G. Jr. & Dillon, T. A. (1990) Fluctuating selection and response in a population of freshwater copepods. *Evolution*, **44**, 1796-1805.

Hairston, N. G. Jr., Ellner, S. P., Geber, M. A. *et al.* (2005) Rapid evolution and the convergence of ecological and evolutionary time. *Ecol. Lett.*, **8**, 1114-1127.

Hairston, N. G. Jr., Holtmeier, C. L., Lampert, W. *et al.* (2001) Natural selection for grazer resistance to toxic cyanobacteria: evolution of phenotypic plasticity? *Evolution*, **55**, 2203-2214.

Hairston, N. G. Jr., Lampert, W., Cáceres, C. E. *et al.* (1999) Rapid evolution revealed by dormant eggs. *Nature*, **401**, 446.

Hairston, N. G. Jr. & Walton, W. E. (1986) Rapid evolution of a life history trait. *Proc. Natl. Acad. Sci. USA*, **83**, 4831-4833.

Hall, R. O. & Tank, J. L. (2005) Correcting whole-stream estimates of metabolism for groundwater input. *Limnol. Oceanogr.: Methods*, **3**, 222-229.

Hall, R. O., Thomas, S. & Gaiser, E. E. (2007) Measuring freshwater primary production and respiration. In: *Principles and standards for measuring primary production.* Fahey, T. J. & Knapp, A. K. (eds.) 175-203, Oxford University Press.

Hall, S. R., Duffy, M. A., Tessier, A. J. *et al.* (2005) Spatial heterogeneity of daphniid parasitism within lakes. *Oecologia*, **143**, 635-644.

浜端悦治（2003）琵琶湖における夏の渇水と湖岸植生面積の変化．琵琶湖研究所所報，**20**, 134-145.

Hamilton, D. J. & Mitchell, S. F. (1996) An empirical model for sediment resuspension in shallow lakes. *Hydrobiologia*, **317**, 521-531.

花里孝幸（2005）湖水中の生き物たちが交わす化学物質のシグナル：食うものと食われるものの間の情報戦とそれを撹乱する殺虫剤．科学，**75**, 1033-1037.

Hanazato, T. & Dodson, S. I. (1995) Synergistic effects of low oxygen concentration, predator kairomone, and a pesticide on the cladoceran *Daphnia pulex*. *Limnol. Oceanogr.*, **40**, 700-709.

Hansson, L. A. (1996) Behavioural response in plants, adjustment in algal recruitment induced by herbivores. *Proc. R. Soc. Lond., B*, **263**, 1241-1244.

Hansson, L. A. (2004) Plasticity in pigmentation induced by conflicting threats from predation and UV radiation. *Ecology*, **85**, 1005-1016.

Hardin, G. (1968) The tragedy of the commons, *Science*, **162**(859), 1243-8.

Harmon, L. J., Matthews, B., Des Roches, S. *et al.* (2009) Evolutionary diversification in stickleback affects ecosystem functioning. *Nature*, **458**, 1167-1170.

Harrison, S. & Quinn, J. F. (1989) Correlated environments and the persistence of metapopulations. *Oikos*, **56**, 293-298.

Harrod, C. & Grey, J. (2006) Isotopic variation complicates analysis of trophic relations within the fish community of Plußsee: a small, deep, stratifying lake. *Arch. Hydrobiol.*, **167**, 281-299.

速水祐一・藤原建紀（1999）琵琶湖深層水の温暖化．海の研究，**8**, 197-202.

Heino, M., Kaitala, V., Ranta, E. *et al.* (1997) Synchronous dynamics and rates of extinction in spatially structured populations. *Proc. R. Soc. Lond. B*, **264**, 481-486.

Hendry, A. P. (2009) Ecological speciation! Or the lack thereof? *Can. J. Fish. Aquat. Sci.*, **66**, 1383-1398.

Hendry, A. P. & Kinnison, M. T. (1999) The pace of modern life: measuring rates of contemporary microevolution. *Evolution*, **53**, 1637-1653.

Hendry, A. P., Wenburg, J. K., Bentzen, P. *et al.* (2000) Rapid evolution of reproductive isolation in the wild: evidence from introduced salmon. *Science*, **290**, 516-518.

Henry, R. & Santos, C. M. (2008) The importance of excretion by *Chironomus* larvae on the internal loads of nitrogen and phosphorus in a small eutrophic urban reservoir. *Braz. J. Biol.*, 68, 349-357.

Hershey, A. E., Beaty, S., Fortino, K. *et al.* (2006) Stable isotope signatures of benthic invertebrates in Arctic lakes, indicate limited coupling to pelagic production. *Limnol. Oceanogr.*, 51, 177-188.

Hershey, A. E., & Dobson, S. I. (1987) Predator avoidance by *Cricotopus*: cyclomorphosis and the importance of being big and hairy. *Ecology*, 68, 913-920.

Hessen, D. O. & Van Donk, E. (1993) Morphological changes in *Scenedesmus* induced by substances released from *Daphnia*. *Arch. Hydrobiol.*, 127, 129-140.

Hewitt, G. M. (1999) Post-glacial re-colonization of European biota. *Biol. J. Linn. Soc.*, 68, 87-112.

Hewitt, G. M. (2004) The structure of biodiversity-insights from molecular phylogeography. *Front. Zool.*, 1, 4.

樋口広芳 編（1996）『保全生物学』東京大学出版会.

Hillebrand, H. & Sommer, U. (1999) The nutrient stoichiometry of benthic microalgal growth: Redfield proportions are optimal. *Limnol. Oceanogr.*, 44, 440-446.

Hilt, S., Gross, E. M., Hupher, M. *et al.* (2006) Restoration of submerged vegetation in shallow eutrophic lakes: a guideline and state of the art in Germany. *Limnologica*, 36, 155-171.

平塚純一・山室真澄・石飛 裕（2006）『里湖モク採り物語―50年前の水面下の世界』生物研究社.

Hölker, F. & Stief, P. (2005) Adaptive behaviour of chironomid larvae (*Chironomus riparius*) in response to chemical stimuli from predators and resource density. *Behav. Ecol. Sociobiol.*, 58, 256-263.

Holtgrieve, G. W., Shindler, D. E., Branch, T. A. *et al.* (2010) Simultaneous quantification of aquatic ecosystem metabolism and reaeration using a Bayesian statistical model of oxygen dynamics. *Limnol. Oceanogr.*, 55, 1047-1063.

Holyoak, M. & Lawler, S. P. (1996) Persistence of an extinction-prone predator-prey interaction through metapopulation dynamics. *Ecology*, 77, 1867-1879.

Hong, P. Y., Hwang, C., Ling, F. *et al.* (2010) Pyrosequencing analysis of bacgterial biofilm communities in water meters of a drinking water distribution system via pyrosequencing. *Appl. Environ. Microbiol.*, 76, 5631-5635.

Hutchinson, G. E. (1965) *The Ecological Theater and the Evolutionary Play*, Yale University Press.

Hyodo, F., Tsugeki, N., Azumac, J-I. *et al.* (2008) Changes in stable isotopes, lignin-derived phenols, and fossil pigments in sediments of Lake Biwa, Japan: Implications for anthropogenic effects over the last 100 years. *Sci. Total. Environ.*, 403, 139-147.

茨城県（1959）霞ヶ浦における水位低下が水産生物に及ぼす影響の基礎的研究　第一報（概report），茨城県.

井上 真（2001）自然資源の共同管理制度としてのコモンズ，『コモンズの社会学―森・川・海の資源共同管理を考える』（井上 真・宮内泰介 編），1-28, 新曜社.

井上 真（2009）自然資源「協治」の設計指針―ローカルからグローバルへ，『グローバル時代のローカル・コモンズ（環境ガバナンス叢書3）』（室田 武 編著），3-25, ミネルヴァ書房.

Interlandi, S. J., Kilham, S. S. & Theriot, E. C. (1999) Responses ofphytoplankton to varied resource availability in largelakes of the greater yellowstone ecosystem. *Limnol. Oceanogr.*, 44, 668-682.

Isaak, D. J., Thurow, R. F., Rieman, B. E. *et al.* (2003) Temporal variation in synchrony among chinook salmon (*Oncorhynchus tshawytscha*) redd counts from a wilderness area in central Idaho. *Can. J. Fish. Aquat. Sci.*, 60, 840-848.

Ishida, S., Kotov, A. A. & Taylor, D. J. (2006) A new divergent lineage of *Daphnia* (Cladocera: Anomopoda) and its morphological and genetical differentiation from *Daphnia curvirostris* Eylmann,

1887. *Zool. J. Linnean Soc.*, **146**, 385–405.
Ishida, S. & Taylor, D. J. (2007a) Quaternary diversification in a sexual Holarctic zooplankter, *Daphnia galeata*. *Mol. Ecol*, **16**, 569–582.
Ishida, S. & Taylor, D. J. (2007b) Mature habitats associated with genetic divergence despite strong dispersal ability in an arthropod. *BMC Evol. Biol.*, **7**, 52.
Ishii, N., Kawabata, Z., Nakano, S. *et al.* (1998) Microbial interactions responsible for dissolved DNA production in a hypereutrophic pond. *Hydrobiol.*, **380**, 67–76.
石川俊行・福田悦子・鈴木 充（2011）湯ノ湖水環境保全調査（1/5 年目），栃木県保健環境センター水環境部．印刷中．
Ishikawa, N. F., Uchida, M., Shibata, Y. *et al.* (2010) A new application of radiocarbon (^{14}C) concentrations to stream food web analysis. *Nucl. Instrum. Meth. B.*, **268**, 1175–1178.
Ishikawa, N. F., Uchida, M., Shibata, Y. *et al.* (2012) Natural C-14 provides new data for stream food web studies: a comparison with C-13 in multiple stream habitats. *Mar. Freshwater Res., in press.*
Iwakuma, T., Ueno, R. & Nohara, S. (1993) Distribution and Population Dynamics of Chironomidae (Diptera) in Lake Yunoko, Japan. *Jpn. J. Limnol.*, **54**, 199–212.
Iwata, T., Takahashi, T. Kazama, F. *et al.* (2007) Metabolic balance of streams draining urban and agricultural watersheds in central Japan. *Limnology*, **8**, 243–250.
Jackson, J. J. (2003) Macrophyte-dominated and turbid states of shallow lakes: evidence from Alberta lakes. *Ecosystems*, **6**, 213–223.
Jacobs, J. (1967) Untersuchungen zur Funktion und Evolution der Zyklomorphose bei *Daphnia*, mit besonderer Berücksichtigung der Selektion durch Fische. *Arch. Hydrobiol.*, **62**, 467–541.
Jang, M. H., Ha, K., Lucas, M. C. *et al.* (2004) Changes in microcystin production by *Microcystis aeruginosa* exposed to phytoplanktivorous and omnivorous fish. *Aquat. Toxicol.*, **68**, 51–59.
Jankowski, T. & Straile, D. (2003) A comparison of egg-bank andlong-term plankton dynamics of two *Daphnia* species, *D. hyalina* and *D. galeata*: potentials and limits of reconstruction. *Limnol. Oceanogr.*, **48**, 1948–1955.
Jassby, A. D. & Goldman, C. R. (1974) Loss rates from a phytoplankton community. *Limnol. Oceanogr.*, **19**, 618–627.
Jeppesen, E., Leavitt, E. P., De Meester, L. *et al.* (2001) Functional ecology and palaeolimnology: using cladoceranremains to reconstruct anthropogenic impact. *Trends Ecol. Evol.*, **16**, 191–198.
Jeppesen, E., Søndergaard, M., Søndergaard M. *et al.* (eds.) (1998) *The structuring role of submerged macrophytes in lakes. Ecological Studies, 131*, Springer.
Jeppessen, E., Sondergaard, M., Jensen, J. P. *et al.* (2005) Lake responses to reduced nutrient loading: an analysis of contemporary data from 35 European and North American long term studies. *Freshwat. Biol.*, **50**, 1747–1771.
Jeschke, J. M. & Strayer, D. L. (2005) Invasion success of vertebrates in Europe and North America. *Proc. Natl. Acad. Sci. USA*, **102**, 7198–7202.
Jeschke, J. M. & Tollrian, R. (2000) Density-dependent effects of prey defences. *Oecologia*, **123**, 391–396.
Jessup, C. M. & Bohannan, B. J. M. (2008) The shape of an ecological trade-off varies with environment. *Ecol. Lett.*, **11**, 947–959.
Johnson, R. K. (1987) Seasonal variation in diet of *Chironomus plumosus* (L.) and *C. anthracinus* Zett. (Diptera: Chironomidae) in mesotrophic Lake Erken. *Freshwat. Biol.*, **17**, 525–532.
Johnson, T. C., Scholz, C. A., Talbot, M, R. *et al.* (1996) Late Pleistocene Desiccation of Lake Victoria and

Rapid Evolution of Cichlid Fishes. *Science*, **273**, 1091-1093.
Jónasson, P. M. (1972) Ecology and production of the profundal benthos in relation to phytoplankton in Lake Esrum. *Oikos Suppl.*, **14**, 1-148.
Jones, C. G., Lawton, J. H. & Shachak, M. (1994) Organisms as ecosystem engineers. *Oikos*, **69**, 373-386.
Jones, D. D. (1975) *The application of catastrophe theory to ecological systems*. RR-75-15. International Institute for Applied Systems Analysis, Laxenburg.
Jones, R. I., Carter, E. C., Kelly, A. *et al.* (2008) Widespread contribution of methane-cycle bacteria to the diets of lake profundal chironomid larvae. *Ecology*, **89**, 857-864.
Jørgensen, N. O. G. & Jacobsen, C. S. (1996) Bacterial uptake and utilization of dissolved DNA. *Aquat. Microb. Ecol.*, **11**, 263-270.
角野康郎（1994）『日本水草図鑑』文一総合出版.
角野康郎（2007）達古武沼における過去30年間の水生植物相の変遷. 陸水学雑誌, **68**, 105-108.
鏡味麻衣子（2008）ツボカビを考慮に入れた湖沼食物網の解析. 日本生態学会誌, **58**, 71-80.
Kagami, M., Gurung, T. B., Yoshida, T. *et al.* (2006) To sink or to be lysed: Contrasting fate of two large phytoplankton species in Lake Biwa. *Limnol. Oceanogr.*, **51**, 2775-2786.
Kagami, M., von Elert, E., Ibelings, B. W. *et al.* (2007) The parasitic chytrid, *Zygorhizidium* facilitates the growth of the cladoceran zooplankter, *Daphnia* in cultures of the inedible alga, *Asterionella*. *Proc. R. Soc. B.*, **274**, 1561-1566.
Kagami, M., Yoshida, T., Gurung, T. B. *et al.* (2002) Direct and indirect effects of zooplankton on algal compostion in *in-situ* grazing experiments. *Oecologia.*, **133**, 356-363.
Kajak, Z. (1988) Considerations on benthos abundance in freshwaters, its factors and mechanisms. *Int. Revue ges. Hydrobiol.*, **73**, 5-19.
Kajan R. & Frenzel, P. (1999) The effect of chironomid larvae on production, oxidation and fluxes of methane in a flooded rice soil. *FEMS Microbiol. Ecol.*, **28**, 121-129.
金尾滋史・大塚泰介・前畑政善 他（2009）ニゴロブナ *Carassius auratus grandoculis* の初期成長の場としての水田の有効性. 日本水産学会誌, **75**, 191-197.
環境省（2007）生物多様性情報システム. 絶滅危惧種情報. http://www.biodic.go.jp/rdb/rdb_f.html
環境省 生物多様性総合評価検討委員会（2010）『生物多様性総合評価報告書』環境省自然環境局. http://www.biodic.go.jp/biodiversity/jbo/jbo/reports/allin.pdf
Kappes, H. & Sinsch, U. (2002) Temperature-and predator-induced phenotypic plasticity in *Bosmina cornuta* and *B. pellucida* (Crustacea: Cladocera). *Freshwat. Biol.*, **47**, 1944-1955.
Karube, Z., Okada, N. & Tayasu, I. (2012) Sulfur stable isotope signature identifies the source of reduced sulfur in benthic communities in macrophyte zones of Lake Biwa, Japan. *Limnology, in press*.
Karube, Z., Sakai, Y., Takeyama, T. *et al.* (2010) Carbon and nitrogen stable isotope ratios of macro-invertebrates in the littoral zone of Lake Biwa as indicators of anthropogenic activities in the watershed. *Ecol. Res.*, **25**, 847-855.
河川環境管理財団・河川環境総合研究所（2011）我が国の湖沼での沈水植物の再生及び利活用に関する資料集. 河川環境総合研究所資料第30号. 河川環境管理財団.
片野 修・森 誠一 編（2005）『希少淡水魚の現在と未来—積極的保全のシナリオ—』信山社.
Katano, I., Doi, H. & Oishi, T. (2009a) Upstream resource abundance determines the food searching behavior of a stream grazer: Effect of microalgal cues. *Limnol. Oceanogr.*, **54**, 1162-1166.
Katano, I., Mitsuhashi, H., Isobe, Y. *et al.* (2007) Group size of feeding stream case-bearing caddisfly grazers and resource abundance. *Basic Appl. Ecol.*, **8**, 269-279.

Katano, I., Negishi, J. N., Minagawa, T. et al. (2009b) Longitudinal macroinvertebrate organization over contrasting discontinuities: effects of a dam and a tributary. *J. N. Am. Benthol. Soc.*, **28**, 331-351.
Katano, O., Hosoya, K., Iguchi, K., et al. (2003) Species diversity and abundance of freshwater fishes in irrigation ditches around rice fields. *Environ. Biol. Fishes*, **66**, 107-121.
加藤元海（2005）生態系における突発的で不連続な系状態の変化―湖沼を例に―. 日本生態学会誌, **55**, 199-206.
加藤潤三（2009）農家の環境配慮行動の促進, 『流域環境学―流域ガバナンスの理論と実践』（和田英太郎監修）, 339-356, 京都大学学術出版会.
Kaufman, D. S., Ager, T. A., Anderson, N. J. et al. (2004) Holocene thermal maximum in the western Arctic (0-180 °W). *Quat. Sci. Res.*, **23**, 529-560.
Kawabata, K. (1987) Ecology of large phytoplankton in Lake Biwa: population dynamics and food relations with zooplankters. *Bull. Plankton Soc. Japan*, **34**, 165-172.
川合禎次・谷田一三 編（2005）『日本産水生昆虫　科・属・種への検索』東海大学出版会.
河村功一・片山雅人・三宅琢也 他（2009）近縁外来種との交雑による在来種絶滅のメカニズム. 日本生態学会誌, **59**, 131-143.
Kawamura, K., Yonekura, R., Katano, O., et al. (2006) Origin and dispersal of bluegill sunfish, *Lepomis macrochirus*, in Japan and Korea. *Mol. Ecol.*, **15**, 613-621.
Kawamura, K., Yonekura, R., Ozaki, Y., et al. (2010) The role of propagule pressure in the invasion success of bluegill sunfish, *Lepomis macrochirus*, in Japan. *Mol. Ecol.*, **19**, 5371-5388.
川那部浩哉・水野信彦・細谷和海 編（2005）『日本の淡水魚 3版』山と渓谷社.
Kawata, M., Shoji, A., Kawamura, S. et al. (2007) A genetically explicit model of speciation by sensory drive within a continuous population in aquatic environments. *BMC Evol. Biol.*, **7**, 99.
萱場祐一（2005）溶存酸素濃度の連続観測を用いた実験河川における再曝気係数, 一次生産速度及び呼吸速度の推定. 陸水学雑誌, **66**, 93-105.
萱場祐一（2008）多自然川づくりにおける水際域の保全と修復―水際域の魚類生息場所としての機能を中心として―. 水環境学会誌, **31**, 341-345.
Keough, J. R., Hagley, C. A., Ruzycki, E. et al. (1998) $\delta^{13}C$ composition of primary producers and role of detritus in a freshwater coastal ecosystem. *Limnol. Oceanogr.*, **43**, 734-740.
Kerfoot, W. C. & Weider, L. J. (2004) Experimental paleoecology (resurrection ecology): chasing Van Valen's Red Queen hypothesis. *Limnol. Oceanogr.*, **49**, 1300-1316.
Kerner, M., Hohenberg, H., Ertl, S., et al. (2003) Self-organization of dissolved organic matter to micelle-like microparticles in river water. *Nature*, **422**, 150-154.
Kinzig, A. P., Pacala, S. W. & Tilman, D. (2001) *The Functional Consequences of Biodiversity: Empirical Progress and Theoretical Extensions*, Princeton University Press.
Kiørboe, T. (1993) Turbulence, phytoplankton cell size, and the structure of pelagic food webs. *Adv. Mar. Biol.*, **29**, 1-72.
Kirchman, D. (1999) Phytoplankton death in the sea. *Nature*, **398**, 293-294.
Kirk, J. T. O. (1983) *Light and Photosynthesis in Aquatic Ecosystems*, Cambridge University Press.
Kishida, O. & Nishimura, K. (2004) Bulgy tadpoles: inducible defense morph. *Oecologia*, **141**, 414-421.
Kishida, O., Trussell, G. C., & Nishimura, K. (2009) Top-down effects on antagonistic inducible defense and offense. *Ecology*, **90**, 1217-1226.
Kiyashko, S. I., Imbs, A. B., Narita, T. et al. (2004) Fatty acid composition of aquatic insect larvae *Stictochironomus pictulus* (Diptera: Chironomidae): evidence of feeding upon methanotrophic bacteria.

Comp. Bioche. Physiol., **B139**, 705-711.
Kiyashko, S. I., Narita, T. & Wada, E. (2001) Contribution of methanotrophs to freshwater macroinvertebrates: evidence from stable isotope ratios. Aquat. Microb. Ecol., **24**, 203-207.
Koenig, W. D. (1998) Spatial autocorrelation in California land birds. Conserv. Biol., **12**, 612-620.
Koenig, W. D. (1999) Spatial autocorrelation of ecological phenomena. Trends Ecol. Evol., **14**, 22-26.
Kohler, S. L. (1984) Search mechanism of a stream grazer in patchy environments: the role of food abundance. Oecologia, **62**, 209-218.
Kohler, S. L. (1992) Competition and the Structure of a Benthic Stream Community. Ecol. Monogr., **62**, 165-188.
Kohzu, A., Tayasu, I., Yoshimizu, C. et al. (2009) Nitrogen-stable isotopic signatures of basal food items, primary consumers and omnivores in rivers with different levels of human impact. Ecol. Res., **24**, 127-136.
小島久弥・廣瀬 大 (2011) 微生物生態学における分子生物学的手法. 『微生物の生態学 (シリーズ現代の生態学 11)』(大園享司・鏡味麻衣子・日本生態学会 編), 16-32, 共立出版.
Kolbe, J. J., Glor, R. E., Schettino, L. R. et al. (2004) Genetic variation increases during biological invasion by a Cuban lizard. Nature, **431**, 177-181.
Kolbe, J. J., Larson, A. & Losos, J. B. (2007) Differential admixture shapes morphological variation among invasive populations of the lizard Anolis sagrei. Mol. Ecol., **16**, 1579-1591.
近藤繁生・平林敏男・岩熊敏夫 他編 (2001)『ユリスカの世界』培風館.
Kopp, M. & Tollrian, R. (2003) Reciprocal phenotypic plasticity in a predator-prey system: inducible offences against inducible defences? Ecol. Lett., **6**, 742-748.
小関右介・Fleming, I. A. (2004) 繁殖から見た生活史二型の進化―性選択と代替繁殖表現型. 『サケ・マスの生態と進化』(前川光司 編), 71-106, 文一総合出版.
Koseki, Y. & Fleming, I. A. (2006) Spatio-temporal dynamics of alternative male phenotypes in coho salmon populations in response to ocean environment. J. Anim. Ecol., **75**, 445-455.
Koseki, Y. & Fleming, I. A. (2007) Large-scale frequency dynamics of alternative male phenotypes in natural populations of coho salmon (Oncorhynchus kisutch): patterns, processes, and implications. Can. J. Fish. Aquat. Sci., **64**, 743-753.
Koskinen, M. T., Haugen, T. O. & Primmer, C. R. (2002) Contemporary fisherian life-history evolution in small salmoid populations. Nature, **419**, 826-830.
Kotov, A. A., Ishida, S. & Taylor, D. J. (2006) A new species in the Daphnia curvirostris (Crustacea: Cladocera) complex from the eastern Palearctic with molecular phylogenetic evidence for the independent origin of neckteeth. J. Plankton Res., **28**, 1067-1079.
Kotov, A. A., Ishida, S. & Taylor, D. J. (2009) Revision of the genus Bosmina Baird, 1845 (Cladocera: Bosminidae), based on evidence from male morphological characters and molecular phylogenies. Zool. J. Linnean Soc., **156**, 1-51.
Krueger, D. A. & Dodson, S. I. (1981) Embryological induction and predation ecology in Daphnia pulex. Limnol. Oceanogr., **26**, 219-223.
Kullmann, H., Thunken, T., Baldauf, S. A., et al. (2008) Fish odour triggers conspecific attraction behaviour in an aquatic invertebrate. Biol. Lett., **4**, 458-460.
Kurita, Y., Nakajima, J., Kaneto, J. et al. (2008) Analysis of the gut contents of the internal exotic fish species, Opsariichthys uncirostris uncirostris in the Futatsugawa River, Kyushu Island, Japan. J. Fac. Agric., Kyushu Univ., **53**, 429-433.

黒田英明・西廣 淳・鷲谷いづみ（2009）霞ヶ浦の浚渫土中の散布体バンクの種組成とその空間的不均一性．応用生態工学，**12**, 21-36.
Kuwae, M., Yoshikawa, S., Tsugeki, N. et al. (2004) Reconstruction of a climate record for the past 140 kyr based on diatom valve flux data from Lake Biwa, Japan. *J. Paleolimnol.*, **32**, 19-39.
Lafferty, K. D. & Kuris, A. M. (2005) Parasitism and environmental disturbances. In: *Parasitism & Ecosystem*, Thomas, F., Renaud, F. & Guegan, J. F. (eds.), 113-123, Oxford university press.
Laforsch, C., Ngwa, W., Grill W. et al. (2004) An acoustic microscopy technique reveals hidden morphological defenses in Daphnia. *PNAS*, **9**, 15911-15914.
Laforsch, C. & Tollrian, R. (2004) Inducible defenses in multipredator environments: cyclomorphosis in *Daphnia cucullata*. *Ecology*, **85**, 2302-2311.
Lamberti, G. a & Steinman, A. D. (1997) A comparison of primary production in stream ecosystems. *J. N. Am. Benthol. Soc.*, **16**, 95-104.
Lampert, W. & Sommer, U. (eds.) (1997) *Limnoecology: The Ecology of Lakes and Streams*, Oxford.
Lang, A. S. & Beatty, J. T. (2007) Importance of widespread gene transfer agent genes in alpha-proteobacteria. *Trends Microbiol.*, **15**, 54-62.
Langenheder, S., & Székely, A. J. (2011) Species sorting and neutral processes are both important during the initial assembly of bacterial communities. *ISME J.*, **5**, 1086-1094.
Larned, S. T. (2010) A prospectus for periphyton: recent and future ecological research. *J. N. Am. Benthol. Soc.*, **29**, 182-206.
Lass, S. & Spaak, P. (2003) Chemically induced anti-predator defences in plankton: a review. *Hydrobiologia*, **491**, 221-239.
Lavergne, S. & Molofsky, J. (2007) Increased genetic variation and evolutionary potential drive the success of an invasive grass. *Proc. Natl. Acad. Sci. USA*, **104**, 3883-3888.
Leavitt, P. R., Carpenter, S. R. & Kitchell, J. F. (1989) Whole-lake experiments: the annual record fossil pigments and zooplankton. *Limnol. Oceanogr.*, **34**, 700-717.
Lefèvre, E, Bardot, C., Noel, C. et al. (2007) Unveiling fungal zooflagellates as members of freshwater picoeukaryotes: evidence from a molecular diversity study in a deep meromictic lake. *Environ Microbiol*, **9**, 61-71.
Leinonen, T., O'hara, R. B., Cano, J. M. et al. (2008) Comparative studies of quantitative trait and neutral marker divergence: a meta-analysis. *J. Evol. Biol.*, **21**, 1-17.
Liebhold, A., Koenig, W. D. & Bjørnstad, O. N. (2004) Spatial synchrony in population dynamics. *Annu. Rev. Ecol. Evol. Syst.*, **35**, 467-490.
Lieth, H. & Whittaker, R. H. (1975) *Primary Productivity of the Biosphere*, Springer-Verlag.
Lim, E. L., Dennet, M. R. & Caron, D. A. (1999) The ecology of *Paraphysomonas imperforata* based on studies employing oligonucleotide probe identification in coastal water samples and enrichment cultures. *Limnol. Oceanogr.*, **44**, 37-51.
Lindholm, A. K., Breden, F., Alexander, H. J. et al. (2005) Invasion success and genetic diversity of introduced populations of guppies *Poecilia reticulate* in Australia. *Mol. Ecol.*, **14**, 3671-3682.
Little, T. J. & Ebert, D. (2001) Temporal patterns of genetic variation for resistance and infectivity in a *Daphnia*-microparasite system. *Evolution*, **55**, 1146-1152.
Lodge, D. M., Kershner, M. W., Aloi, J. P. et al. (1994) Effects of an omnivorous crayfish (*Orconectes rusticus*) on a fresh-water littoral food-web. *Ecology*, **75**, 1265-1281.
Lorenz, M. G. & Wackernagel, W. (1994) Bacterial gene transfer by natural genetic transformation in the

environment. *Microbiol. Rev.*, **58**, 563-602.
Losos, J. B., Warheitt, K. I. & Shoener, T. W. (1997) Adaptive differentiation following experimental island colonization in *Anolis* lizards. *Nature*, **387**, 70-73.
Lürling, M. (2006) Effects of a surfactant (FFD-6) on *Scenedesmus* morphology and growth under different nutrient conditions. *Chemosphere*, **62**, 1351-1358.
Lürling, M. & Scheffer, M. (2007) Info-disruption: pollution and the transfer of chemical information between organisms. *Trends Ecol. Evol.*, **22**, 374-379.
Lürling, M. & Van Donk, E. (2007) Grazer-induced colony formation in *Scenedesmus*, are there costs to being colonial? *Oikos*, **88**, 111-118.
Maan, M. E., Haesler, M. P., Seehausen, O. et al. (2006) Heritability and heterochrony of polychromatism in a Lake Victoria Cichlid fish: Stepping stones for speciation? *J. Exp. Zool. B. Mol. Dev. Evol.*, **306**, 168-176.
Maan, M. E., Seehausen, O., Söderberg, L. et al. (2004) Intraspecific sexual selection on a speciation trait, male coloration, in the Lake Victoria cichlid Pundamilia nyererei. *Proc. Biol. Sci.*, **271**, 2445-2452.
Mabuchi, K., Senou, H. & Nishida, M. (2008) Mitochondrial DNA analysis reveals cryptic large-scale invasion of non-native genotypes of common carp (*Cyprinus carpio*) in Japan. *Mol. Ecol.*, **17**, 796-809.
Madigan, M. T., Parker, J. & Martinko, J. M. 著, 室伏きみ子・関 啓子 訳 (2003) 『Brock 微生物学』オーム社.
Maeda, K., Takeda, M., Kamiya, K. et al. (2009) Population structure of two closely related pelagic cichlids in Lake Victoria, *Haplochromis pyrrhocephalus* and *H. laparogramma*. *Gene*, **441**, 67-73.
Maezono, Y. & Miyashita, T. (2003) Community-level impacts induced by introduced largemouth bass and bluegill in farm ponds in Japan. *Biol. Conserv.*, **109**, 111-121.
Maezono, Y. & Miyashita, T. (2004) Impact of exotic fish removal on native communities in farm ponds. *Ecol. Res.*, **19**, 263-267.
Mahé, G. (1993) *Les Écoulements Fluviaux Sur la Façade Atlantique de l'Afrique*, ORSTOM.
Makino, W. & Tanabe, A. S. (2009) Extreme population genetic differentiation and secondary contact in the freshwater copepod *Acanthodiaptomus pacificus* in the Japanese Archipelago. *Mol. Ecol.*, **18**, 3699-3713.
Marín, V. H., Tironi, A., Delgado, L. E. et al. (2009) On the sudden disappearance of *Egeria densa* from a Ramsar wetland site of Southern Chile: a climatic event trigger model. *Ecol. Model.*, **220**, 1752-1763.
Marjomäki, T. J., Auvinen, H., Helminen, H. et al. (2004) Spatial synchrony in the inter-annual population variation of vendace (*Coregonus albula* (L.)) in Finnish lakes. *Ann. Zool. Fennici*, **41**, 225-240.
Marzolf, E. R., Mulholland, P. J. & Steinman, A. D. (1994) Improvements to the diurnal upstream-downstream dissolved oxygen change technique for determining whole-stream metabolism in small streams. *Can. J. Fish. Aquat. Sci.*, **51**, 1591-1599.
Massana, R., Gillou, L., Diez, B. et al. (2002) Unveiling the organisms behind novel eukaryotic ribosomal DNA sequences from the ocean. *Appl. Environ. Microbiol.*, **68**, 4554-4558.
Massana, R., Terrado, R., Forn, I. et al. (2006) Distribution and abundance of uncultured heterotrophic flagellates in the world oceans. *Environ. Microbiol.*, **8**, 1515-1522.
Massana, R., Unrein, F., Rodriguez-Martinez, R. et al. (2009) Grazing rates and functional diversity of uncultured heterotrophic flagellates. *ISME J.*, **3**, 588-596.
Matsui, K., Honjo, M. & Kawabata, Z. (2001) Estimation of the fate of dissolved DNA in thermally stratified lake water from the stability of exogenous plasmid DNA. *Aquat. Microb. Ecol.*, **26**, 95-102.

Matsui, K., Ishii, N. & Kawabata, Z. (2003a) Release of extracellular transformable plasmid DNA from (*Escherichia coli*) cocultivated with algae. *Appl. Environ. Microbiol.*, **69**, 2399-2404.

Matsui, K., Ishii, N. & Kawabata, Z. (2003b) Microbial interactions affecting the natural transformation of (*Bacillus subtilis*) in a model aquatic ecosystem. *FEMS Microbiol. Ecol.*, **45**, 211-218.

Matsuzaki, S. S., Usio, N., Takamura, N. *et al.* (2007) Effects of common carp on nutrient dynamics and littoral community composition: roles of excretion and bioturbation. *Fundam. Appl. Limnol.*, **168**, 27-38.

Matsuzaki, S. S., Usio, N., Takamura, N. *et al.* (2009) Contrasting impacts of invasive engineers on freshwater ecosystems: an experiment and meta-analysis. *Oecologia*, **158**, 673-686.

May, R. M. (1977) Thresholds and breakpoints in ecosystems with a multiplicity of stable states. *Nature*, **269**, 471-477.

Mayden, R. L., Chen, W. J., Bart, H. L., *et al.* (2009) Reconstructing the phylogenetic relationships of the earth's most diverse clade of freshwater fishes-order Cypriniformes (Actinopterygii: Ostariophysi): A case study using multiple nuclear loci and the mitochondrial genome. *Mol. Phylogenet. Evol.*, **51**, 500-514.

Mayorga, E., Aufdenkampe, A. K., Masiello, C. A. *et al.* (2005) Young organic matter as a source of carbon dioxide outgassing from Amazonian rivers. *Nature*, **436**, 538-541.

Mayr, E. (1942) *Systematics and the Origin of Species*, Columbia University Press.

McBride, G. B. & Chapra, S. C. (2005) Rapid calculation of oxygen in streams: approximate delta method. *J. Environ. Eng.*, **131**, 336-342.

McCollum, S. A. & Leimberger, J. D. (1997) Predator-induced morphological changes in an amphibian: predation by dragonflies affects tadpole shape and color. *Oecologia*, **109**, 615-621.

McCutchan, J. H., Lewis, W. M. & Saunders, J. F. (1998) Uncertainty in the estimation of stream metabolism from open-channel oxygen concentrations. *J. N. Am. Benthol. Soc.*, **17**, 155-164.

McDaniel, L. D., Young, E., Delaney, J. *et al.* (2010) High frequency of horizontal gene transfer in the oceans. *Science*, **330**, 50.

McGowan, S., Leavitt, P. R., Hall, R. I. *et al.* (2005) Controls of algal abundance and community composition during ecosystem state change. *Ecology*, **86**, 2200-2211.

McHugh, P. A., McIntosh, A. R. & Jellyman, P. G. (2010) Dual influences of ecosystem size and disturbance on food chain length in streams. *Ecol. Let.*, **13**, 881-890.

McKinnon, J. S. & Rundle, H. D. (2002) Speciation in nature: the threespine stickleback model systems. *Trends Ecol. Evol.*, **17**, 480-488.

McNeely, C., Finlay, J. C. & Power, M. E. (2007) Grazer traits, competition, and carbon sources to a headwater-stream food web. *Ecology*, **88**, 391-401.

Meijer, M.-L., De Boois, I., Scheffer, M. *et al.* (1999) Biomanipulation in shallow lakes in The Netherlands: an evaluation of 18 case studies. *Hydrobiologia*, **408/409**, 13-30.

Merilä, J. & Crnokpak, P. (2001) Comparison of genetic differentiation at marker loci and quantitative traits. *J. Evol. Biol.*, **14**, 892-903.

Meyer, J. R., Ellner, S. P., Hairston, N. G. Jr. *et al.* (2006) Prey evolution on the time scale of predator-prey dynamics revealed by allele-specific quantitative PCR. *Proc. Natl. Acad. Sci. USA*, **103**, 10690-10695.

Michener, R. & Lajtha, K. (eds.) (2007) *Stable isotopes in ecology and environmental science*. 2nd edition, Blackwell.

Michimae, H., Nishimura, K. & Wakahara, M. (2005) Mechanical vibrations from tadpoles' flapping tails transform salamander's carnivorous morphology. *Biol. Lett.*, **1**, 75-77.

Millennium Ecosystem Assessment (2005) *Millennium Ecosystem Assessment*. Ecosystems & Human Well-being: Synthesis. Island Press.

Miller, R. V. (2001) Environmental bacteriophage-host interactions: factors contribution to natural transduction. *Antonie Van Leeuwenhoek*, **79**, 141-147.

南川雅男・吉岡崇仁 編 (2006)『生物地球化学 (地球化学講座第5巻)』培風館.

Miner, B. G., Sultan, S. E., Morgan, S. G. et al. (2005) Ecological consequences of phenotypic plasticity. *Trends Ecol. Evol.*, **20**, 685-692.

Mirza, R. S. & Pyle, G. G. (2009) Waterborne metals impair inducible defences in *Daphnia pulex*: morphology, life-history traits and encounters with predators. *Freshwat. Biol.*, **54**, 1016-1027.

Miyasaka, H. & Nakano, S. (2001) Drift dispersal of mayfly nymphs in the presence of chemical and visual cues from diurnal drift-and nocturnal benthic-foraging fishes. *Freshwat. Biol.*, **46**, 1229-1237.

水谷正一 編 (2007)『水田生態工学入門』農文協

Moon-van der Staay, S. Y., De Wachter, R. & D. Vaulot (2001) Oceanic 18S rDNA sequences from picoplankton reveal unsuspected eukaryotic diversity. *Nature*, **409**, 607-610.

Morad, M. R., Khalili, A., Roskosch, A. et al. (2010) Quantification of pumping rate of *Chironomus plumosus* larvae in natural burrows. *Aquat. Ecol.*, **44**, 143-153.

Moran, P. A. P. (1953) The statistical analsis of the Canadian lynx cycle. II. Synchronization and meteorology. *Aust. J. Zool.*, **1**, 291-298.

Mori, S. & Horie, S. (1975) Diatoms in a 197.2 meters core sample from Lake Biwa-ko. *Proc. Jpn. Acad.*, **51**, 675-679.

Mori, S., Yamamoto, K., Negoro, K. et al. (1967) First report of the regular limnological survey of Lake Biwa (Oct. 1965 — Dec. 1966) *Mem. Fac. Sci. Kyoto, ser B.*, **1**, 36-40.

Moss, B., Stansfield, J., Irvine, K. et al. (1996) Progressive restoration of a shallow lake: a 12-year experiment in isolation, sediment removal and biomanipulation. *J. Appl. Ecol.*, **33**, 71-86.

室田 武・三俣 学 (2004)『入会林野とコモンズ』日本評論社.

Myers, R. A., Mertz, G. & Bridson, J. (1997) Spatial scales of interannual recruitment variations of marine, anadromous, and freshwater fish. *Can. J. Fish. Aquat. Sci.*, **54**, 1400-1407.

永田 俊・宮島利宏 編 (2008)『流域環境評価と安定同位体』京都大学学術出版会.

Nagata, T. (1988) The microflagellate-picoplankton food linkage in the water column of Lake Biwa. *Limnol. Oceanog.*, **33**, 504-517.

Nagl, S., Tichy, H., Mayer, W. E. et al. (1998) Persistence of neutral polymorphisms in Lake Victoria cichlid fish. *Proc. Natl. Acad. Sci. USA*, **95**, 14238-14243.

中島 淳・鬼倉徳雄・江口勝久 他 (2006) 九州北部におけるカワバタモロコの分布と生息状況. 日本生物地理学会会報, **61**, 109-116.

中島 淳・鬼倉徳雄・兼頭 淳 他 (2008) 九州北部における外来魚類の分布状況. 日本生物地理学会会報, **63**, 177-188.

中島 淳・鳥谷幸宏・厳島 怜 他 (2010) 魚類の生物的指数を用いた河川環境の健全度評価法. 河川技術論文集, **16**, 449-454.

Nakajima, J., Onikura, N. & Oikawa, S. (2008) Habitat of the pike gudgeon *Pseudogobio esocinus esocinus* in the Nakagawa River, northern Kyushu, Japan. *Fish. Sci.*, **74**, 842-845.

中村守純 (1969)『日本のコイ科魚類』資源科学研究所.

Nakanishi, M. & Sekino T. (1996) Recent drastic changes in LakeBiwa, bio-communities, with special

attention to exploitationof the littoral zone. *GeoJournal*, **40**, 63-67.
Nakanishi, M., Tezuka, Y., Narita, T. *et al.* (1992) Phytoplankton primary production and its fate in a pelagic area of Lake Biwa. *Arch. Hydrobiol. Beih. Ergebn. Limnol.*, **35**, 47-67.
中野 繁（2003）『川と森の生態学―中野繁論文集』北海道大学図書刊行会.
中野伸一（2000）湖沼有機物動態における微生物ループでの原生動物の役割. 日本生態学会誌, **50**, 41-54.
中野伸一（分担）（2006）細菌の被食過程,『海洋生物の連鎖―生命は海でどう連環しているか（海洋生命系のダイナミクスシリーズ）』, 127-144, 東海大学出版会.
Nakano, S, Ishii, N., Manage, P. M. *et al.* (1998) Trophic roles of heterotrophic nanoflagellates and ciliates among planktonic organisms in a hypereutrophic pond. *Aquat. Microb. Ecol.*, **16**, 153-161.
Nakano, S., Manage, P. M., Nishibe, Y. *et al.* (2001) Trophic linkage among heterotrophic nanoflagellates, ciliates and metazoan zooplankton in a hypereutrophic pond. *Aquat. Microb. Ecol.*, **25**, 259-270.
Nakano, T., Tayasu, I., Wada, E. *et al.* (2005) Sulfur and strontium isotope geochemistry of tributary rivers of Lake Biwa: implications for human impact on the decadal change of lake water quality. *Sci. Total Environ.*, **345**, 1-12.
中里亮治・土谷 卓・村松 充 他（2005）北浦におけるユスリカ幼虫の水平分布と個体数密度の長期変遷, 陸水学雑誌, **66**, 165-180.
Nakazato, R. & Hirabayashi, K. (1998) Effect of larval density on temporal variation in life cycle patterns of *Chironomus plumosus* (L.) (Diptera: Chironomidae) in the profundal zone of eutrophic lake Suwa during 1982-1995. *Jpn. J. Limnol.*, **59**, 13-26.
Neff, J. C., Ballantyne, A. P., Farmer, G. L. *et al.* (2008) Increasing eolian dust deposition in the western United States linked to human activity. *Nat. Geosci.*, **1**, 189-195.
Nelson, J. S. (2006) *Fishes of the World-Forth Edition*, Wiley & Sons, Inc.
日本陸水学会 編（2006）『陸水の事典』講談社サイエンティフィク.
日本ユスリカ研究会 編（2010）『図説 日本のユスリカ』文一総合出版.
西廣 淳・岡本実希・髙村典子（2009）釧路湿原シラルトロ湖の植生と植物相. 陸水学雑誌, **70**, 183-190.
西廣 淳・西廣美穂（2010）湿地の土壌シードバンク調査法,『保全生態学の技法：調査・研究・実践マニュアル』（鷲谷いづみ 他編）, 東京大学出版会.
Nishihiro, J., Nishihiro, M. A., & Washitani, I. (2006) Assessing the potential for recovery of lakeshore vegetation: species richness of sediment propagule banks. *Ecol. Res.*, **21**, 436-445.
Nishimura, Y. & Nagata, T. (2007) Alphaproteobacterial dominance in a large mesotrophic lake (Lake Biwa, Japan). *Aquat. Microb. Ecol.*, **48**, 231-240.
西野麻知子・浜端悦治 編（2005）『内湖からのメッセージ―琵琶湖周辺の湿地再生と生物多様性保全』サンライズ出版.
Nogaro, G., Mermillod-Blondin, F., Montuelle, B. *et al.* (2008) Chironomid larvae stimulate biogeochemical and microbial processes in a riverbed covered with fine sediment. *Aquat. Sci.*, **70**, 156-168.
Oda, S., Hanazato, T. & Fujii, K. (2007) Change in phenotypic plasticity of a morphological defence in *Daphnia galeata* (Crustacea: Cladocera) in a selection experiment. *J. Limnol.*, **66**, 142-152.
Odling-Smee, F. J., Laland, K. N. & Feldman, M. W. (2007) *Niche Construction: The Neglected Process in Evolution*, Princeton University press［佐倉 統・山下篤子・徳永幸彦 訳（2007）『ニッチ構築：忘れられていた進化過程』共立出版］
Odum, H. T. (1956) Primary production in flowing waters. *Limnol. Oceanogr.*, **1**, 102-117.
Ogawa, N. O., Koitabashi, T., Oda, H *et al.* (2001) Fluctuations of nitrogen isotope ratio of *Gobiid* fish

(Isaza) specimens and sediments in Lake Biwa, Japan, during the 20th century. *Limnol. Oceanogr.*, **46**, 1228-1236.

Ohkouchi, N., Tayasu, I. & Koba, K. (eds.) (2010) *Earth, Life, and Isotopes*, Kyoto University Press.

沖野外輝夫 (2002)『湖沼の生態学』共立出版.

沖野外輝夫・花里孝幸 (2005)『アオコが消えた諏訪湖―人と生き物のドラマ (山岳科学叢書3)』信濃毎日新聞社.

奥田 隆・渡辺匡彦・黄川田隆洋 (2004) クリプトビオシス:特異的な乾燥耐性をもつ生き物たち. 生物物理, **44**, 172-175.

大串竜一 (2011)『水生昆虫の世界 淡水と陸上をつなぐ生命』TOKAI LIBRARY.

Olden, J. D., Poff, N. L., Douglas, M. R. *et al.* (2004) Ecological and evolutionary consequences of biotic homogenization. *Trends Ecol. Evol.*, **19**, 18-24.

鬼倉徳雄・中島 淳・江口勝久 他 (2006) 多々良川水系におけるタナゴ類の分布域の推移とタナゴ類・二枚貝の生息に及ぼす都市化の影響. 水環境学会誌, **29**, 837-842.

鬼倉徳雄・中島 淳・江口勝久 他 (2007) 有明海沿岸域のクリークにおける淡水魚類の生息の有無・生息密度とクリークの護岸形状との関係. 水環境学会誌, **30**, 277-282.

鬼倉徳雄・中島 淳・江口勝久 他 (2008) 九州北西部, 有明海・八代海沿岸域のクリークにおける移入魚類の分布の現状. 水環境学会誌, **31**, 395-401.

Onikura, N., Nakajima, J., Kouno, H. *et al.* (2009) Habitat use of the golden venus chub (*Hemigrammocypris rasborella*) at different growth stages in irrigation channels. *Zool. Sci.*, **6**, 75-381.

Onikura, N., Nakajima, J., Kouno, H., *et al.* (2010) Maturation and growth in the wild population of *Hemigrammocypris rasborella*. *Aquaculture Sci.*, **58**, 297-298.

大槻恵美 (1984) 水界と漁撈―農民と漁民の環境利用の変遷, 『水と人の環境史―琵琶湖報告書』(鳥越皓之・嘉田由紀子 編), 47-86, 御茶の水書房.

Ostrom, E. (1990) *Governing the Commons*. Cambridge University Press.

Palkovacs, E. P., Dion, K. B., Post, D. M. *et al.* (2008) Independent evolutionary origins of landlocked alewife populations and rapid parallel evolution of phenotypic traits. *Mol. Ecol.*, **17**, 582-597.

Palkovacs, E. P., Marshall, M. C., Lampherc, B. A. *et al* (2009) Experimental evaluation of evolution and coevolution as agents of ecosystem change in Trinidadian streams. *Phil. Trans. R. Soc. Lond. B*, **364**, 1617-1628.

Palkovacs, E. P. & Post, D. M. (2008) Eco-evolutionary interactions between predators and prey: can predator-induced changes to prey communities feed back to shape predator foraging traits? *Evol. Ecol. Res.*, **10**, 699-720.

Palkovacs, E. P. & Post, D. M. (2009) Experimental evidence that phenotypic divergence in predators drives community divergence in prey. *Ecology*, **90**, 300-305.

Palmer, T. (1995) The influence of spatial heterogeneity on the behavior and growth of two herbivorous stream insects. *Oecologia*, **104**, 476-486.

Palmqvist, E. & Lundberg, P. (1998) Population extinctions in correlated environments. *Oikos*, **83**, 359-367.

Parry, J. W., Carleton, K. L., Spady, T. *et al.* (2005) Mix and match color vision: tuning spectral sensitivity by differential opsin gene expression in Lake Malawi cichlids. *Curr. Biol.*, **15**, 1734-1739.

Pavón-Mesa, E. L., Sarma, S. S. S. & Nandini, S. (2007) Combined effects of temperature, food (*Chlorella vulgaris*) concentration and predation (*Asplanchna girodi*) on the morphology of *Brachionus havanaensis* (Rotifera). *Hydrobiol.*, **593**, 95-101.

Pedrós-Alió C (2006) Marine microbial diversity: can it be determined? *TRENDS Microbiol.*, **14**, 257-263.
Pernthaler, J. (2005) Predation on prokaryotes in the water column and its ecological implications. *Nat. Rev. Microbiol.*, **3**, 537-546.
Pfandl, K., Chatzinotas, A., Dyal, P. et al. (2009) SSU rRNA gene variation resolves population heterogeneity and ecophysiological differentiation within a morphospecies (Stramenopiles, Chrysophyceae). *Limnol. Oceanogr*, **54**, 171-181.
Phelps, Q. E., Graeb, B. D. S. & Willis, D. W. (2008) Influence of the Moran effect on spatiotemporal synchrony in common carp recruitment. *Trans. Am. Fish. Soc.*, **137**, 1701-1708.
Platt, T. & Jassby, A. D. (1976) The relationship between photosynthesis and light for natural assemblages of coastal marine phytoplankton. *J. Phycol.*, **12**, 421-430.
Poff, N. L. & Ward, J. V. (1992) Heterogeneous currents and algal resources mediate in situ foraging activity of a mobile stream grazer. *Oikos*, **65**, 465-478.
Post, D. M. (2002) Using stable isotopes to estimate trophic position: Models, methods, and assumptions. *Ecology*, **83**, 703-718.
Post, D. M., Pace, M. L. & Hairston, N. G. (2000) Ecosystem size determines food-chain length in lakes. *Nature*, **405**, 1047-1049.
Post, D. M. & Palkovacs, E. P. (2009) Eco-evolutionary feedbacks in community and ecosystem ecology: interactions between the ecological theatre and the evolutionary play. *Phil. Trans. R. Soc. Lond. B*, **364**, 1629-1640.
Post, D. M., Palkovacs, E. P., Schielke, E. G. et al. (2008) Intraspecific variation in a predator affects community structure and cascading trophic interactions. *Ecology*, **89**, 2019-2032.
Poté, J., Mavingui, P., Navarro, E. et al. (2009) Extracellular plant DNA in Geneva groundwater and traditional artesian drinking water fountains. *Chemosphere*, **75**, 498-504.
Pradeep Ram, A. S., Nishimura, Y., Tomaru, Y. et al. (2010) Seasonal variation in viral-induced mortality of bacterioplankton in the water column of a large mesotrophic lake (Lake Biwa, Japan). *Aquat. Microb. Ecol.*, **58**, 249-259.
Pradeep Ram, A. S. & Sime-Ngando, T. (2008) Functional responses of prokaryotes and viruses to grazer effects and nutrient additions in freshwater microcosms. *ISME J.*, **2**, 498-509.
Pruden, A., Pei, R., Storteboom, H. et al. (2006) Antibiotic resistance genes as emerging contaminants: studies in northern Colorado. *Environ. Sci. Technol.*, **40**, 7445-7450.
Ranta, E., Kaitala, V., Lindström, J. et al. (1995) Synchrony in population dynamics. *Proc. R. Soc. Lond. B*, **262**, 113-118.
Ranta, E., Kaitala, V. & Lundberg, P. (1998) Population variability in space and time: the dynamics of synchronous population fluctuations. *Oikos*, **83**, 376-382.
Rathbun, R. E., Stephens, D. W., Schultz, D. J. et al. (1978) Laboratory studies of gas tracers for reaeration. *J. Environ. Eng. Div. ASCE*, **104**, 215-229.
Ravinet, M, Syvaranta, J., Jones, R. I. et al. (2010) A trophic pathway from biogenic methane supports fish biomass in a temperate lake ecosystem. *Oikos*, **119**, 409-416.
Raymond, P. A., Bauer, J. E., Caraco, N. E. et al. (2004) Controls on the variability of organic matter and dissolved inorganic carbon ages in northeast US rivers. *Mar. Chem.*, **92**, 353-366.
Reche, I., Ortega-Retuerta, E., Romera, O. et al. (2009) Effect of Saharan dust inputs on bacterial activity and community composition in Mediterranean lakes and reservoirs. *Limnol. Oceanogr.*, **54**(3), 869-879.

Redfield, A. C. (1958) The biological control of chemical factors in the environment. *Am. Sci.*, **46**, 205-221.
Repka, S. & Walls, M. (1998) Variation in the neonate size of *Daphnia pulex*: the effects of predator exposure and clonal origin. *Aquat. Ecol.*, **32**, 203-209.
Reynolds, C. S. (1984) *The Ecology of Freshwater Phytoplankton*, Cambridge University Press.
Richey, J. E., Melack, J. M., Aufdenkampe, A. K. et al. (2002) Outgassing from Amazonian rivers and wetlands as a large tropical source of atmospheric CO_2. *Science*, **416**, 617-620.
Rietkerk, M., Dekker, S. C., de Ruiter, P. C. et al. (2004) Self-organized patchiness and catastrophic shifts in ecosystems. *Science*, **305**, 1926-1929.
Robinson, B. W. (2000) Trade offs in habitat-specific foraging efficiency and the nascent adaptive divergence of sticklebacks in lakes. *Behaviour*, **137**, 865-888.
Rodríguez, C. F., Bécares, E., Fernández-Aláez, M. et al. (2003) Shift from clear to turbid phase in Lake Chozas (NW Spain) due to the introduction of American red swamp crayfish (*Procambarus clarkii*). *Hydrobiologia*, **506**, 421-426.
Rodríguez, C. F., Bécares, E., Fernández-Aláez, M. et al. (2005) Loss of diversity and degradation of wetlands as a result of introducing exotic crayfish. *Biol. Invasions*, **7**, 75-85.
Roman, J. & Darling, J. A. (2007) Paradox lost: genetic diversity and the success of aquatic invasions. *Trends Ecol. Evol.*, **22**, 454-464.
Roskosch, A., Morad, M. R., Khalili, A. et al. (2010) Bioirrigation by *Chironomus plumosus*: advective flow investigated by particle image velocimetry. *J. N. Am. Benthol. Soc.*, **29**, 789-802.
Roth, B. M., Tetzlaff, J. C., Alexander, M. L. et al. (2007) Reciprocal relationships between exotic rusty crayfish, macrophytes, and *Lepomis* species in northern Wisconsin lakes. *Ecosystems*, **10**, 74-85.
Royama, T. (1992) *Statistical Population Dynamics*, Chapman & Hall.
Ruetz, C. R., Trexler, J. C., Jordan F. et al. (2005) Population dynamics of wetland fishes: spatio-temporal patterns synchronized by hydrological disturbance? *J. Anim. Ecol.*, **74**, 322-332.
Sabo, J. L., Finlay, J. C., Post, D. M., et al. (2010) The role of discharge variation in scaling between drainage area and food chain length in rivers. *Science*, **330**, 965-967.
斉藤憲治・片野 修・小泉顕雄（1988）淡水魚の水田周辺における一時的水域への侵入と産卵．日本生態学会誌，**38**, 35-47.
Saitoh, K., Sado T., Doosey, M. H., et al. (2011) Evidence from mitochondrial genomics supports the lower Mesozoic of South Asia as the time and place of basal divergence of cypriniform fishes (Actinopterygii: Ostariophysi). *Zool. J. Linn. Soc.*, **161**, 633-662.
Sakamoto, M., Chang, K. H. & Hanazato, T. (2006) Inhibition of development of anti-predator morphology in the small cladoceran *Bosmina* by an insecticide: impact of an anthropogenic chemical on prey-predator interactions. *Freshwat. Biol.*, **51**, 1974-1983.
Sakamoto, M. & Hanazato, T. (2009) Proximate factors controlling the morphologic plasticity of *Bosmina*: linking artificial laboratory treatments and natural conditions. *Hydrobiol.*, **617**, 171-179.
桜井善雄（1981）霞ヶ浦の水生植物のフロラ，植被面積および現存量：特に近年における湖の富栄養化に伴う変化について．国立公害研究所研究報告，**22**, 229-279.
Salzburger, W., Braasch, I. & Meyer, A. (2007) Adaptive sequence evolution in a color gene involved in the formation of the characteristic egg-dummies of male haplochromine cichlid fishes. *BMC Biol.*, **5**, 51.
Sand-Jensen, K., Riis, T., Vestergaard, O. et al. (2000) Macrophyte decline in Danish lakes and streams over the past 100 years. *J. Ecol.*, **88**, 1030-1040.
佐野静代（2008）中近世における水辺の「コモンズ」と村落・荘郷・宮座―琵琶湖の「供祭エリ」と河海

の「無縁」性をめぐって,『中近世の村落と水辺の環境史一景観・生業・資源管理』, 208-246, 吉川弘文館.
佐藤 仁 (2002)「問題」を切り取る視点一環境問題とフレーミングの政治学,『環境学の技法』(石 弘之編), 41-75, 東京大学出版会.
Sato, M., Kawaguchi, Y., Yamanaka, H., et al. (2010) Predicting the spatial distribution of the invasive piscivorous chub (*Opsariichthys uncirostris uncirostris*) in the irrigation ditches of Kyushu, Japan: a tool for the risk management of biological invasions. *Biological Invasions* **12**, 3677-3686.
Sato, T., Watanabe, K., Kanaiwa, M., et al. (2011) Nematomorph parasites drive energy flow through a riparian ecosystem. *Ecology*, **92**, 201-207.
Sayer, C. D., Burgess, A., Kari, K. et al. (2010) Long-term dynamics of submerged macrophytes and algae in a small and shallow, eutrophic lake: implications for the stability of macrophyte-dominance. *Freshwat. Biol.*, **55**, 565-583.
Schallenberg, M. & Sorrell, B. (2009) Regime shifts between clear and turbid water in New Zealand lakes: environmental correlates and implications for management and restoration. *N. Z. J. Mar. Fresh. Res.*, **43**, 701-712.
Scheffer, M. (1998) *Ecology of shallow lakes*, Chapman and Hall.
Scheffer, M., Carpenter, S., Foley, J. A. et al. (2001) Catastrophic shifts in ecosystems. *Nature*, **413**, 591-596.
Schlesinger, W. H. (1997) *Biogeochemistry: an analysis of global change*, Academic Press.
Schlimme, W., Marchiani, M., Hanselmann, K. et al. (1997) Gene transfer between bacteria within digestive vacuoles of protozoa. *FEMS Microbiol. Ecol.*, **23**, 239-247.
Schmieder, K. (2004) European lake in danger: concepts for a sustainable development. *Limnologica*, **34**, 3-14.
Schmitz, O. J. (2009) Effects of predator functional diversity on grassland ecosystem function. *Ecology*, **90**, 2339-2345.
Schutten, J. Dainty, J. & Davy, A. J. (2005) Root anchorage and its significance for submerged plants in shallow lakes. *J. Ecol.*, **93**, 556-571.
Scoville, A. G. & Pfrender, M. E. (2010) Phenotypic plasticity facilitates recurrent rapid adaptation to introduced predators. *Proc. Natl. Acad. Sci. USA*, **107**, 4260-4263.
Seehausen, O. (1996) *Lake Victoria Rock Cichlids: Taxonomy, Ecology, and Distribution*, Zevenhuizen.
Seehausen, O. (2000) Explosive speciation rates and unusual species richness in haplochromine cichlid fishes: In: *Effects of sexual selection*, Rossiter, H. K A. (ed.), *Advances in Ecological Research*, 237-274, Academic Press.
Seehausen, O. (2006) African cichlid fish: a model system in adaptive radiation research. *Proc. R. Soc. Lond. B*, **273**, 1987-1998.
Seehausen, O., Terai, Y., Magalhaes, I. S. et al. (2008) Speciation through sensory drive in cichlid fish. *Nature*, **455**, 620-626.
Seehausen, O. & van Alphen, J. J. M. (1998) The effect of male coloration on female mate choice in closely related Lake Victoria cichlids (*Haplochromis nyererei* complex). *Behav. Ecol. Sociobiol*, **42**, 1-8.
関 良基 (2005)『複雑適応系における熱帯林の再生一違法伐採から持続可能な林業へ』御茶の水書房.
Sexton, J. P., McKay, J. K. & Sala, A. (2002) Plasticity and genetic diversity may allow saltcedar to invade cold climates in North America. *Ecol. Appl.*, **12**, 1652-1660.
Sherr, E. B. & Sherr, B. F. (2002) Significance of predation by protists in aquatic microbial food webs.

Antonie van Leeuwenhoek, **81**, 293-308.
Shichida, Y. (1999) Visual pigment: photochemistry and molecular evolution. In: *The Retinal Basis of Vision*, Toyoda, J. (ed.), Elsevier Science.
荘園絵図研究会 (1991)『絵引荘園絵図』東京堂出版.
Shurin, J. B., Borer, E. T., Seabloom, E. W. *et al.* (2002) A cross-ecosystem comparison of the strength of trophic cascades. *Ecol. Let.*, **5**, 785-791.
Šimek, K., Weinbauer, M. G., Hornak, K. *et al.* (2007) Grazer and virus-induced mortality of bacterioplankton accelerates development of Flectobacillus populations in a freshwater community. *Environ. Microbiol.*, **9**, 789-800.
Smayda, T. J. (1970) The suspension and sinking of phytoplankton in the sea. *Oceanogr. Mar. Biol. Ann. Rev.*, **8**, 353-414.
Smith, T. B. & Skulason, S. (1996) Evolutionary Significance of Resource Polymorphisms in Fishes, Amphibians, and Birds. *Ann. Rev. Ecol. Syst.*, **27**, 111-133.
Smol, J. P. (1992) Paleolimnology: an important tool for effective ecosystem management. *J. Aquat. Ecosyst. Health.*, **1**, 49-58.
Smol, J. P. & Douglas, M. S. V. (2007a) Crossing the final ecological threshold in high Arctic ponds. *Proc. Nat. Acad. Sci.*, **104**(30), 12395-12397.
Smol, J. P. & Douglas, M. S. V. (2007b) From controversy to consensus: making the case for recent climatic change in the Arctic using lake sediments. *Front. Ecol. Environ.*, **5**, 466-474.
Smol, J. P., Wolfe, A. P., Birks, H. J. B. *et al.* (2005) Climate-driven regime shifts in the biological communities of arctic lakes. *Proc. Nat. Acad. Sci.*, **102**(12), 4397-4402.
Sogin, M. L., Morrison, H. G., Huber, J. A. *et al.* (2006) Microbial diversity in the deep sea and the underexplored "rare biosphere". *Proc. Natl. Acad. Sci.*, **103**, 12115-12120.
Sommer, U. (ed.) (1989) *Plankton Ecology: Succession in Plankton Communities*, Springer.
Soulé, M. E., Bolger, D. T., Alberts, A. C. *et al.* (1988) Reconstructed dynamics of rapid extinctions of chaparral-requiring birds in urban habitat islands. *Conserv. Biol.*, **2**, 75-92.
Steinman, A. (1996) Effects of Grazers on Freshwater Benthic Algae. *Algal Ecology: Freshwater Benthic Ecosystems*. Elsevier.
Stelzer, R. S. & Lamberti, G. A. (2002) Ecological stoichiometry in running waters: periphyton chemical composition and snail growth. *Ecology*, **83**, 1039-1051.
Sterner, R. W. & Elser, J. J. (2002) *Ecological Stoichiometry: the biology of elements from molecules to the biosphere.*, Princeton University Press.
Stief, P. & de Beer, D. (2002) Bioturbation effects of *Chironomus riparius* on the benthic N-cycle as measured using microsensors and microbiological assays. *Aquat. Microb. Ecol.*, **27**, 175-185.
Strand, M. (2005) Trophic ecology of the Lake Superior wave zone: a stable isotope approach. *Hydrobiol.*, **544**, 271-278.
Straub, C. S. & Snyder, W. E. (2006) Species identity dominates the relationship between predator biodiversity and herbivore suppression. *Ecology*, **87**, 277-282.
Strayer, D. L., Eviner, V. T., Jeschke, J. M. *et al.* (2006) Understanding the long-term effects of species invasions. *Trends Ecol. Evol.*, **21**, 645-651.
Stuiver, M. & Polach, H. A. (1977) Discussion: reporting of ^{14}C data. *Radiocarbon*, **19**, 355-363.
Sugawara, T., Terai, Y., Imai, H. *et al.* (2005) Parallelism of amino acid changes at the RH1 affecting spectral sensitivity among deep water cichlids from Lakes Tanganyika and Malawi. *Proc. Natl. Acad.*

Sci. USA, **102**, 5448-5453.
菅 豊 (2006)『川は誰のものか―人と環境の民俗学』吉川弘文館.
Suttle, C. A. (2005) Viruses in the sea. *Nature*, **437**, 356-361.
高橋 洋 (2010) 系統地理学の方法論, 『淡水魚類地理の自然史』(渡辺勝敏・高橋 洋 編), 29-48, 北海道出版会.
高村典子・若菜 勇・中村太士 (2005) 達古武沼の現状診断と再生に向けて.『平成 16 年度釧路湿原東部湖沼自然環境調査業務報告書』(環境省自然環境局東北海道地区自然保護事務所/株式会社野生生物総合研究所 編), 1・8-1・25.
Tall, L., Cattaneo, A., Cloutier, L. et al. (2006) Resource partitioning in a grazer guild feeding on a multilayer diatom mat. *J. N. Am. Benthol. Soc.*, **25**, 800-810.
田中 晋 (1964) 琵琶湖産ハス *Opsariichthys uncirostris* (T. & S.) の食物と成長. 生理生態, **12**, 106-114.
谷口智雅 (1995) 東京における文学作品中の生物的・視覚の水環境表現からみた水質評価. 陸水学雑誌, **56(1)**, 19-25.
谷岡武雄 (1964)『平野の開発―近畿を中心として』古今書院.
Taylor, E. B. (1999) Species pairs of north temperate freshwater fishes: Evolution, taxonomy, and conservation. *Rev. Fish Biol. Fish.*, **9**, 299-324.
Tedesco, P. A., Hugueny, B., Paugy, D. et al. (2004) Spatial synchrony in population dynamics of West African fishes: a demonstration of an intraspecific and interspecific Moran effect. *J. Anim. Ecol.*, **73**, 693-705.
Tedesco, P. & Hugueny, B. (2006) Life history strategies affect climate based spatial synchrony in population dynamics of West African freshwater fishes. *Oikos*, **115**, 117-127.
Telewski, F. W., Zeevaart, J. A. D. (2002) The 120-yr period for Dr. Beal's seed viability experiment. *Am. J. Bot.*, **89**, 1285-1288.
Terai, Y., Mayer, W. E., Klein, J. et al. (2002) The effect of selection on a long wavelength-sensitive (LWS) opsin gene of Lake Victoria cichlid fishes. *Proc. Natl. Acad. Sci. USA*, **99**, 15501-15506.
Terai, Y., Morikawa, N., Kawakami, K. et al. (2003) The complexity of alternative splicing of hagoromo mRNAs is increased in an explosively speciated lineage in East African cichlids. *Proc. Natl. Acad. Sci. USA*, **100**, 12798-12803.
Terai, Y. & Okada, N. (2011) Speciation of Cichlid Fishes by Sensory Drive. In: *From Genes to Animal Behavior*, Inoue-Murayama, M., Kawamura, S. & Weiss, A. (eds.), 311-328, Springer Japan.
Terai, Y., Seehausen, O., Sasaki, T. et al. (2006) Divergent Selection on Opsins Drives Incipient Speciation in Lake Victoria Cichlids. *PLoS Biology*, **4**, e433.
Terai, Y., Takezaki, N., Mayer, W. E. et al. (2004) Phylogenetic relationships among East African haplochromine fish as revealed by short interspersed elements (SINEs). *J. Mol. Evol.*, **58**, 64-78.
Therriault, T. W., Orlova, M. I., Docker, M. F. et al. (2005) Invasion genetics of a freshwater mussel (*Dreissena rostriformis bugensis*) in eastern Europe: high gene flow and multiple introductions. *Heredity*, **95**, 16-23.
Thingstad, T. F. (2000) Elements of a theory for the mechanisms controlling abundance, diversity, and biogeochemical role of lytic viruses in aquatic systems. *Limnol. Oceanogr.*, **45**, 1320-1328.
Thom, R. (1972) *Stabilité structurelle et morphogénèse*. W. A. Benjamin [R. トム 著, 彌永昌吉・宇敷重広 訳 (1980)『構造安定性と形態形成』岩波書店]
Timms, R. M. & Moss, B. (1984) Prevention of growth of potentially dense phytoplankton populations by zooplankton grazing in the presence of zooplanktivorous fish in a shallow wetland ecosystem. *Limnol.*

Oceanogr., **29**, 472-486.
Tittel, J., Bissinger, V., Zippel, B. *et al.* (2003) Mixotrophs combine resource use to outcompete specialists: Implications for aquatic food webs. *Proc. Natl. Acad. Sci.*, **100**, 12776-12781.
Tollrian, R. & Dodson, S. I. (1999) Inducible defenses in Cladocera: constrains, costs, and multipredator environments. In: *The ecology and evolution of inducible defenses*, Tollrian R. & Harvell C. D. (eds.), 177-202, Princeton university press.
鳥越皓之 (1997) コモンズの利用権を享受する者. 環境社会学研究, **3**, 5-14.
槻木 (加) 玲美・占部城太郎 (2009) 古陸水学的手法による湖沼生態系の近過去復元とモニタリング, 『特集号〔生態系・生物多様性モニタリングの統合に向けて〕』, 遺伝, **63**(6), 66-72.
Tsugeki, K. N., Urabe, J. Hayami, Y. *et al.* (2010) Phytoplankton dynamics in Lake Biwa during the 20th century: complex responses to climate variation and changes in nutrient status. *J. Paleolimnol.*, **44**, 69-83.
Tsugeki, N. K., Ishida, S. & Urabe, J. (2009) Sedimentary records of reduction in resting egg production of *Daphnia galeata* in Lake Biwa during the. 20th century: a possible effect of winter warming. *J. Paleolimnol.*, **42**, 155-165.
Tsugeki, N. Oda. H. & Urabe, J. (2003) Fluctuation of the zooplankton community in Lake Biwa during the 20th century: a paleolimnological analysis. *Limnology*, **4**, 101-107.
Tsukada, M. (1985) Map of vegetation during the last glacial maximum in Japan. *Quat. Res.*, **23**, 369-381.
Turner, G. F., Seehausen, O., Knight, M. E. *et al.* (2001) How many species of cichlid fishes are there in African lakes? *Mol. Ecol.*, **10**, 793-806.
Turner, M. G., Gardner, R. H. & O'Neil, R. V. (2001) Landscape Ecology in Theory and Practice: Pattern and Process. Springer-Verlag New York. [中越信和・原慶太郎 監訳 (2004)『景観生態学：生態科学からの新しい景観理論とその応用』文一総合出版]
Uchii, K., Okuda, N., Yonekura, R. *et al.* (2007) Trophic polymorphism in bluegill sunfish (*Lepomis macrochirus*) introduced into Lake Biwa: evidence from stable isotope analysis. *Limnology*, **8**, 59-63.
Ueki, M., Matsui, K., Choi, K. *et al.* (2004) The enhancement of conjugal plasmid pBHR1 transfer between bacteria in the presence of extracellular metabolic products produced by *Microcystis aeruginosa*. *FEMS Microbiol. Ecol.*, **51**, 1-8.
Urabe, J., Grung, T. B., Yoshida, T. *et al.* (2000) Diel changes in phagotrophy by Cryptomonas in Lake Biwa. *Limnol. Oceanogr.*, **45**, 1558-1563.
Usio, N., Kamiyama, R., Saji, A. *et al.* (2009) Size-dependent impacts of invasive alien crayfish on a littoral marsh community. *Biol. Conserv.*, **142**, 1480-1490.
Usio, N., Nakajima, H., Kamiyama R. *et al.* (2006) Predicting the distribution of invasive crayfish (*Pacifastacus leniusculus*) in a Kusiro Moor marsh (Japan) using classification and regression trees. *Ecol. Res.*, **21**, 271-277.
Vadeboncoeur, Y., Vander Zanden, M. J. & Lodge, D. M. (2002) Putting the lake back together: reintegrating benthic pathways into lake food web models. *BioScience*, **52**, 44-54.
Valiela, I., Geist, M., McClelland, J. *et al.* (2000) Nitrogen loading from watersheds to estuaries: verification of the Waquoit Bay Nitrogen Loading Model. *Biogeochemistry*, **49**, 277-293.
van Boekel, W. H. M., Hansen, F. C., Riegman, R. *et al.* (1992) Lysis-induced decline of a *Phaeocystis* spring bloom and coupling with the microbial foodweb. *Mar. Ecol. Prog. Ser.*, **81**, 269-276.
van der Meer, H. J. & Bowmaker, J. K. (1995) Interspecific variation of photoreceptors in four co-existing haplochromine cichlid fishes. *Brain Behav. Evol.*, **45**, 232-240.

Van Valen, L. (1973) A new evolutionary law. *Evol. Theor.*, **1**, 1-30.
Vandekerkhove, J., Declerck, S., Brendonck, L. et al. (2005) Hatching of cladoceran resting eggs: temperature and photoperiod. *Freshwat. Biol.*, **50**, 96-104.
Vander Zanden, M. J. & Rasmussen, J. B. (1999) Primary consumer $\delta^{13}C$ and $\delta^{15}N$ and the trophic position of aquatic consumers. *Ecology*, **80**, 1395-1404.
Vander Zanden, M. J. & Rasmussen, J. B. (2001) Variation in $\delta^{15}N$ and $\delta^{13}C$ trophic fractionation: Implications for aquatic food web studies. *Limnol. Oceanogr.*, **46**, 2061-2066.
Vanni, M. J. (2002) Nutrient cycling by animals in freshwater ecosystems. *Ann. Rev. Ecol. Syst.*, **33**, 341-370.
Vannote, R. L., Minshall, G. W., Cummins, K. W. et al. (1980) The river continuum concept. *Can. J. Fish. Aquat. Sci.*, **37**, 130-137.
Verschoor, A. M., Vos, M. & van der Stap, I. (2004) Inducible defences prevent strong population fluctuations in bi- and tritrophic food chains. *Ecol. Lett.*, **7**, 1143-1148.
Vos, M., Kooi, B. W., DeAngelis, D. L. et al. (2004) Inducible defences and the paradox of enrichment. *Oikos*, **105**, 471-480.
和田英太郎 監修 (2009)『流域環境学-流域ガバナンスの理論と実践』京都大学学術出版会.
Waide, R. B., Willig, M. R., Steiner, C. F. et al. (1999) The relationship between productivity and species richness. *Ann. Rev. Ecol. Syst.*, **30**, 257-300.
脇田健一 (2009a)「階層化された流域管理」とは何か,『流域環境学-流域ガバナンスの理論と実践』(和田英太郎 監修), 47-62, 京都大学学術出版会.
脇田健一 (2009b) 農業濁水問題と流域管理,『流域環境学-流域ガバナンスの理論と実践』(和田英太郎 監修), 69-83, 京都大学学術出版会.
脇田健一 (2009c) 合意形成をどう考えるか,『流域環境学-流域ガバナンスの理論と実践』(和田英太郎 監修), 66-68, 京都大学学術出版会.
Walters, A. & Post, D. M. (2008) An experimental disturbance alters fish size structure but not food chain length in streams. *Ecology*, **89**, 3261-3267.
Weber, A. & Declerck, S. (1997) Phenotypic plasticity of *Daphnia* life history traits in response to predator kairomones: genetic variability and evolutionary potential. *Hydrobiol.*, **360**, 89-99.
Weinbauer, M. G, Höfle, M. G. (1998) Significance of viral lysis and flagellate grazing as factors controlling bacterioplankton production in a eutrophic lake. *Appl. Environ. Microbiol.*, **64**, 431-438.
Whitham, T. G., Bailey, J. K., Schweitzer, J. A. et al. (2006) A framework for community and ecosystem genetics: from genes to ecosystems. *Nat. Rev. Genet.*, **7**, 510-523.
Wiens, J. J. & Graham, C. H. (2005) Niche conservatism: integrating evolution, ecology, and conservation biology. *Annu. Rev. Ecol. Evol. Syst.*, **36**, 519-539.
Wilson, A. J., Réale, D., Clements, M. N. et al. (2009) An ecologist's guide to the animal model. *J. Anim. Ecol.* **79**, 13-26.
Wiltshire, K., Boersma, M. & Meyer, B. (2003) Grazer-induced changes in the desmid *Staurastrum*. *Hydrobiol.*, **491**, 255-260.
Wolfe, G. V., Steinke, M. & Kirst, G. O. (1997) Grazing-activated chemical defence in a unicellular marine alga. *Nature*, **387**, 894-897.
Wolinska, J., Löffler, A. & Spaak, P. (2007) Taxon-specific reaction norms to predator cues in a hybrid *Daphnia* complex. *Freshwat. Biol.*, **52**, 1198-1209.
World Resource Institute ed. (2005) *Ecosystems and Human Well-being: Synthesis* (*The Millennium*

Ecosystem Assessment Series). Island Press. [Millennium Ecosystem Assessment 編, 横浜国立大学 21世紀COE翻訳委員会 責任翻訳(2007)『国連ミレニアム エコシステム評価―生態系サービスと人類の将来』オーム社]

谷内茂雄(2009)環境政策と流域管理,『流域環境学―流域ガバナンスの理論と実践』(和田英太郎 監修), 3-13, 京都大学学術出版会.

谷内茂雄(2010)統合的流域管理,『地球環境学事典』(総合地球環境学研究所編), 534-535, 弘文堂.

Yamada, Y., Ueda, T., Koitabashi, T. *et al.* (1998) Horizontal and Vertical Isotopic Model of Lake Biwa Ecosystem. *Jap. J. Limnol.*, **59**, 409-427.

Yamamoto, Y. (2010) Contribution of bioturbation by the red swamp crayfish *Procambarus clarkii* to the recruitment of bloom-forming cyanobacteria from sediment. *J. Limnol.*, **69**, 102-111.

山下 聡・大園享司(2011)熱帯林における菌類の生態と多様性,『微生物の生態学(シリーズ現代の生態学 11)』(大園享司・鏡味麻衣子・日本生態学会 編), 55-70, 共立出版.

Yasumoto, K., Nishigami, A., Yasumoto, M. *et al* (2005) Aliphatic sulfates released from *Daphnia* induce morphological defense of phytoplankton: isolation and synthesis of kairomones. *Tetrahedron Lett.*, **46**, 4765-4767.

Ydenberg, R. C. (1987) Nomadic predators and geographical synchrony in microtine population cycles. *Oikos*, **50**, 270-272.

横川太一(2011)微生物の集団生物学,『微生物の生態学(シリーズ現代の生態学 11)』(大園享司・鏡味麻衣子・日本生態学会 編), 222-237, 共立出版.

Yokokawa, T. & Nagata, T. (2005) Growth and grazing mortality rates of phylogenetic groups of bacterioplankton in coastal marine environments. *Appl. Environ. Microbiol.*, **71**, 6799-6807.

Yokoyama, S. (2000) Molecular evolution of vertebrate visual pigments. *Prog. Retin. Eye. Res.*, **19**, 385-419.

Yonekura, R., Kohmatsu, Y. & Yuma, M. (2007) Difference in the predation impact enhanced by morphological divergence between introduced fish populations. *Biol. J. Linn. Soc.*, **91**, 601-610.

吉田丈人・近藤倫生(2009)適応による形質の変化が個体群と群集の動態に影響する,『シリーズ群集生態学 2 進化生物学からせまる』(大串隆之・近藤倫生・吉田丈人 編), 1-40, 京都大学学術出版会.

Yoshida, T., Ellner, S. P., Jones, L. E. *et al.* (2007) Cryptic population dynamics: rapid evolution masks trophic interactions. *PLoS Biol.*, **5**, 1868-1879.

Yoshida, T., Gurung, T. B., Kagami, M. *et al.* (2001) Contrasting effects of a cladoceran (*Daphnia galeata*) and a calanoid copepod (*Eodiaptomus japonicus*) on algal and microbial plankton in a Japanese lake, Lake Biwa. *Oecologia*, **129**, 602-610.

Yoshida, T., Hairston, N. G. Jr. & Ellner, S. P. (2004) Evolutionary trade-off between defence against grazing and competitive ability in a simple unicellular alga, *Chlorella vulgaris*. *Proc. R. Soc. Lond. Ser.*, **B 271**, 1947-1953.

Yoshida, T., Jones, L. E., Ellner, S. P. *et al.* (2003) Rapid evolution drives ecological dynamics in a predator-prey system. *Nature*, **424**, 303-306.

Yoshii, K. (1999) Stable isotope analyses of benthic organisms in Lake Baikal. *Hydrobiol.*, **411**, 145-159.

Young, R. G. & Huryn, A. D. (1999) Effects of land use on stream metabolism and organic matter turnover. *Freshwat. Biol.*, **9**, 1359-1376.

湯本貴和 編(2011)『環境史とは何か シリーズ日本列島の三万五千年―人と自然の環境史』文一総合出版.

Zeisset, I. & Beebee, T. J. C. (2003) Population genetics of a successful invader: the marsh frog *Rana ridibunda* in Britain. *Mol. Ecol.*, **12**, 639–646.

Zhu, B., Fitzgerald, D. G., Mayer, C. M. *et al.* (2006) Alteration of ecosystem function by zebra mussels in Oneida Lake: impacts on submerged macrophytes. *Ecosystems*, **9**, 1017–1028.

Zubkov, M. V. & Tarran, G. A. (2008) High bacterivory by the smallest phytoplankton in the North Atlantic Ocean. *Nature*, **455**, 224–227.

索　引

【数字・欧文】

C3 植物 ····································· 124, 129, 131
C4 植物 ··· 124, 131
F_{ST}-Q_{ST} 法 ···································· 79, 80, 81, 82
GIS ·· 107
Moran 効果 ········· 10, 12, 13, 14, 15, 16, 17, 19, 21
PDCA サイクル ······································· 233

【あ行】

アウラコセイラ・ニッポニカ ········ 201, 202, 204
アザラシ ··· 125
アブラボテ ·· 94, 95
アミノ酸 ··· 54, 131
アメリカザリガニ ············ 190, 191, 210, 218
アユ ·· 88
アレロパシー ································· 155, 209
安定同位体比 ············ 98, 103, 104, 105, 106,
　　107, 122, 123, 124, 125, 126, 127, 128, 129, 168,
　　169, 170, 171
安定同位体比分析 ································· 168
安定平衡状態 ······································· 185

異化 ··· 108
イカダモ ··· 30, 33
閾値 ·· 103, 194
異所的種分化 ·· 47
遺伝子 ································ 1, 3, 4, 5, 6,
　　7, 23, 34, 40, 41, 42, 43, 44, 45, 51, 54, 57, 72, 74,
　　75, 76, 77, 80, 83, 132, 133, 134, 136, 138, 139,
　　140, 141, 145, 146, 147, 148, 184, 198
遺伝情報 ····················· 1, 132, 134, 136, 137,
　　139, 140, 197, 198, 201
遺伝子流動 ······························ 3, 6, 7, 62, 76
遺伝的構造 ····························· 3, 6, 73, 76, 77

遺伝的多様性 ···················· 2, 4, 25, 39, 40,
　　42, 43, 64, 73, 74, 76, 77, 78, 79, 80, 81, 82, 147,
　　148
遺伝的同化 ·· 44
遺伝的パラドックス ································ 77
遺伝的浮動 ······················· 54, 74, 76, 77, 79, 80, 81
移動分散 ·· 14
移動窓分析 ··· 18
インフィディスラプション ······················· 33

ウイルス ·························· 132, 133, 134, 135, 138,
　　142, 143, 144, 146, 154, 160, 161, 162, 163
ウシガエル ···································· 76, 218
ウスカワハリナガミジンコ ················ 200, 201
ウチダザリガニ ···································· 190

栄養塩 ····························· 40, 66, 67, 71, 102,
　　111, 119, 120, 121, 144, 153, 154, 155, 163, 166,
　　172, 175, 176, 177, 178, 182, 187, 189, 190, 193,
　　198, 206, 208, 209, 210, 211, 212, 213, 227, 230
栄養塩負荷 ···················· 176, 203, 207, 214, 215
栄養塩類 ··· 167
栄養カスケード ······························ 67, 69, 70
栄養多型 ························· 62, 63, 64, 66, 69, 70, 72
栄養段階 ········ 68, 104, 124, 126, 127, 129, 130, 131
栄養補償 ······································· 105, 106
ユールワイブ ····················· 65, 68, 69, 70, 71
エゾアカガエル ····································· 31
エゾサンショウウオ ································ 31
沿岸帯 ·························· 124, 125, 126, 127, 128,
　　164, 170, 172, 178, 179

オイカワ ·· 89
オオカナダモ ································· 185, 187
オオクチバス ······································· 191
オオミジンコ ······························· 30, 198, 199
オオヤマネコ ·· 10

オオユスリカ······················166, 168, 169, 170
沖帯······························124, 125, 126, 127, 142,
　　　　　　　　　　　　　　　157, 165, 170, 178
オタマジャクシ·························31, 32, 171
オビケイソウ·····························202, 203
オプシン···································50, 54

【か行】

階層··220
階層性············107, 227, 228, 230, 231, 233
外来種························59, 64, 85, 87, 88,
　　89, 97, 163, 184, 185, 187, 188, 190, 191, 192, 193,
　　　　　　　　　　　　　　　　　　　194, 210
カイロモン······26, 27, 28, 29, 30, 31, 32, 33, 199
撹乱··········33, 73, 105, 167, 173, 179, 205, 207, 212
カゲロウ································99, 101, 164
カゼトゲタナゴ·································94
河川連続体仮説···························103, 120
カブトミジンコ·············26, 198, 200, 201, 204
カマツカ······························85, 89, 91, 97
カマドウマ·····································105
カムリハリナガミジンコ·························27
カラシン··15
カルテリア·····································135
カワゲラ·······································164
カワバタモロコ·····························92, 94, 95
カワマス··14
カワムツ··85
感覚器適応種分化··············51, 52, 55, 57, 60
環境史····························220, 222, 224, 226, 233
間氷期··1, 2
キーストーン種·································66
寄生···························12, 42, 105, 106, 154,
　　　　　　157, 158, 159, 160, 161, 162, 163, 199, 200
究極要因·······································25
休眠·····························7, 23, 24, 25, 30,
　　　　35, 36, 37, 196, 197, 198, 199, 200, 201, 204, 207
競争······························7, 25, 29, 34, 40,
　　　　41, 49, 63, 64, 150, 153, 155, 178, 189, 208, 217
局所適応··7

魚類···································9, 12, 13, 14, 17,
　　19, 21, 26, 33, 46, 61, 62, 63, 64, 65, 66, 67, 68, 69,
　　71, 72, 81, 85, 86, 87, 88, 89, 91, 92, 94, 98, 102,
　　105, 125, 126, 127, 128, 134, 157, 166, 170, 173,
　　　　　176, 184, 185, 192, 193, 209, 218, 222
キンギョ·······································193
ギンザケ································13, 19, 20
クアッガガイ···································188
空間スケール················12, 65, 111, 112, 118,
　　　　　　　129, 220, 223, 227, 228, 230, 231, 233
空間同調性·················9, 10, 12, 14, 15, 19, 21
クサヨシ·································76, 80, 81
グッピー································70, 71, 76
クマ··2
クマムシ··24
グレーリング······························81, 82
クロエリハクチョウ·····························187
クロレラ··40
クロロフィル······150, 153, 178, 181, 188, 190, 208
軍拡競争··························27, 28, 199, 200
群体··························30, 31, 32, 33, 62
形質転換·················133, 134, 136, 137, 138, 139
形質導入······························133, 138, 139
珪藻·······················152, 153, 157, 159, 161,
　　　　168, 169, 189, 196, 197, 201, 202, 203, 204, 206
形態輪廻······································26
系統地理学·································1, 3, 8
ケミカルコミュニケーション················26, 33
原生生物·······················142, 143, 144, 146, 147,
　　　　　　　　　　　　　148, 149, 150, 151, 169
健全な生態系··································209
ケンミジンコ·······················7, 8, 157, 161
コイ····································193, 218
コイ科···················14, 85, 86, 87, 89, 91, 97, 170
合意形成······································231
好気呼吸······································108

光合成‥‥‥‥‥‥‥‥‥‥108,109,113,116,117,
　120,124,125,126,129,130,135,142,143,149,
　　　　　　　　　150,153,154,155,159,178,208
光合成色素‥‥‥‥‥‥‥117,149,150,197,208
光合成商‥‥‥‥‥‥‥‥‥‥‥‥‥‥113,119
光合成有効放射量‥‥‥‥‥‥‥‥‥‥‥‥116
交雑‥‥‥‥‥‥‥‥‥‥‥‥‥‥‥‥‥‥184
ゴカイ‥‥‥‥‥‥‥‥‥‥‥‥‥‥‥‥‥185
コカゲロウ‥‥‥‥‥‥‥‥‥‥‥‥‥‥‥101
呼吸‥‥‥‥‥‥‥‥‥‥31,71,108,109,110,
　　　　　113,116,119,120,121,154,155,159,163
呼吸商‥‥‥‥‥‥‥‥‥‥‥‥‥‥‥113,119
コスト‥‥‥‥‥‥‥‥‥‥‥‥‥‥‥32,34,43
個体群動態‥‥‥‥‥‥‥‥‥‥9,10,12,14,15,
　　　　　　　　　16,17,19,21,34,105,157,168
個体数‥‥‥‥‥‥‥‥‥‥‥7,9,11,18,36,
　　38,39,40,41,42,53,74,89,90,137,138,164,
　　　　　165,172,187,188,191,192,203,204,205
コブハクチョウ‥‥‥‥‥‥‥‥‥‥‥‥‥218
コモンズ‥‥‥‥‥‥220,222,223,224,225,226
古陸水学‥‥‥‥‥‥‥‥195,196,197,201,207
婚姻色‥‥‥‥‥‥‥‥49,50,53,54,55,56,57,58
混合栄養‥‥‥‥‥‥‥‥‥‥‥‥143,149,150

【さ行】

細菌‥‥‥‥‥‥‥‥‥‥‥39,41,132,133,134,
　　135,136,137,138,139,140,142,143,144,145,
　　146,147,148,149,150,151,152,154,162,166,
　　　　　　　　　　　　　　　　167,168,169
細胞外DNA‥‥‥‥‥‥‥‥‥‥‥‥‥‥134
細胞外排泄‥‥‥‥‥‥‥‥‥‥‥‥‥154,155
サケ‥‥‥‥‥‥‥‥‥‥‥‥‥‥‥‥5,14,17
ザリガニ‥‥‥‥‥‥‥‥‥‥‥‥185,189,191
サンショウウオ‥‥‥‥‥‥‥‥‥‥‥‥31,32
サンフィッシュ‥‥‥‥‥‥‥‥‥‥‥‥‥193
散布体‥‥‥‥‥‥‥‥‥‥‥215,216,217,218

至近要因‥‥‥‥‥‥‥‥‥‥‥‥‥‥‥25,29
シグナルザリガニ‥‥‥‥‥‥‥‥‥‥190,191
シクリッド‥‥‥‥‥‥‥‥‥‥46,47,48,49,50,
　　　　　　　　　　　　51,52,53,57,58,59,60

シスト‥‥‥‥‥‥‥‥24,196,197,198,199,207
自生性‥‥‥‥‥‥‥‥‥‥‥‥‥‥‥‥‥129
自然選択‥‥‥‥‥23,34,74,75,79,80,81,82,83,199
持続可能性‥‥‥‥‥‥‥‥‥‥‥‥‥‥‥228
湿地‥‥‥‥‥‥‥‥‥86,91,164,185,187,188,190
視物質‥‥‥‥‥‥‥‥‥‥‥‥‥‥50,52,54,58
脂肪酸‥‥‥‥‥‥‥‥‥‥‥‥‥‥‥168,169
社会―生態システム‥‥‥‥‥‥‥‥220,227,233
ジャック‥‥‥‥‥‥‥‥‥‥‥‥13,19,20,21
周期変動‥‥‥‥‥‥‥‥‥‥‥‥‥‥‥‥9,10
集水域‥‥‥‥‥‥‥‥‥‥128,196,197,201,207,210
従属栄養‥‥‥‥‥‥‥109,120,142,149,150,162
種子‥‥‥‥‥‥‥‥‥‥‥‥‥‥‥‥‥‥215
種分化‥‥‥‥‥‥‥‥‥‥‥‥35,44,46,47,48,
　　　　　　　　　　　49,50,51,52,55,56,57,59,60
純一次生産‥‥‥‥‥‥‥‥‥‥‥‥‥‥‥109
順応的管理‥‥‥‥‥‥‥‥‥‥‥‥‥194,233
食物網‥‥‥‥‥‥‥‥‥‥‥‥‥98,99,103,104,105,
　　106,107,124,125,126,127,128,129,130,156,
　　　　　　　　　162,164,165,168,169,173,182
食物連鎖‥‥‥‥‥‥‥‥‥‥‥63,68,104,105,109,
　　　　　126,127,142,150,165,169,172,173,217
食物連鎖長‥‥‥‥‥‥‥‥‥‥‥‥104,105,126
除草剤‥‥‥‥‥‥‥‥‥‥‥‥‥‥‥‥‥210
進化‥‥‥‥‥‥‥‥‥‥‥‥‥‥7,9,19,20,21,
　　24,29,32,34,35,36,37,38,40,42,43,44,46,49,
　　52,55,61,64,65,66,71,72,73,74,77,80,83,84,
　　　　　　　　　97,103,184,195,196,208,210
迅速な進化‥‥‥‥‥‥‥‥‥35,38,39,40,41,198
振動‥‥‥‥‥‥‥‥‥‥‥‥29,30,31,39,40,42
侵入‥‥‥‥‥‥‥‥‥‥‥‥‥7,42,63,64,73,
　　74,75,76,77,79,80,82,83,84,86,163,184,185,
　　　　　　　　　188,189,190,191,192,193,194,201
人文社会科学‥‥‥‥‥‥‥‥‥‥‥‥‥‥220
侵略的外来種‥‥‥‥‥‥‥‥‥‥‥‥‥‥184

水生昆虫‥‥‥‥‥‥98,104,105,128,129,164,218
水生昆虫類‥‥‥‥‥‥‥‥‥‥‥‥‥‥‥103
水生植物‥126,128,164,184,188,190,210,211,222
垂直伝播‥‥‥‥‥‥‥‥‥‥‥‥‥‥‥‥132
水平伝播‥‥‥‥‥‥‥‥‥‥132,133,134,139,140

スイレン……………………………………… 178
数理モデル……………………………… 179, 180, 182
スクミリンゴガイ……………………………… 188
スジシマドジョウ九州型……………………… 95
スミイロユスリカ………………… 166, 168, 169, 170

生活史……………………………… 19, 20, 21, 24, 25,
  29, 62, 68, 71, 81, 85, 86, 87, 88, 89, 90, 91, 92, 93,
  95, 96, 97, 106, 200, 204
生活史多型………………………… 65, 69, 70, 71
制限栄養元素…………………………………… 120
生産者……………… 31, 99, 102, 104, 109, 110, 127, 128
生殖的隔離………………………………… 48, 49, 52
生食連鎖…………………… 109, 157, 160, 165, 166
生息場所………………………… 24, 89, 95, 103, 104,
  105, 107, 129, 130, 164, 209
生態化学量論……………………… 98, 102, 103, 121
生態学……………………………………… 175
生態系…………………………… 31, 34, 59, 61, 62,
  66, 67, 68, 69, 71, 72, 98, 102, 103, 105, 107, 108,
  109, 110, 111, 117, 118, 122, 124, 125, 126, 127,
  128, 129, 131, 136, 140, 141, 150, 151, 152, 153,
  163, 169, 179, 182, 184, 185, 187, 191, 192, 193,
  194, 195, 196, 205, 207, 209, 210, 211, 212, 213,
  214, 215, 218, 220, 221, 222, 224, 226, 227, 228,
  231, 233
生態系エンジニア……………… 66, 184, 185, 193, 194
生態系管理………………… 34, 194, 220, 224, 225, 227
生態系機能……………………… 34, 61, 67, 68, 70,
  71, 98, 121, 153, 183, 208, 211
生態系サービス………………… 67, 209, 218, 227
生態系代謝………… 109, 110, 111, 113, 116, 118, 119
生態—進化フィードバック…………… 61, 62, 71, 72
性的二型…………………………………… 49, 51
生物撹拌………………………………… 185, 193
生物間相互作用……… 98, 99, 126, 138, 139, 144, 191
生物群集………………………… 66, 73, 98, 103, 105,
  107, 109, 165, 173, 196, 201, 205, 207
生物多様性……………………… 3, 8, 35, 46, 59,
  61, 67, 72, 97, 105, 164, 173, 184, 209, 211, 218,
  222, 226, 227, 229

生物多様性条約……………………………… 61, 226
セキショウモ………………………………… 210
セスジミジンコ……………………………… 27
接合……………………………… 48, 133, 139
接合後隔離…………………………………… 48
接合前隔離………………………………… 48, 49
摂食抵抗…………………………………… 149
絶滅危惧種……………………… 85, 87, 89, 91, 92,
  94, 95, 97, 210, 211
瀬・淵構造…………………………………… 103
ゼブラガイ……………………………… 188, 190
セボシタビラ………………………………… 85

ソウギョ…………………………… 85, 210, 218
創始者効果……………………………… 75, 80, 82
早熟雄……………………………………… 13
総生産……………………………… 109, 113, 116
ゾウミジンコ……………………………… 5, 26, 29, 30
藻類…………………………… 24, 26, 29, 30, 31,
  32, 33, 40, 41, 59, 63, 98, 99, 100, 101, 103, 104,
  108, 118, 120, 128, 129, 136, 147, 150, 153, 168,
  173, 196, 203, 204, 209
溯河回遊……………………………………… 65
側所的種分化……………………………… 47, 48, 49, 51

【た行】
ダーウィンフィンチ………………………… 37, 38
代謝……………………………… 109, 110, 111, 112, 116,
  118, 119, 120, 121, 155, 172
堆積物……………………… 37, 110, 165, 166, 167,
  168, 169, 171, 172, 196, 198, 199, 200, 204, 205,
  206, 207
代替表現型………………………………… 19, 20, 21
タイリクバラタナゴ………………………… 184
他生性……………………………………… 129
ため池………………………… 92, 180, 185, 190, 191, 192
タモロコ…………………………………… 85
多様性……………………………… 46, 51, 59, 60, 61,
  68, 69, 72, 91, 96, 97, 145, 151, 227, 231, 232, 233
単位努力量当たり漁獲量，CPUE ……………… 16
炭素循環…… 108, 111, 118, 121, 129, 130, 131, 153, 163

地域社会 227,228,230,232,233
地球環境問題 226
窒素 98,102,120,122,128,136,144,145,155,163,175,185,209,230
中立進化 73,79,80,81,82,83
沈水植物 95,165,178,189,190,191,208,209,210,211,212,213,214,215,216,217,218
ツボカビ 151,154,157,159,160,161,162,163
ツボワムシ 27
底質 106,164,167,170,209,211,214,215,216,217,218
底生生物 157,164
底生無脊椎動物 190,191
適応分化 64
適応放散 63,71
テン 1
テンチ 193
同位体 98,122,123,124,127,129,131,159,169,170,196
同位体分別 124,125,129
同化 108
同所的種分化 47,48
導入圧 73,74,75,76,77,80
透明度 52,53,54,55,56,57,58,59,188,189,190,206,208,209,211,212,217,218
独占仮説 6
トゲウオ 171
トップダウン 98,231
トビケラ 100,101,164
ドブスリカ 167,171
トレーサー 113,115,148,149
トレードオフ 32,40,171

【な行】

内生産 98,99
ナイルパーチ 59,184

ナマズ 15,217
ニゴロブナ 92
二次接触 3,5
ニジマス 5,103
日周期鉛直移動 29
日周鉛直移動 36
ニッチ構築 66,67,71,72
ニッポンバラタナゴ 94,184
二枚貝 76,127,185,188,189
人間活動 59,72,74,76,77,120,127,128,140,176,195,196,205,207,209,210,226,229

ヌノメカワニナ 76

ネムリユスリカ 24

濃縮係数 124,126
ノロ 27

【は行】

バイオマニピュレーション 217,218
配偶者選択 48,49,51,57,59
ハス 87,88,89,97
ハタネズミ 1,12
バッタ 24
鼻曲がり 19,20,21
ハリガネムシ 105
ハリネズミ 2
繁殖隔離 63,64
繁殖戦略 19
反応基準 23,24,43
パンプキンシード・サンフィッシュ 192
氾濫原 86,91,92,95,97,107

ビーバー 65
光—光合成曲線 117,118
ヒゲナガカワトビケラ 104
ヒゲナガケンミジンコ 35,36,37
ヒシ 210,222

被食-捕食関係······················98,99,102,107
ヒステリシス··················117,177,181,212
微生物······61,69,132,133,134,135,136,137,138,145
微生物食物網··············142,144,145,146,150,
　　　　　　　　　　　151,157,158,160,161,162
微生物膜································146,152
微生物ループ······························142
ヒナモロコ··································85
ヒメバイカモ······························210
氷期··································1,2,6,64
表現型可塑性·····23,24,31,33,34,43,44,72,74,83
表現型多型···········23,24,61,62,65,68,70,71
病原細菌····································36
病原体···························36,37,41,42
ヒロハノエビモ··························210
ビワツボカムリ··························203

ファージ·······························42,43,138
富栄養化···················36,59,163,175,176,
　　177,182,183,185,188,190,198,201,203,204,
　　　　　　　　　　　　　206,209,210,217
フクロワムシ·······························27
フサカ·································27,29,30
フジツボ····································13
付着藻類········101,102,124,126,127,129,130,170
普通種···························85,89,91,97
物質循環·····················34,98,99,109,142,
　　151,153,155,158,160,163,164,165,166,173,
　　　　　　　　　　　　　　　　209,227
フナ··32
負の頻度依存淘汰·························20
不飽和脂肪酸·······················161,168,169
ブラウンアノール··············76,77,78,79
ブラウントラウト························16
ブラウンブルヘッド·····················193
フラックス·········108,109,110,111,169,202,203
ブルーギル··········36,64,65,78,81,82,191,192
分子系統··································145

ペア種······································64
ベネフィット···························32,34

ベントス······················63,64,65,70,164
防衛·································36,44,62
捕食者-被食者系···························40
母性効果······························27,29,32
ボトムアップ····················98,228,231
ボトルネック······················75,80,82
ポプラ·····································4,61

【ま行】

マイコループ·····················143,151,162
巻貝············76,98,102,127,128,185,188,190
マス···5
マスノスケ······························17,18
マツモムシ··································27
マルツツトビケラ························100
ミクロキスティス·························30
ミジンコ·······················3,5,6,7,8,
　　24,26,27,28,29,30,32,33,37,41,44,102,157,
　　　　　　　　　　　　　161,200,204,209
水草·······················155,173,185,187,188,
　　　　　　　　189,190,191,192,193,209,227
ミドリムシ····························135,137
ムサシモ·······························210,216
ムジナモ···································210

メソコスム実験······················69,70,71
メタン酸化細菌······················165,169
面源負荷··································229

モツゴ·····································217
モニタリング　174,194,195,197,201,207,219,233

【や行】

ヤゴ·····································31,191
ヤマトビケラ······················99,101,102
ヤマトユスリカ······················172,173
ヤリタナゴ·································94

有効集団サイズ･････････････････････ 74, 75
有性生殖･･･････････････････7, 25, 132, 198, 200
優占種････････････････････････66, 157, 187, 203
誘導防御･･･････････････25, 26, 27, 29, 30, 31, 32
ユスリカ･･･････････････････164, 165, 166, 167, 168,
　　　　　　　　　　　　　　169, 170, 171, 173, 191

溶存態有機物･･････････････････142, 158, 160, 162
ヨコエビ･････････････････････････････････ 171
ヨシ･････････････････････････････････････ 222
ヨドミツヤユスリカ････････････････････････ 171

【ら行】

ラスティーザリガニ･･････････････････････ 192, 193
ラッド･････････････････････････････････････ 193
ラン藻･･･････････････････36, 153, 159, 161, 197, 201

陸封個体群･･････････････････････････65, 66, 69, 70
流域･･･････････････････････････ 99, 107, 111, 120, 129,
　　　　　130, 188, 190, 214, 218, 225, 226, 227, 228, 230,
　　　　　231, 233
流域管理･･････ 141, 220, 226, 227, 228, 229, 231, 233
リュウノヒゲモ･･････････････････････････････ 210

量的遺伝解析･･････････････････････････79, 80, 81
履歴現象････････････････････････････････117, 177
リン･････････････････････････33, 102, 103, 120, 122,
　　　136, 144, 153, 161, 163, 166, 167, 175, 177, 178,
　　　179, 180, 181, 182, 185, 187, 188, 190, 200, 205,
　　　206, 209, 210, 214, 218, 230

レジームシフト･･････････････175, 176, 177, 178, 179,
　　　　180, 181, 182, 183, 185, 187, 188, 189, 190, 191,
　　　　192, 193, 194, 212, 213, 219
レジリエンス･･･････････････････････････････ 212
レッドリスト･････････････････････････86, 210, 211

ローチ･･14
濾過食者･･････････････････････････････････104, 106
濾過摂食･････････････････････････････166, 167, 189
濾過摂食者･･･････････････････････････････････168

【わ行】

ワカサギ･･･････････････････････････････173, 217
ワムシ･･･････････････････････24, 27, 28, 29, 39, 40, 41, 150
ワライガエル･････････････････････････････････76

【担当編集委員】

吉田 丈人（よしだ たけひと）
2001年 京都大学大学院理学研究科博士後期課程修了
現　在 東京大学大学院総合文化研究科広域システム科学系・准教授，博士（理学）
専　門 陸水生態学，進化生態学
主　著 『シリーズ群集生態学 2　進化生物学からせまる』(編集・分担執筆，京都大学学術出版会), *Advances in Ecological Research*（分担執筆，Elsevier）ほか

鏡味麻衣子（かがみ まいこ）
2002年 京都大学大学院理学研究科博士後期課程修了
現　在 東邦大学理学部生命圏環境科学科・講師，博士（理学）
専　門 陸水生態学
主　著 『湖と池の生物学』（訳書，共立出版），『シリーズ 現代の生態学 11　微生物の生態学』（編集・分担執筆，共立出版）

加藤元海（かとう もとみ）
2001年 京都大学大学院理学研究科博士後期課程修了
現　在 高知大学教育研究部総合科学系黒潮圏科学部門・助教，博士（理学）
専　門 理論生物学

シリーズ 現代の生態学 9 *Current Ecology Series 9* **淡水生態学のフロンティア** *Frontiers in Freshwater Ecology*	編　集　日本生態学会　Ⓒ 2012 発行者　南條光章 発行所　**共立出版株式会社** 〒 112-8700 東京都文京区小日向 4 丁目 6 番 19 号 電話　（03）3947 2511（代表） 振替口座　00110-2-57035 URL　http://www.kyoritsu-pub.co.jp/
2012 年 3 月 25 日　初版 1 刷発行	印　刷　加藤文明社 製　本　中條製本
検印廃止 NDC 468, 452.9 ISBN 978-4-320-05737-1	社団法人 自然科学書協会 会員 Printed in Japan

JCOPY ＜(社)出版者著作権管理機構委託出版物＞
本書の無断複写は著作権法上での例外を除き禁じられています．複写される場合は，そのつど事前に，(社)出版者著作権管理機構（電話 03-3513-6969，FAX 03-3513-6979，e-mail: info@jcopy.or.jp）の許諾を得てください．

Encyciopedia of Ecology

生態学事典

編集：巖佐　庸・松本忠夫・菊沢喜八郎・日本生態学会

「生態学」は、多様な生物の生き方、関係のネットワークを理解するマクロ生命科学です。特に近年、関連分野を取り込んで大きく変ぼうを遂げました。またその一方で、地球環境の変化や生物多様性の消失によって人類の生存基盤が危ぶまれるなか、「生態学」の重要性は急速に増してきています。
そのような中、本書は日本生態学会が総力を挙げて編纂したものです。生態学会の内外に、命ある自然界のダイナミックな姿をご覧いただきたいと考えています。

『生態学事典』編者一同

7つの大課題

I. 基礎生態学
II. バイオーム・生態系・植生
III. 分類群・生活型
IV. 応用生態学
V. 研究手法
VI. 関連他分野
VII. 人名・教育・国際プロジェクト

のもと、
298名の執筆者による678項目の詳細な解説を五十音順に掲載。生態科学・環境科学・生命科学・生物学教育・保全や修復・生物資源管理をはじめ、生物や環境に関わる広い分野の方々にとって必読必携の事典。

■ A5判・上製・708頁
■ 定価14,175円（税込）

共立出版

http://www.kyoritsu-pub.co.jp/